优雅绅士 Ⅱ

礼服

刘瑞璞
马立金　　编著
周长华

化学工业出版社
·北京·

礼服，是优雅绅士的一张名片，礼服知识是成功人士必备的功课和修养。尽管礼服即使在整个主流社交中只占10%（公务商务社交占50%，休闲社交占40%），但对社交形象的整体评价，礼服的品位和精准度却是决定性的。因为没有哪一种服装比礼服更能诠释一个人的历史感、伦理精神、优雅气质和规则修养。

国际着装规则（THE DRESS CODE）成为国际主流社会的社交规则和奢侈品牌的密码，这与它作为绅士文化发端于英国、发迹于美国、系统化于日本的形成路线有关。本书依照男士国际着装惯例细则展开，逐一探究了当今绅士礼服的历史演变、传承的文化价值和彰显品位的指引，并且进一步对包括黑色套装、董事套装、晨礼服、塔士多礼服、燕尾服的经典礼服与相关服饰搭配的细则、原因、方法和案例进行了系统分析，从而有效地指导男士如何将礼服穿得优雅、得体，穿出品位，通过礼服独特的绅士语言，开启优雅绅士的大门，打造成功的社交形象。本书为建立绅士礼服文化、品牌开发及成功人士着装品位提供了有价值、操作性强和有效的指导，这是一套有关礼服优雅生活方式和绅士文化的权威教科书。

图书在版编目（CIP）数据

优雅绅士Ⅱ 礼服 / 刘瑞璞，马立金，周长华编著 .-- 北京：化学工业出版社，2015.3

ISBN 978-7-122-22896-3

Ⅰ. ①优… Ⅱ. ①刘… ②马… ③周… Ⅲ. ①男服－服饰文化－世界 Ⅳ. ① TS941.718

中国版本图书馆 CIP 数据核字（2015）第 020018 号

责任编辑：李彦芳　　装帧设计：知天下

责任校对：蒋　宇

出版发行：化学工业出版社（北京市东城区青年湖南街 13 号　邮政编码 100011）

印　　装：北京虎彩文化传播有限公司

787mm×1092mm 1/16　印张 17　字数 430 千字　2016 年 6 月北京第 1 版第 1 次印刷

购书咨询：010-64518888　　售后服务：010-64518899

网　　址：http://www.cip.com.cn

凡购买本书，如有缺损质量问题，本社销售中心负责调换。

定　　价 69.00 元

序言

在我们系统地了解和学习国际着装规则（THE DRESS CODE）的礼服知识之前，现在需要先入为主地释读几个礼服的认知问题。这个想法源于国内学界“新礼崩乐坏”的观点，认为国内目前最需要的是“建新礼秩”。这个“新”一定不是恢复旧秩序，也不是照搬他国，而是先引入国际惯例再本土化为我所用，这正是本书的真正动机。

一、关于建立礼服“番制”学说

“番制”是指军队的番号制度，军服番制是由军衔标识体现的，礼服的社交“番制”也具有这些特点，是由所有构成服装元素，即形制、饰件、色彩、材质和搭配规则诠释的，表现出很强的隐秘性和专属性。在国际主流社会中是以“番制”作为社交伦理评价准则，即着装密码（THE DRESS CODE 的另一解读）。它类似于社会集团的“潜规则”，这个集团彼此要遵守像“军衔番号规制系统”一样的规则，以规范这个集团的社交秩序。礼服“番制”表现的更加突出，就是通过具体服装组成元素体现出来。如系白领结（IN WHITE TIE）是指燕尾服，是晚间隆重和公式化正式场合的第一礼服，白领结、双侧章裤子是构成燕尾服最具有标识的服装元素。系黑领结（IN BLACK TIE）则指的是晚间正式场合的塔士多礼服，黑领结、单侧章裤子是构成塔士多最具有标识的服装元素。燕尾服是晚间第一礼服，塔士多是晚间正式礼服，由于燕尾服其级别语言高于塔士多礼服，所以白领结高于黑领结，双侧章裤子高于单侧章裤子，并有相对应的礼服形制、社交取向，不变的是它们都惯用于晚上，这种“番制”礼服级别越高越严格。如果我们在西装这个系统中梳理出从正式礼服、标准礼服到普通西装纽扣分布规律的话，可以得出这样一个程式，即礼仪的级别越高，礼服的门襟扣越少，袖口越多；越接近休闲西装也就是礼仪级别越低，上衣的门襟扣越多，袖口越少。这是一个关于礼服纽扣社交“番制”的真实案例。

国际社交的“番制”就是通过具体服装的规定样式体现出来的。服装的社交语言，所传达的符号性和程式化信息，形成了约定俗成的社交规则，被普遍认可和接受。“番制”正是这样一个主流文化经过历史长期发展而逐渐累积形成的一种社交密码系统。这样一种说法的建立有助于我国礼服制度的国际化和产业的规范。

二、礼服知识系统可以不用但不可不知

受人们生活节奏加快和着装简约化趋势的影响，礼服的使用频率渐低，但是这不代表可以忽视礼服知识对社交伦理的作用。未来社交不管是国外还是国内，礼服知识系统可以不用，但是不能不知。首先，礼仪是一个国家社会文明的标志，礼服就是礼仪文化的一个具体体现，一个国家要取得高度社会文明就要了解和学习礼服知识系统以规范社交行为。其次，个性创造是要有社会基础的，否则它就没有生命力。也就是说，创造力不是无政府的，它是在规则的制约下展开创造的，只强调创造而无视规则，定会走向个性的极端化，就会被社会抛弃。因此，了解国际服装的格式语言是我国服装界亟待解决的问题，而礼服的格式语言又是整个服装语言的核心。最后，礼服的实效价值不在物质上，而在精神上，这是人类尚礼文明普世价值的所在。礼服的意义和规则是要提醒人们，穿在人身上的服装更多的不是为所欲为，我行我素，它还有一个更普遍的内涵，就是表现人的最基本的尊严和行为约束，那么社交中就应该有一个相对被公认的服装形态，这不仅是现代文明的一个重要标志，还是全球一体化发展趋势的必然要求。

三、礼服的简化趋势

从礼服的发展历史看，它是以科学性否定礼俗性为原则更迭的，礼俗逐渐让位于功用，不仅是礼服本身去繁就简的趋势，也是社会生活发展的必然结果。发展的轨迹是有规律性的，“功用”又成为新的礼俗和生活秩序直接表现在礼服中。随着人们着衣生活的简略化、休闲化，具有全天候礼服性质的黑色套装越来越受到人们的青睐，大有取代第一礼服、正式礼服之趋势，今天成为国际社会最普遍接受的礼服。依照这种趋势，现今作为公务、商务常服的西服套装将升格为本世纪的准礼服，这也是历史发展的必然趋势。

四、礼服社交规则“不变是硬道理”

礼服稳固的形制作为男人的经典列载于男装历史中，作为现实又是男人们普遍的愿望。因为，男人就像礼服始终不降低它至高无上的地位一样，也不愿意改变自己的社会地位（男权社会的特征），“稳固”便成为男人社交追求的准则。服装的社交语言，所传达的符号性和程式化信息，形成了约定俗成的潜规则，被普遍认可和接受。礼服

社交规则正是经过历史长期发展而逐渐累积形成的一种社交密码系统，在这个系统中，即便有轻微的改动也会显得很扎眼，因为在这个集团内部的“传达形态符号系统”中不变是硬道理。

因此，对礼服惯例的认识应该建立在处理好真善美的关系上。创造力（美）不能无视社会的道德准则（善），道德准则的形成是以科学（真）为基础的。引入对礼服格式语言的解释，即时装的创新是要依据服装规则（TPO）进行的。服装规则的确立应在生活实践中反复实证，而这种实证是科学的，不是宗教的，才具推广的普遍性。因此，这里虽以欧洲服装文明介绍礼服的格式语言，但它科学的内核却是属于全人类的。值得指出的是它和地域性礼服并不产生矛盾。国际性礼服和地域性礼服可以和平共处，因为科学意识又受地域自然环境和区域文化的影响；惯例是尊重民族习惯的，惯例不是法律。因此，诺贝尔章程规定男士要穿着燕尾服或民族服装赴会。这也是“礼服的惯例”能够被国际社会普遍接受的“平等精神”，即国际着装规则（THE DRESS CODE）的精神。

五、引入礼服惯例需要本土化为我所用

无视礼服惯例的存在，在当今社会中是不明智的，重要的是要掌握将地域性因素融入到惯例中的变通方法，这就是将国际惯例本土化的过程。在我国和阿拉伯国家及发展中国家，基本是部分接受男装国际惯例，以西方文明为主导的国际礼服未被广泛接受。这主要与宗教及文化有关。各国采取的办法是采用与国际惯例同级别的传统礼服应对主流社交。在把握礼服 TPO 原则的基础上，基于各国发展的程度不同，文化背景各异，不能忽视礼服的地域性。由此提醒我们，在引入现代礼服国际惯例时，要循序渐进，切忌生搬硬套。同时，在建立我国礼服规制的初期，要考虑实际国情，既要提高国民的国际化着装素养，又要考虑国民经济的现实水平和文化的接受度。

刘瑞璞
2015年12月
于北京服装学院

目录

第一章

基于国际着装规则礼服文献的解析

国际着装规则就是有关绅士的书，绅士要获得如何成为绅士的知识，就要阅读有关绅士着装规则的书，这是社交实践不能取代的，它既是入门的功课又是长期的社交指南。礼服在其中的分量很重，也是最能体现社交精神的部分。然而，初道人士往往体验的是非全面的职场社交，礼服的社交率很低，即便是社会精英也因礼服的社交机会并不很多而放弃学习，这是种短视行为。因为，一个绅士的行为养成，内在修养是日常行动的依据。

一、关于国际着装规则的文献状况

国际着装规则的英文"THE DRESS CODE"这个词组的排他性很强，单独的"DRESS"是"着装"的意思，"CODE"是"法典、密码、规则、惯例"的意思，当它们组合起来时，前缀加上"THE"，便成为专属绅士、贵族等上流社会的着装规则。特别是"DRESS"，它本身就是有"约定着装"之意，因此在社交文书中一旦出现"DRESS"就不能简单处置，如"DRESS JACKET"（意为讲究的运动西装，用于非正式场合）、"DRESS SUIT"（讲究的西服套装，多为正式的公务商务场合），"NO DRESS"如果按字面译为"不讲究""不着装"就完全错了，这中间的"NO"是非正式、休闲之意，它们组合起来，就是非正式、休闲的讲究。"非正式场合的讲究"就是它真实的意思，选择的服装就是讲究这种场合的便装。翻译过来就是"请着便装"，但出错率仍然很高，是因为我们并不清楚这种"讲究"的社交密码和构成机制。因此我们必须了解国际着装规则（THE DRESS CODE）的知识系统与规则，即所谓的服装"番制"，番制是借用军服的番号体制，是因为它们同样有一套符号识别系统和伦理文化。可见拥有和能够驾驭它便成为进入上流社会的门槛。了解国际着装规则文献就是进入这个门槛不能逾越的功课，礼服的"番制"便是它的核心。

由于男装的发展相对稳定，很多形制都是基本固定不变的，具有很强的传承性和历史感，由此奠定了服装的经典地位，女装的社交规制也是以此为基础建立起来的，构成了现代男权社交的基本特征。所以国际着装规则按照惯例主要指男装，成为发达、文明社会的标尺而被国际社会所普遍接受，无疑它是进入世界主流社交的入场券，也是衡量发达、文明社会的重要指标。追溯它的发展历程，它发源于英国，发迹于美国，理论化于日本，反映出世界社交强势文化的西方文明特点。在文献建设上欧美、日本都有专门的团队或个人对国际着装规则进行深入系统的研究，并出版成系统的理论专著和文献。成为国际社交界、服装品牌以及服装教育的重要理论基础。

在国际着装规则体系中，分为礼服、常服、户外服、衬衫和外套，其中礼服最具有稳定的系统架构与核心地位，礼服具有风向标作用。这一点国内的理论界、社交界、行业和专业教育中并没有足够的认识，更缺少系统的引进与研究，认为西装就是全部的礼服，这种粗放式的概念，造成国内礼服知识与运用的混乱。礼服体系根据国际着装规则惯例的约定，通常请柬（或社交文书）上有关于正式或非正式礼服规范的提示，主要包括第一礼服、正式礼服和标准礼服。第一礼服晚间是燕尾服，日间为晨礼服；

正式礼服晚间为塔士多礼服，日间为董事套装。全天候标准礼服为黑色套装和西服套装，且它们都有专门的表述语和规范形制。

国际奢侈品牌服饰产品的设计，都是在对国际着装规则理论知识及其实务案例系统吃透的前提下去开发的，他们对国际着装规则的熟练掌握使得他们应用到产品开发中能够游刃有余，所以能稳定于国际奢侈品市场。可见，我们如果不了解相关的专业知识和规制，很难对国际大牌的产品进行解读和学习，更谈不上开发与使用。因此，基于国际着装规则的礼服文献研究具有“番制”研究的核心地位，它的文献系统相对成熟，对其他文献研究具有指导意义和示范作用。

国际着装规则可以说是包括欧洲、美国和日本为主导的富人社交俱乐部，他们对国际着装规则的研究已经相当成熟和完善，出版的有关礼服文献也极具权威性和引领价值，无疑是我们在引进学习男装礼服知识和研究礼服国际规则时不可或缺的重要文献。

二、日本文献

日本是国际着装规则（THE DRESS CODE）理论的集大成者，最早在明治维新就以西洋社交文书研究引进，在第二次世界大战后，特别是 20 世纪 60 年代以来出版的相关专业书籍既全面又系统。

日本妇人画报社专门编辑过一本叫 THE DRESS CODE（《国际着装规则》）的书，这是世界范围内首次以国际着装规则命名的绅士礼服规则类专著，它将“规则”归纳为“礼服强执十条”，近乎法典的文献使国际着装规则的概念深入日本国民的心中。这个概念在欧美国家早已如芯片般植入上流社会的意识中而成为自觉行为，使得欧美的相关文献的出版针对性大于系统性，因此，这才留给日本一个研究国际着装规则的巨大空间和绝好机会。这本书几乎以苛刻的笔调，通过礼服诠释着国际着装规则的规制和实务作业，严格按照时间的划分对第一礼服、正式礼服和标准礼服做了系统的分类介绍，以条目的形式逐一列出各自的着装规则和实务分析，包括具体社交场景对应的穿着规则和案例。值得一提的是日本文献对礼服细节的把握和研究比源发地的英国有过之而无不及，这本书对礼服的领带、衬衫、袖扣、马甲、腰带、手套、围巾、鞋等配饰的穿戴方法及搭配要诀都逐一做了介绍，就连帽子和手套的穿戴步骤都用图例的方式一步一步展示出来。最值得我们借鉴的是它将日本的民族服装——和服，按照国际着装规则制定出一套日本本土化的穿衣规则，在保持他们自己民族文化的前提下，通过学习并遵循以英美为代表的国际主流着装规则，创造出具有日本文化特质的社交“定番”（图 1–1）。

图 1-1 日本妇人画报社书籍编辑部出版的《THE DRESS CODE》

日本妇人画报社编写的《男装事典》(《男の服飾事典》)可以说是目前为止最为权威、最为系统、最为详尽的男装辞书类专著。它从礼服、西服套装、运动夹克、布雷泽西装、衬衫、针织衫、外套、户外服、工装夹克、裤子、帽子、鞋、首饰等各个服饰类别分章进行系统地介绍。涉及了礼服每一类别的名称、分类、形制、历史流变等考案和权威信息。与其他男装类专著不同的是，这本书由于定位在辞书类，它每部分的内容都是以国际着装规则锁定的词条形式出现，对每个大的服饰类别进行了全面的梳理，列出了历史当中所有出现过的该品类的形制、名称等重要信息，具有不可替代的系统性、可靠性和权威性。这本《男装百科全书》还有一大特色就是对历史中出现过的名绅进行了专门的介绍，并具体阐述了他们对当时男装时尚的影响和形成今天“绅士规则”的掌故、历史事件。这本《男装百科全书》不仅是日本男士品位着装的指南，事实上它已成为研究国际着装规则的启蒙读物（图 1–2）。

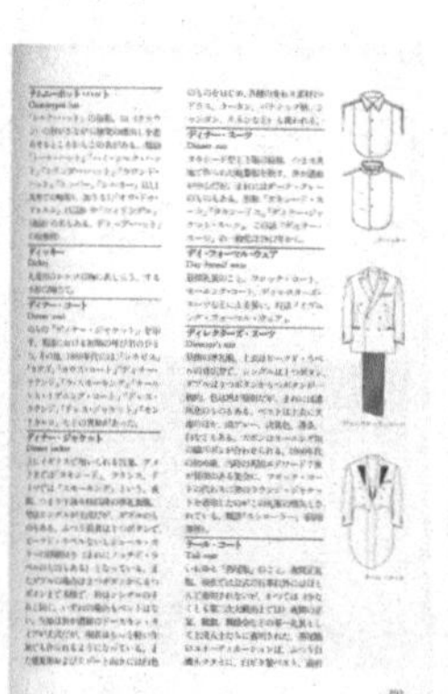

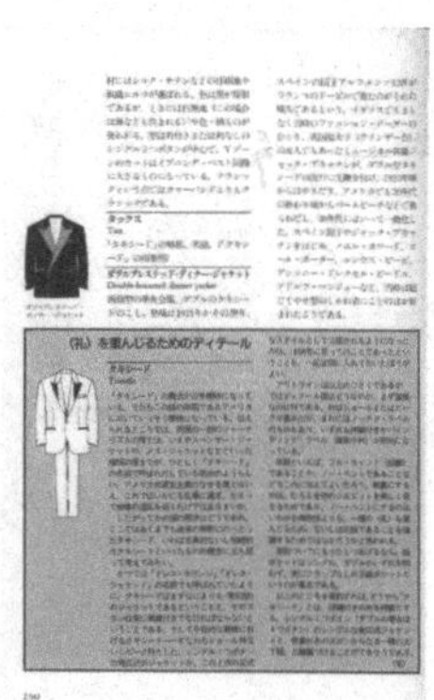

图 1-2 日本男装知识普及类百科全书《男装事典》

日本妇人画报社还出版了与之配套的系列“绅士俱乐部”的图书。虽然它们都是国际着装规则（《THE DRESS CODE》）的快餐读物，但在风格上更适合“规则”非发源地的东方人阅读，其中《礼服》（《THE FORMAL WEAR》）的专项读本，对《男装百科全书》里相对重要的礼服种类做了进一步的深入介绍和阐释，分别从礼服各个种类的历史流变、面料、色彩、结构、穿着方式、购买时的挑选技巧、保管、护理及问题解答等多个方面进行详尽的讲解。这套系列丛书的作者除了国际上包括艾伦·弗鲁泽在内的权威男装作家以外，还有像出石尚三、堀洋一等世界级的日本男装专家，它对于我们除了权威性、可靠性以外，更具有可读性和引进价值（图 1–3）。

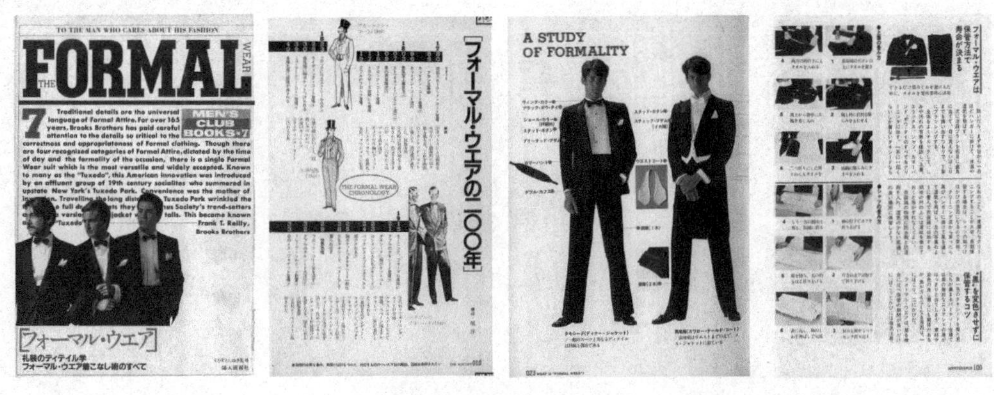

图 1-3　日本妇人画报社编辑部出版的分项男装礼服读本

与欧洲和美国的男装专著相比，日本的礼服文献更加具有深刻性、知识性、系统性和东方人的阅读习惯。从百科全书《男装百科全书》、专项类书《THE DRESS CODE》（国际着装规则）到分项书《THE FORMAL WEAR》（礼服）指引，由整体到局部，由概览到细述，为我国的国际着装规则礼服文献的引进、学习与研究提供了最为全面、可靠、权威的参考资料。学习和研究现代男装礼服惯例，日本文献资料是不容忽视的。一方面日本所保留的礼服规则甚至比欧美还完整且系统，具有很好的普及功能；另一方面日本的文化传统与我国更有相融性、可比性，它的文献资料对于我们来说更具借鉴价值。

三、欧美文献

欧洲是国际着装规则理论的源发地，规范的着装形制已经深深根植于上流社会的日常生活中，因此文献以介绍高雅的生活方式居多。英国的服饰历史学家保罗·吉尔斯（Paul Keers）编著的《绅士衣橱：古典服装与现代男士》（《A GENTLEMAN’S

WARDROBE: Classic Clothes and the Modern Man》）是他的代表作，是一本文风诙谐、附有大量案例说明的品位着装指南，在书中教给大家怎样保持古典韵味使服装与自身融为一体，穿出自己的风格。由于礼服保有更多禁忌和传统的着装密码，后面专门对礼服进行了单独的介绍，从礼服种类的出现、流行、类别、掌故到穿着方式、场合、案例等方面逐一介绍。整书的行文思路是按照礼仪级别从低到高进行的，从日常场合到特定场合，教男士们怎样成为一位不折不扣的绅士。这对国际着装规则国际化的形成提供了有价值的源头信息（图 1–4）。

图 1-4 英国作家保罗·吉尔斯编著的《绅士衣橱：古典服装与现代男士》

英国作家詹姆斯·舍伍德（James Sherwood）编著的《萨维尔街》（《Savile Row》）介绍了绅士服定制的圣地萨维尔街的很多故事，其中包括罕见的档案材料和很多未公开的影像，还有很多珍贵名绅定制的历史图片和定制规范流程的文字介绍，对于研究礼服的演变和了解社交“番制”的发展具有很大帮助（图 1–5）。

图 1-5 英国作家 James Sherwood 编著的《萨维尔街》

美国是国际着装规则理论的伟大实践者和发扬光大之地，可以说今天的国际社交规则是经过美国这个大舞台形成的，造就了常青藤联盟和布鲁克斯兄弟这种不朽的绅士文化符号。相关理论研究更为深入，最值得一提的是为此做出巨大贡献的美国作家兼男装设计师艾伦·弗鲁泽（Alan Flusser），他有自己的男装品牌，更重要的是他先后撰写过多部在男装学术研究影响深远的专著。由于有30年的男装设计和销售经验，因此他的书贴近生活且充满了美国文化的思维和国际视野。《男士品位着装》(《DRESSING THE MAN》）几乎成为国际经典社交和享受品位生活经久不衰的男士时尚艺术的圣经，它把男装礼服时尚的演变以及绅士着装的一系列准则发挥到极致，反过来又大大影响着国际着装规则源发地的英国、欧洲而影响到整个国际主流社会。艾伦·弗鲁泽出版的一系列男装专著是他多年研究和实践的结晶，成为国际上任何研究国际着装规则的机构和个人不可或缺的权威文献（图1–6）。

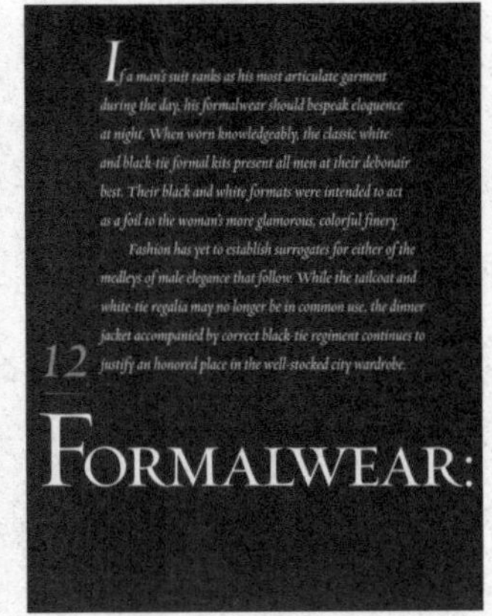
If a man's suit ranks as his most articulate garment during the day, his formalwear should bespeak eloquence at night. When worn knowledgeably, the classic white- and black-tie formal kits present all men at their debonair best. Their black and white formats were intended to act as a foil to the woman's more glamorous, colorful finery.

Fashion has yet to establish surrogates for either of the medleys of male elegance that follow. While the tailcoat and white-tie regalia may no longer be in common use, the dinner jacket accompanied by correct black-tie regiment continues to justify an honored place in the well-stocked city wardrobe.

12

FORMALWEAR:

DINNER JACKET DOGMA

图1-6　美国男装设计师兼作家艾伦·弗鲁泽的男装专著《男士品位着装》

美国时装设计师金·约翰逊（Kim Johnson）和杰夫（Jeff）共同出版了一系列如何正确着装的工具书，与弗鲁泽不同的是，它是快餐型的，其中《男士穿衣圣经》广受欢迎，已经出版100万册。这本书将教会读者如何选择适合各种职业的得体面试服装，花更少的时间却买到物超所值的衣物，针对商务旅行和正式场合礼服如何优雅穿着。这些对于现代男士穿着具有重要的指导作用，为该文献的研究提供了实用可靠地实务案例（图1–7）。

图 1-7 美国时装设计师金•约翰逊和杰夫编著的《男士穿衣圣经》

本书以礼服文献和案例为基础进行单项系统研究、整理，主要借鉴了日本对于国际着装规则中礼服单项研究的经验，旨在更国际化、权威地将一部礼服社交规范的操作指南呈献在我国正在崛起的年轻绅士这个群体面前。现代礼服规制起源于西方文明，不属于日本这个东方文明体系，但是日本通过用东方文化的研究方法，将国际着装规则中礼服知识系统进行单项研究，取得了巨大成功，中国与日本同属于东方文化，也有相同的阅读习惯。因此借鉴日本经验将现代礼服规制作为单项研究的方法是行之有效的，也是明智的。国际着装规则的相关文献主要来自欧洲、美国和日本，可以说英国的是其发源地文献；美国的是发展集成者文献；日本的则是被理论化的文献。本书最大的特点，是对不同文献里同一个礼服类型的相关知识进行比较分析，归纳得出该服装的历史沿革、实务案例、形制特点、构成元素、称谓规范、社交规制等系统知识。经过梳理之后将礼服知识系统进行本土化研究，建立我国初步的礼服系统。

第二章

礼服语言的现代社交密码

遵照传统的社交规则，可以说礼服是最为通用的语汇，因为传统社交生活中充满着礼仪。这也是历史上的常服变成今天礼服的原因，今天的礼服多由传统常服演变而来就不奇怪了[1]。现代礼服的规则就是在这个传统的基础上建立起来的，早在200年以前，《布鲁克斯兄弟》（Brooks Brothers）[2]杂志就已经对左右礼服正确性、适宜性的重要细节加以注意。由此就成为礼服（FORMAL）公式的、正式的、程式的所规定的样式。从地域的民族性来看，礼服从来没有被统一在一种样式之中，但也从来没有在男人和男人社会中降低它至高无上的地位。然而，随着信息化时代的到来，世界成为一个地球村，为了维系这个地球村的秩序，以主流社会主导的社交，礼服统一的识别符号越来越成为政要、社会精英、文人贤士的社交语言，这无疑给国家间、地区间国际范围内的交往带来了方便。依权威的国际着装规则（THE DRESS CODE）在级别上分为三种礼服，即第一礼服、正式礼服和标准礼服，适应最为广泛、被当今国际社会接受度最高的是标准礼服，所谓国际服（SUIT 西服套装）正是由此而来，但我们对它并不了解。

---

❶ 燕尾服是从将军的骑马外套演变而来的第一晚礼服；晨礼服是从散步服到乘马外套演变到今天的日间第一礼服；塔士多是从不能登大雅之堂的吸烟服演变成为今天的正式晚礼服……

❷ 在美国以《布鲁克斯兄弟》杂志和专卖店作为正统男装的标志。这一传统发展和丰富了以欧洲为核心的男装语言，又渗透了美国文化，而成为具有国际性现代绅士的标签。

一、现代礼服的国际着装规则密码

从国内各种社交、职场和媒体的宣传导向看，什么场合穿什么衣服，已经进入了我行我素的时代，这是否可以推导出未来的世界将是个没有严格礼仪着装要求的世界。这是一种中国式的误读。在一些专门性的报道中称：像美国 IBM 这样的大公司已经不对白领先生们做过多的着装限制，言外之意就是，工作中的高层管理可以着便装。这好像预示着中小公司也会跟着仿效而使“乱穿衣”成为世界潮流。与此同时，对欧洲一些大公司的着装情况也有同样的报道。然而，如果能够在纽约的华尔街求得一个职位，你就会发现服装有多么重要，礼服的密码绝对是你进入这个社区的入场券。在我国无论是这一信息的发布者还是读者都并没有搞清楚国际礼服语言的内涵，国际惯例中的礼服是什么？便装是什么？原来他们穿什么？现在穿什么？要改变的装束又是什么？IBM 公司可以穿便装，是不是汗衫、T 恤什么的？穿牛仔裤、旅游鞋上班行吗？是不是有新闻炒作的嫌疑（主要指西方的媒体，因为他们深知颠覆社交密码的新闻价值）？因为无论如何西服革履仍是今天世界性公司的形象和主流。也有与此完全相反的信息被忽视了。初入美国社会的人都认为美国人很随便，穿衣不甚讲究，而美国两位总统克林顿和小布什都因为穿着随便不分场合而受到公众对其入主白宫的指责。当时美国服装设计师协会主席隆达先生向克林顿建议说：“为了美国的形象，请不要身着运动衫去接见外国元首。如果总统在接见外国元首时穿戴得像打乒乓球的样子，将十分不合适”。皮尔•卡丹早在 1986 年就对亚洲初兴的服装教育提出过衷告：“你们不能只满足于民族服饰。当然，你们可以保留自己的传统民族服装——‘旗袍’，但是，为了同世界潮流合拍，你们还应当喜欢国际性服装”。

“国际性服装”内含既深刻又确定，礼服如此，便装也如此。中国人习惯意识上的便装总是和夹克、休闲装、运动装之类的服装联系起来，而和国际性服装的分类大相径庭。被称为 APEC 的亚太经合组织首脑非正式会议的首脑着装是“OUTDOOR”的选项，意思是户外服，它几乎成为一切休闲、运动及户外休闲生活的代名词。然而，如果没有解读其中密码的话，仍会陷入我行我素的尴尬。值得研究的是“户外服”在男装语言中仍不能我行我素。由此可见，美国人的礼服意识是“该出手时就出手”，这可以说是把握现代男士礼服语言的基本准则。

二、男人的礼服社交“不变是硬道理”

我们从上述实例不难发现，男装有着极其复杂和规范的语言系统，它的特点表现为稳定性和（国际）通用性。清末民初西学东渐使洋装文化和华服在新中国成立前和平共处了近半个世纪，今天的香港、台湾和澳门仍延续着这种开放的、中西合璧的服装文化。新中国成立前的四十多年里，洋装的规制不亚于华服，燕尾服、晨礼服、塔士多礼服、套装等不仅应有尽有，而且在上流社会中，按照各自的时间、地点、场合（TPO）原则选择礼服已成为惯例。看看当时的上海、天津、南京、广州等通商开埠的沿海城市的民风民俗就可见一斑（图 2–1、图 2–2）。

图 2-1 中国上层社会出现最早的洋装礼服规制（1913 年孙中山与黄兴等人在上海）

图 2-2 20 世纪 30 年代上海民间以地道的晨礼服作为婚礼服（男）

从 20 世纪 30 年代的中山装到新中国成立后的人民制服，走了近世纪的漫漫长路，演绎了一串串服装变革的故事，而且每一次服装变革都伴随着一次革命。改革开放以来，洋装再次涌入中国。这足以说明国际社会男装礼服语言的严谨和稳固，和它保持功能内涵的社会伦理、集体表象的特征有着深刻的合理性，这被视为礼服惯例国际化的关键所在。

礼服能被国际社会认可取决于洋装语言的严谨性和稳固性，使它隐藏着不可思议的能量和亲和力，这给本来就不善变化的男人以信心，因为，他们坚信它不被女装的变化和流行所左右更能提升男人的社交魅力，而一旦发生改变，男人就会变得烦躁、盲目而失去自信。礼服稳固的形制作为男人的经典列载于男装历史中，作为现实又是男人们普遍的愿望。因为，男人就像礼服始终不降低它至高无上的地位一样，也不愿意改变自己的社会地位（男权社会的特征），“稳固”便成为男人社交追求的准则。在正式场合中，男人能够表现出一定的风度，不希望自己陷入不稳重（毛头小子）的窘地，也不希望因为个人不同的装束而与周围的人、环境和气氛不和谐，而在心理上被排除在这个特定的男人社交圈之外。因此，在诺贝尔颁奖仪式上，标志着男士的燕尾服 100 年来没有发生丝毫的改变，一方面表明它对人类伟大发明的敬畏，一方面宣示着诺贝尔的平等精神，因为燕尾服不代表种族、政见、贫富，只代表至高无上和相互尊重（图 2-3）。礼仪中礼服的秩序性标志着修养、地位、尊重和意志，当周围的人认为你不具有这种秩序，你便会被逐出这个社会集团，生活、社交是如此，政治、外交也是如此。

①杨振宁 1957年着燕尾服领取诺贝尔奖

②李政道 1957年着燕尾服领取诺贝尔奖

③朱棣文 1997年着燕尾服领取诺贝尔奖

④钱永健 2008年着燕尾服领取诺贝尔奖

⑤高锟 2009年着燕尾服领取诺贝尔奖

⑥莫言 2012年着燕尾服领取诺贝尔奖

图 2-3 历史上获诺贝尔奖的华人着燕尾服别无选择

图 2-4 电影“泰坦尼克号”男主人公穿着燕尾服让他在上流社会行走自如

这时个性价值要服从共性价值，因此，礼服与其说是美的个性创造的载体，不如说是善的伦理表征符号。我们从《泰坦尼克号》电影男主人公杰克的那套燕尾服来看就不难理解，由这个集团钦定的礼服是进入这个社会的入场券，尽管他是平民（图 2–4）。外交上它的作用更大，备受西方大国军事打击的前伊拉克总统萨达姆也不能无视服装的作用（国际惯例的作用）。为亲近和缓和与西方大国的紧张关系，萨达姆穿上平时很少穿的黑色套装（DARK SUIT），在关键时刻与西方人士接触或出现在媒体中，表示与国际主流社会为伍，以正视听。

看来，礼服稳固的形制已经超出服装自身的存在价值，更重要的是它与所服务的社会角色和男人社会的社交格局有关。当今信息化社会使国界变得模糊，使地球变得很小。社交的通用性、礼仪的规范性和礼服的惯例性在世界范围内比以往任何一个时期都变得重要起来，这也预示着未来国际礼服进入更加简化的趋势。

三、礼服规制的平等精神和欧洲的科学文明

礼服表现为善的特质，它的社会伦理和集团性是显而易见的。“礼”是社会生活中由于风俗习惯而形成的为大家所共同遵守的仪规，即所谓约定俗成，它是伦理社会化、集团化的具体表现。汉代许慎的《说文解字》释“礼”为“履也所以事神致福也”。

可见“礼”与古时人们日常生活中充满着对神的至尊而履行宗教仪式有关，重要的是这些崇神仪式都是为了生活富足的美好愿望。而违反了这种约定就有触犯神灵之嫌，其后果可能就会遭到神的惩罚。因此，礼服的实效价值不在物质上，而在精神上，这是人类商礼文明普世价值的所在。今天看来这种古老的文明，已经被集团化制约的人的行为规范所取代，相对古人而言，它似乎变得更加世俗和自私了。礼服语言格式似乎变得越来越单一稳定，但它很重要，这让现代人免除了当初英国使臣玛格尼尔面见乾隆帝时，是行单膝跪拜礼还是行九叩跪拜首礼而烦恼。如此解释礼服的意义和趋势是要提醒人们，穿在人身上的服装不是为所欲为，我行我素，它还有一个更普遍的内涵，就是表现人的最基本的尊严和行为约束，那么社交中就应该有一个相对被公认的服装形态，这不仅是现代文明的一个重要标志，还是全球一体化发展趋势的必然要求。

现代时尚充满着矛盾，一方面人们接受时装无国界的观点，另一方面人们又极力追求时装个性。前者是讲趋同，后者是讲不同，但是，持两种观点的人都忽视了它的辩证性，客观上这两种观点应该有机地结合起来。趋同是绝对的，不同是相对的，不同总是在趋同的前提下人们才能认可。前者是道德意志（善），后者是创新精神（美），个性创造是要有社会基础的，否则它就没有生命力。创造力不是无政府主义的，它是在规则的制约下展开创造的，只强调创造而无视规则，定会走向个性的极端化，就会被社会抛弃。反过来，趋同又是由个性（不同）关系构成的，个性是趋同的社会细胞，国际服装总是在某个特定（民族）服装的基础上形成的。因此，了解国际服装的格式语言是我国服装界亟待解决的问题❶，而礼服的格式语言又是整个服装语言的核心。

值得研究的是，礼服的格式语言，在国际主流社交中为什么偏偏接受欧洲的近代文明❷，也就是说，趋同是以欧洲为中心放射开来。这其中的重要原因就是现代工业文明是建立在古希腊以人为中心的“人本主义”思想基石之上❸，换言之，是崇尚科学的实证哲学，造就了后来以英国为发端的欧洲工业文明，同时，也助长了以英、法为代表的欧洲向世界范围进行文化、经济和军事扩张及殖民统治。我们抛开它的文化侵略因素，因为世界各国不会也不可能接受文化侵略。相反，恰恰是那些没有被殖民化的国家较早地接受了欧洲工业文明，重要的是国家的开放和维新的政府政策，最具代表性的是德国、美国和日本，它们较早地接受了欧洲的实证科学和工业文明。被动地接受和主动的学习其结果是完全不同的，因为后者是具有创造性的。因此，礼服的国际

❶我国现实的民族服饰架构已经不复存在，随着开放的深入和国际化的进程，需要引进和建立国际化服装规制的架构，并进行本土化，这是时代的必然选择。

❷现代礼服格局均是 19 世纪末定型的，而主要来自工业文明最早的英国。

❸当今世界通行的以人为中心的现代设计，包括建筑、环境、产品、纺织等，都是这种思想的发展和延伸。

惯例发源于欧洲，但没有美国和日本的加入是不完备的，国际化也会大打折扣。然而，现代礼服格式语言的实用科学基础没有改变，这一点成为礼服趋同的重要保证。欧洲礼服形制的每个细节几乎都和功用有着密切的联系，当表现礼仪的样式和功能发生矛盾时，总是被功能战胜，可以说欧洲礼服的发展史就是一部实证科学史。例如，燕尾服就是法国大革命的产物，为征战骑马的方便，选择了无前摆大衣或将大衣前摆去掉而成为燕尾状。到美国人手里则将燕尾全部砍掉成为塔士多礼服，这是一次纯粹的礼服（功能）革命。还有一个重要的时间节点，就是第二次世界大战，物资的极度匮乏，在使用布料上变得惜物如金，在设计上简约但极其功效，因此当代礼服的经典，西服套装（Suit）、黑色套装（Dark Suit）、巴尔玛肯外套（Balmacan）、堑壕外套（Trench Coat）等都是在这个时期定型的而成为绅士礼服永恒的时尚。这一切一定发生在欧洲，这要得益于它的“人本主义”传统和近代工业文明。而在经历工业文明之外的阿拉伯人的大袍至今也没有摆脱宗教的束缚。我国历史中越王勾践推行胡服骑射，最终被强大的封建势力所压制，直到清末民初，中山装的出现不过是像不彻底的辛亥革命一样，象征意义远远大于实际意义，最终没有成为像日本明治维新那样“西化的深刻，民族的纯粹”。

由此，我们得到对礼服惯例的新认识。创造力（美）不能无视社会的道德准则（善）；道德准则的形成是以科学（真）为基础的。引入对礼服格式语言的解释，即时装的创新是要依据服装规则进行的；服装规则（惯例）的确立应在生活实践中反复实证，而这种实证是科学的而不是宗教的、民粹的，才具推广的普遍性。因此，这里虽以欧洲服装文明介绍礼服的格式语言，但它科学的内核却是属于全人类的。值得指出的是它和地域性礼服并不产生矛盾。国际性礼服和地域性礼服可以和平共处，因为科学意识又受地域自然环境和区域文化的影响；惯例是尊重民族习惯的，惯例不是法律。因此，诺贝尔章程规定男士要穿着燕尾服或民族服装赴会。这也是“礼服的惯例”能够被国际社会普遍接受的“平等精神”，即国际着装规则（THE DRESS CODE）的精神。

四、礼服的 TPO 原则是怎样炼成的

时间、地点、场合（TIME、PLACE、OCCASION）是将何时、何地、何目的的着装明确地表示、规定方向的目的性，其中“明确”“规定方向”这些极为确切的用语，显然对礼服更有指导意义，更准确地说这是针对男权社会提出来的社交行为原则（包

括装扮行为和设计行为）。对这一点存在认识不足，通常是对 TPO 持各自的主观理解，甚至出现“TPO 就是白天穿白天的衣服，晚上穿晚上的衣服”这类笼统和无任何意义的解释。因此，探究 TPO 的历史根源和作用，不仅对 TPO 原则本身的认识有帮助，而且便于掌握礼服的格式语言。

（一）从国际着装规则（THE DRESS CODE）到 TPO

最早提出 TPO 原则的并非是现代礼服源发的欧美国家，而是出现在当时并不发达的日本[1]。该原则是 1963 年，由日本的 MFU 即日本男装协会（JAPAN MEN'S FASHION UNITY）作为该年度的流行主题提出的“TPO 国民计划”，其目的旨在日本公众的头脑中尽快树立起最基本的现代男装的国际规范和标准，以提高国民整体国际素质。这不仅给当时日本国内服装市场的细分化趋势提供了指导，同时也为迎接 1964 年在日本举行的奥林匹克运动会做了准备，让国民在国际各界人士面前树立良好的形象。TPO 原则不仅在日本国内迅速推广普及，始料未及的收获是也被国际时装界所接受，并成为国际社交的基本着装准则。事实上这个“TPO 国民计划”并不是空穴来风的一时冲动，而是有着深厚的历史渊源和社会背景。早在明治维新时期，除了推翻德川幕府还大政归天皇的政治改革之外，还进行了一系列的经济和社会改革，促进日本的现代化和西方化，其核心是实现工业化，企图建立一个能同西方并驾齐驱的国家。在步骤上有计划地从英国、德国、法国、美国以及其他西方国家聘请学者、政治家和其他领域的顾问，并大力提倡去西方工业国家留学，实行强化训练计划。服制改革从政府官员到社会精英、实业家全盘引入英国贵族式的服装规制成为日本上层社会的标签，其中一个很重要的标志就是与工业化同步系统引进国际着装规则（THE DRESS CODE）社交制度，为了使其在国民中推行，将“DRESS”（内涵有特定集团约定的着装）建设成日本国民都可以理解的 TPO 系统（有特定时间、地点、场合约定的着装）而成为非西方国家的西方成功案例。男装礼服 TPO 原则及其知识架构究竟有多重要？一个社会秩序的建成，取决于上层社会的秩序，因为中、下层会一层一层的效仿，顶层服装规范便是整个社会秩序的物质示范。今天的男权化社会，男装秩序便成为主导。

社会角色的分工决定了男女装的社会功能。男性为理性职业居多，女性以感性职业居多，故在礼仪规范和形制上男装具有隐秘性和规定性。因此，在国际服装界礼服

[1] 日本提出男装的 TPO 原则，事实上是伴随着日本的幕府政治、明治维新、第二次世界大战战败和现代日本崛起的痛苦过程形成的日本化的礼服国际惯例理论系统。因此，如果没有日本对现代男装格式语言加以总结，礼服惯例是不完备的。TPO 又被欧美为主导的国际社会所接受。

的格式语言更多的是指男装，对女装甚至没有约束力。这就是为什么在正式场合里男士礼服显得整齐划一，女士礼服丰富多彩的原因。这也表现在称谓上男装更确切、具体，女装则笼统、模糊。如晚礼服只用于女装，而男装的晚礼服根据 TPO 原则有不同等级界定，像燕尾服、塔士多礼服、梅斯礼服、装饰塔士多礼服等所表示的社交取向有很大不同，而女装几乎可以一而惯之。因此，TPO 原则针对男装礼服要把握两个要点，一是 TPO 各因素之间是有关联的、相互配合的，T 起决定性作用；二是 TPO 语言是具体的、确定的。

（二）礼服时间的界定与风格取向

礼服具有传递时间信息的功能，这是由于现代礼服沿袭贵族时代不同时间换不同的装束，以此规范不同时间行为的习惯而来。在 19 世纪以前的欧美诸国，贵族就有早、中、晚换装两到三次的习惯，而且地位和等级越高换装越严格，也越频繁。崇尚优雅和传统习俗是礼服存在的文化价值，它的主要功能就是规范人的日间和晚间的社交行为，因为日间主要以公务、商务社交为主，晚间主要以娱乐、宴会社交为主，这样不同时间礼服的加入及其所具有的时间符号的指引，以规避不合时宜的行为与话题。所以换装一直以来成为主流社交的惯例就不足为奇。因此，在国际主流社会的社交中通过礼服去判断时间和社交主题是很实用的。礼服的时间界定是以夜幕降临的时刻为准，大约在 18 时左右。18 时之前为日间礼服（FORMAL DAY WEAR），18 时之后为晚间礼服（FORMAL EVENING WEAR）。具体到某个国家时间界定有所不同。在日本是将 18 时作为礼服时间上的界限，如燕尾服和塔士多礼服一定是在 18 时之后穿的。在欧美诸国以 17~18 时，即掌灯时分作为礼服时间上的限定，比之前者增加了灵活的因素，这也是趋势。因此了解礼服时间变通的方法是必要的。如在下午到傍晚的聚会上，可以提早穿上晚间礼服，诺贝尔颁奖仪式中男士着燕尾服出席，但仪式并未在晚间举行，其中的玄机就是下午颁奖仪式后要举行盛大晚宴。因此在社交界就形成了“就高不就低，就晚不就早”的潜规则。礼服时间除了它的微观概念，还包括它的宏观概念，即它的季节性，如白色塔士多礼服和梅斯礼服多用于夏季晚间礼服，卡玛绉饰带的搭配也被视为夏季晚礼服风格，但这不能作为严格的季节限制，必须结合地点（P）和场合（O）综合考虑，如婚礼中的新郎有时也用白色区别于来宾普遍适用的黑色礼服。时间还对礼服的形制有所影响，日间礼服适应白天以严肃的仪式居多；晚间礼服适应以晚宴、娱乐为主。不同时间礼服造型和配饰的不同，还有关键的一点就是照明问题。在阳光、自然光与灯光照射下对礼服的材质和对饰品的要求不同，这是燕尾服、塔士多礼服采用缎面驳领，而晨礼服采用素面驳领；蓝宝石饰品更适合晚间，珍珠饰品多用于日间的原因所在。总之晚礼服追求华丽，日间礼服崇尚朴素，时间便是决定因素。

（三）礼服级别的机制与走势

礼服的时间确定在男装中并不能指导准确的选择，如晚礼服、日间礼服仍不能确定是哪种礼服，它还必须结合级别的因素才能准确地把握。级别是根据地点（P）和场合（O）确定的，是以礼仪正式的程度、社交场合所处地理位置、环境气氛以及宾客的构成所决定的。礼服分第一礼服、正式式礼服和标准礼服三个级别。对于礼服级别的理解，首先要明确的是，级别并非阶级性、等级性。它本身不具有社会地位高低的概念，社会中任何一个阶层的人选择礼服是自由的，不存在礼服这个阶层可以穿、那个阶层不可以穿的规定，这也是礼服国际惯例“平等精神”的体现。当今随着专制社会的消亡，人治社会逐渐被法治社会所取代，人无贫富和等级之分，无论贫富，人格都应该得到尊重，这越来越成为国际交往的普世价值。那么，礼服为什么会有级别呢？

这里有两点重要原因。第一，识别作用。礼服的级别很像一种格式符号，即什么样的场合、规格都有相应的礼服级别，这样就可以避免着装失误而处于尴尬境地。男装礼服的级别表达，表现出细分化和专属性特点，每一种级别的礼服都用专用名词涵盖级别的表达方法，如都表示晚礼服的燕尾服和塔士多礼服不仅在等级上有明显界定，在构成要素和搭配方式上亦有各自的套路。因此，简单地把“时间”和“级别”组成一个礼服的词汇仍会产生误导，如“正式晚礼服”的级别和时间都给了，但仍不能确定是哪种晚礼服，因为根据级别要求燕尾服和塔士多礼服都可以理解成“正式晚礼服”，但根据细分化要求前者高于后者，而且后者除准塔士多外，还分化出梅斯、装饰塔士多等若干适合不同场合、风格的塔士多礼服。因此，男装礼服的惯例规定，采用礼服的专用名词更易识别它们的级别性。最为典型的是，在接受重要的邀请时，请柬上注明诸如“IN WHITE TIE”（系白色领结意为穿燕尾服前往表示正式的最高级）、“IN BLACK TIE”（系黑色领结意为穿塔士多礼服前往表示正式级）、“NO DRESS”（非礼服级）。如果缺乏对礼服等级符号的识别，凭空想象，主观臆断往往会陷入十分尴尬的境地，甚至被劝阻。第二，规范行为作用。穿上燕尾服和穿上西服这对任何一个男人都不会是同一种感觉。可见礼服的级别越高对人行为的约束性越强，这是礼服惯例的基本功能。礼服级别规范行为的作用还表现在礼服自身。礼服的级别越高，自身的组合要素和形式构成的程式化越强。如“请系白色领结”这本身就决定了燕尾服的领结是唯一性的，也暗示着它的组成因素是程式化的，包括应用的面料、款式、色彩、加工手法、上下内外衣组合形式、配饰的选择与搭配的方式等。同属晚礼服的塔士多礼服以系黑色领结为标准，由于级别低于燕尾服而组成的因素和手法就灵活得多，如美国风格、英国风格、法国风格等。而黑色套装几乎成为全天候的礼服，级别也就降为准礼服适用的范围，也更加广泛。这也预示着，在现代休闲化的生活方式越来越占据更多生活空间的今天，礼服的级别更加淡化，通用性、综合性、变通性的黑色套装(Dark Suit) 会升格为正式礼服恐怕只是个时间问题。

（四）礼服趋同性的时尚把握

就 TPO 原则指导下的礼服而言，尽管它有相当的稳定性，但把礼服视为一成不变的，无论对使用者还是对设计者都是不明智的。礼服也是伴随着时代发展而变化的，只是它相对女装表现出明显的秩序性和传承性，并一定跟礼仪的改变有关。一方面礼仪根据社会的文明进程本身就具有鲜明的时代特色；另一方面随着经济的全球化礼仪变化越来越表现出“趋同性”，信息化时代的到来，礼服随着便捷、迅速的国际间政治、经济、文化的交往，这种趋同性一定会打上时尚的烙印。如果在现今的社交场合中出现维多利亚时代的礼服那将是滑稽可笑的，而各行其是没有捕捉到时尚的脉搏最终也会与时代格格不入。今天穿着燕尾服的人也仅限于特定的典礼、大型古典乐队的艺术家、古典交际舞、豪华酒店的服务生中，在婚礼和结婚照中也偶尔见到，如果在我们日常生活中普遍使用就会有种恍如隔世的感觉。因此，此类礼服通常被视为公式化服装或作为设计元素使用。就是在可以使用燕尾服的场合，也能够反映出拥有者对其时尚性把控的修养和智慧，在诺贝尔颁奖仪式上作家莫言的燕尾服白色背心，高开领四粒扣明显与在场所有男士低开领三粒扣背心的型制不同，这个细节在主流社交界不会被指责（图 2–5）。晨礼服的命运也是如此。这说明现代简化的礼节和全球化交往更需要简洁通用的礼服语言。

图 2-5 诺贝尔奖中莫言的燕尾服背心

因此，原属半正式晚礼服的塔士多礼服和全天候通用的黑色套装已成为现代男装礼服的主流“趋同性”而成为礼服的大趋势。这并不说明礼服缺少时尚性，往往是原系便装发展成今天的礼服，这已成为礼服发展的普遍规律，其中背后的推手就是“实用”，这种历史更迭的时尚性几乎在所有的礼服中都有同样的表现。

再以晨礼服为例，在产生之初，它是弗瑞克礼服大衣的简略型。礼服大衣盛行于18世纪末，但进入19世纪后，当绅士们骑马时，礼服大衣前身的双门襟显得十分碍事，在1830年加入一种散步服，这可以说是当时以单排扣为特点的休闲服简化前门襟的设计，衣长也减短。1838年将其作为外出服使用，1860年称其为短外套，1870年则正式定名为晨服。进入20世纪后，晨服上升为正式日间礼服，这就是今天晨礼服的由来（图2-6）。然而这时弗瑞克外套并未消失，而是与晨礼服并行，成为当时弗瑞克外套表示传统风格的日间礼服；晨礼服则暗示现代时尚和未来风格的日间礼服。这种充满传统与现代、保守与实用博弈的礼服格局，就是在当时中国的上层社会和精英也以此粉墨登场，打造了一幕时代的政剧（图2-7）。这种有关国际着装规则（THE DRESS CODE）重大的“中国史证”却被我们忽视了。可见中国的“时尚史”清末民初是个不可忽视的重要节点。从上述晨礼服的演变看，都是从原属便装变成后来的礼服，在今天塔士多取代燕尾服的情形中重演着历史的一幕，越来越多地被男人社会所接受，实用结束燕尾服的命运，这只是一个时间问题，也是时尚的宿命。可见趋同性的礼服国际惯例，能否表现时尚的关键取决于它是否更加实用和方便。

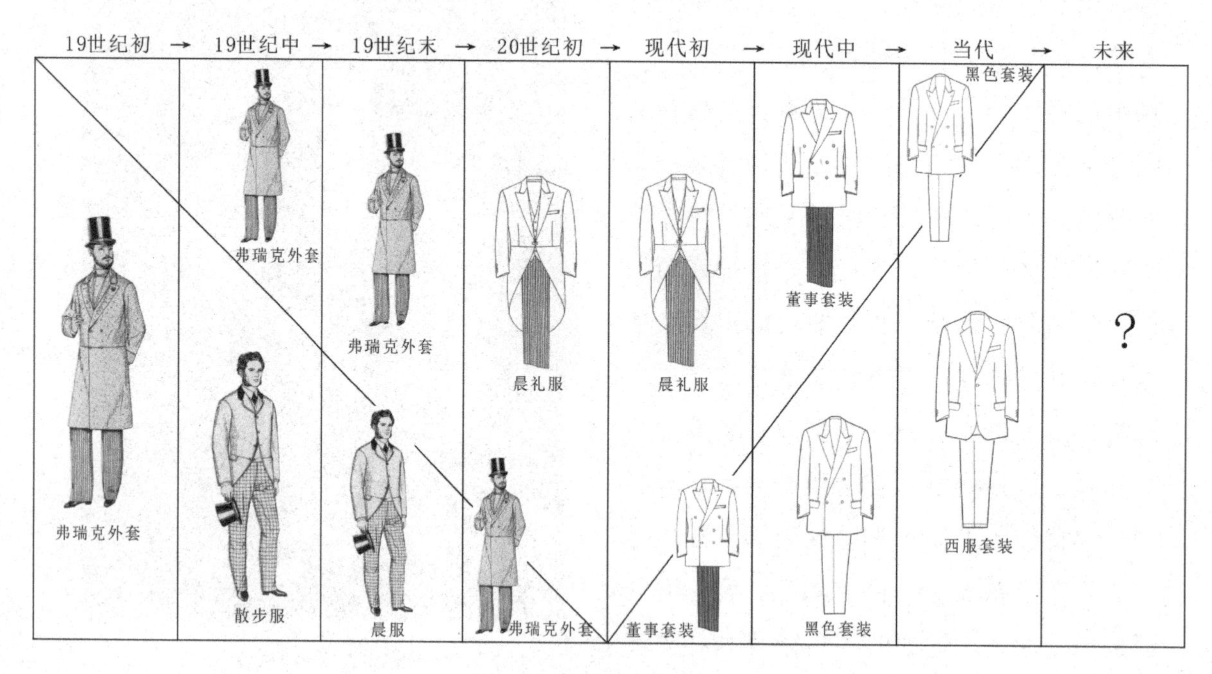

图2-6 礼服的演变

①穿弗瑞克的詹天佑（1913年）
②穿弗瑞克和晨礼服的贵族（民初）
③穿晨礼服的贵族（1913年）
④穿晨礼服的贵族（1915年）

图 2-7 20 世纪初中国的上层社会和精英们与西方同样出现了弗瑞克和晨礼服

（五）礼服地域性的文化契合

惯例不是法律，它只有指导性，没有指令性，惯例通常是大多数人的道德准则，它虽然不是强制性的，而一旦有失惯例或违反惯例，也会招致冷落甚至指责。因此，无视礼服惯例的存在，在当今社会中是不明智的，重要的是要掌握将地域性因素融入到惯例中的变通方法，这就是将国际惯例本土化的过程。这在历史上和今天都有可借鉴的成功例子。号称产生现代礼服惯例的英国与无过多历史可言的美国相比，英国文化却始终支配着美国。然而，强烈的美国民族意识（冒险精神），又要极力摆脱英国传统的束缚，同时，它又不希望放弃给美国带来巨大实惠的这种文明，那么这个结合点在什么地方？这就是为我所用，变礼俗为功用，这就形成了超越英国文明的美国文化。

因此，当今社交秩序所形成的形态与格局的服装生态基本上是沿着发端于英国、发迹美国的路线展开的。仅以塔士多礼服为例，众所周知，塔士多礼服产生于 19 世纪美国纽约北部的塔士多公园，这是当时美国贵族的一个社区，由于到塔士多公园游玩的绅士们穿的燕尾服（欧洲传统）尾部出现了皱褶，使得来这里聚会的年轻绅士们产生了将燕尾去掉的冲动，这种实用主义动机正是因为美国没有沉重的历史和文化包袱，而战胜了英国传统的礼制，奠定了塔士多礼服诞生的基础，并在全美迅速推广。

让美国人感到意外的是，这一小小的礼服革命动摇了欧洲近一个世纪的燕尾服传统，并影响到国际社会直至今天。相似的事情也在英国发生了，不同的是英国人并不想以此取代燕尾服的传统而派生出与塔士多相似的考乌兹套装（后来的英式塔士多礼服）。维多利亚女王，一到夏季就到英国南端的怀特岛避暑，在休养地，她提出穿无燕尾的礼服出席聚会的主意。这种礼服后来在围绕怀特岛的考乌兹地区盛行，最终在全英不断地被上流社会所推崇，不过它只限在夏季的休闲场合使用，这就是今天塔士多礼服有季节的区分和低于燕尾服级别的礼服的历史依据。

考乌兹的英国格调又和来自美国的塔士多旋风相结合而形成历史上的英国型塔士多礼服而被固定下来，这就是现在所称的塔士多礼服的两大风格。即美国型的塔士多采用青果领设计，这是美国人大胆借鉴了当时在欧美都流行的晚宴休息室中吸烟服的青果领，它后来与卡玛绉饰带组合取代了背心，十足地表现出美国人的冒险精神和创新意识，使塔士多的影响力和作为主流晚礼服的地位至今还没有动摇的迹象[1]。英国型塔士多礼服基本代表了欧洲贵族的风格，它最终放弃吸烟服的青果领是因为它作为吸烟服的标志不能登大雅之堂，而采用戗驳领与背心的组合，其根源是要让它保持燕尾服某些高尚的传统。无论是美国型塔士多还是英国型塔士多，它们都来源于一个祖先——燕尾服，但它们又没有丧失个性，由此不难理解国际惯例和地域性的关系。

当然，如上所述，英、美国家的服装由于同属一种历史、文化传统而沿袭下来，现今又在服装的国际大环境、大潮流影响下，自然会彼此相互作用，并呈现出更为多彩的局面，这就是英、美两派礼服可以融合又可以独立的地域文化作用的结果，并使其成为国际通用的礼服语言。

对于礼服惯例非发源地的其他国家和地区，在引进、借鉴和发展的过程中，由于各国的民族传统、生活习惯、地理环境等因素，也必须融入地域文化，以避免其生根时水土不服，日本的经验值得我们借鉴。日本是采用礼服国际惯例最早、最规范的亚洲国家，并在它的影响下紧随其后的是韩国和新加坡。事实上它们都经历了类似明治维新式的学习西方文明的社会变革。最具有标志性的就是日本在保持大和服饰传统的基础上建立了日本特有的国际化礼服规范。以塔士多礼服为例，除全盘接受英、美风

---

[1] 类似的服装革命在美国还有一次，就是牛仔裤的旋风，把世界范围的时装格局引进了一个休闲化、运动化的时代，加重了纽约时装中心的砝码。今天看来这个时代与其说是快要结束，不如说是刚刚开始。

格外，在使用上强调日本习惯。晨礼服在日本受重视的程度要远大于欧美国家就很能说明这个问题。日本新首相在就职仪式上均要穿晨礼服，这在欧美国家早已成为历史，而在日本从明治维新到现在这个传统始终没有改变，甚至有学者认为这是日本特有的文化。事实上这是一种“文化契合”，就像佛教传到中国与中国本土化契合的天衣无缝一样，把它的发源地印度忘得一干二净。在民间，晨礼服也被日本化了，日本人穿晨礼服或简晨服（董事套装）时，其配穿的背心V字领口带有白色包边，可以自行装卸，仅在祝贺喜庆场合佩戴，而非喜庆场合必须解下来，不过这种习惯也源于英国，只是在形制上日本化了，这和日本人“一服多用”勤俭的传统不无关系，这一点可以说是日本人的发明，这已成为日本地域性的典范，但它又是由国际惯例演变而来的。因此，礼服的 TPO 原则是有地域性的，引入礼服惯例需要本土化改造，为我所用，由此体现出国际惯例的尊重民族习惯和个性平等精神。

总之，在把握礼服 TPO 原则的基础上，不能忽视礼服的地域性。由此提醒我们，在引入现代礼服国际惯例时，要循序渐进，切忌生搬硬套。同时，在建立我国礼服规制的初期，要考虑实际国情，既要提高国民的国际化着装素养，又要考虑国民经济的现实水平和文化的接受度。

第三章

从历史走来的现代礼服规制

在服装的历史中，礼服和常服虽没有严格的界限，但是它们的级别层次泾渭分明。正因如此，才会出现原系常服变成今天礼服的演化规律。这一方面说明，常服和礼服的形成具有“时代造英雄”的变动性，另一方面又说明，历史中的礼服不会变成今天的常服，今天的常服可能变成明天的礼服这一礼服发展的不可逆性。礼服历史的更迭，总是“应用科学”取代“礼俗传统”的结果。

一、礼服上下 200 年从地域性到国际化的历史回归

本节以简单的时间顺序，勾勒出每一种礼服的演化过程和准确的语言构成，为认识和把握每一种礼服的作用寻找其历史坐标和时间节点。时间跨度是 18 世纪末到 20 世纪末，因为这 200 年是现代礼服惯例起源、发展、形成的关键时期。18 世纪的礼服流行极为稳定，像究斯特科尔和弗瑞克外套几乎流行了一个世纪。到 20 世纪初，燕尾服和晨礼服升格为第一礼服取代了弗瑞克。燕尾服在 19 世纪前半叶还是不分昼夜的日常服，晨礼服是当时的乘马服，是人们骑马散步时穿的休闲服。后来礼服的更替速度越来越快，甚至出现了多样性，在 19 世纪 80 年代塔士多礼服和董事套装在社交场合中得以普及，使得燕尾服和晨礼服在 20 世纪初慢慢退到时尚的后台。1945 年之后，塔士多礼服和董事套装取代燕尾服和晨礼服成为正式礼服的主流。随着人们衣装的简略化、休闲化，具有全天候礼服性质的黑色套装越来越受到人们的青睐，升格为礼服，今天成为国际社会的准礼服。依照这种趋势，现今作为常服的黑色西服套装将升格为本世纪的准礼服，这也是历史发展的必然趋势（图 3–1）。

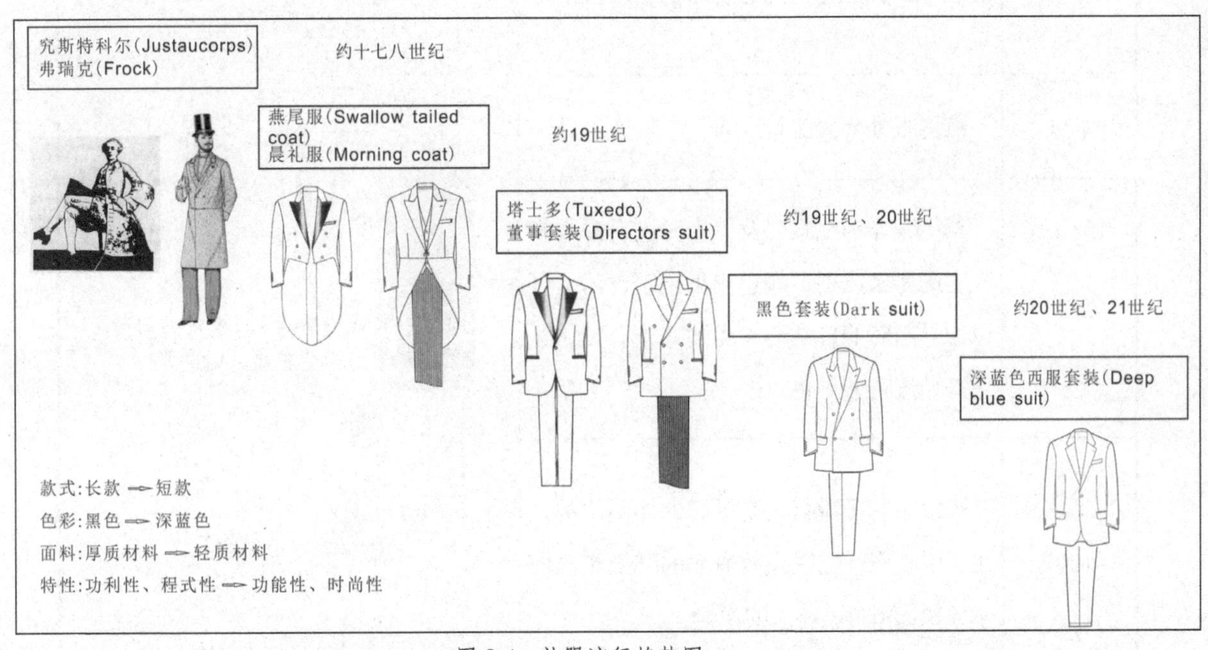

图 3-1 礼服流行趋势图

表所列为礼服发展的历史演变过程，形成今天礼服国际惯例的格局甚至可以追溯到 18 世纪初。

表 礼服上下200年演变过程与典型事件

年份	礼服演变过程的典型事件	插图
1780	双排扣外套首次登场，它是在18世纪初究斯特克外套（justaucorps）的基础上发展而来，特点是单排扣裙式下摆（见图①），经乘马服演变成最初的燕尾服（见图②）。并对1820年流行的弗瑞克大衣（日间礼服）的诞生奠定了基础。因此，它是今天燕尾服和晨礼服的鼻祖	 1725年穿究斯特克外套的贵族
1789	燕尾服外套出现，当时一种叫做卡特林（cut-in）的服装（见图②）是在前襟水平处切成曲形腰线的一种裁剪方法，使爱好骑马的绅士和争战的将士们更加灵活方便。其结果促使了燕尾服的诞生（见图④）	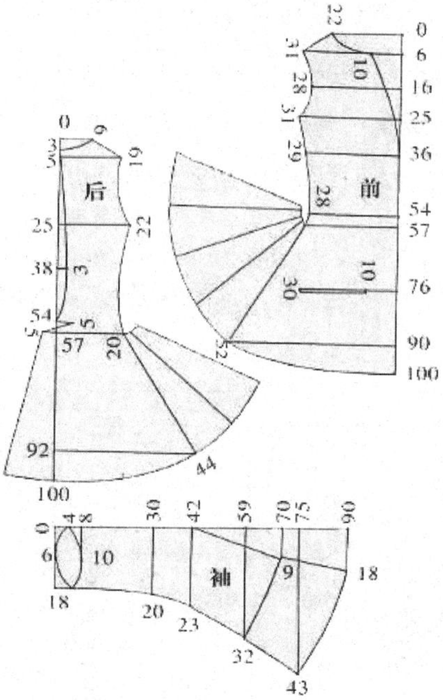 ① 1700年代究斯特克外套的裁剪图。今天燕尾服的结构由此演变而来
1796	燕尾服外套大流行	
1803	燕尾服作为礼服普及。当时没有白天和晚上的严格区别，颜色应用也很自由，可以说是当时的日常装（见图②）。1806年开始流行蓝黑色	
1807	平纹布裤子流行，是针织的休闲便裤，用于晚礼服。它受当时有名的绅士布鲁梅尔（Brummel）装束的影响	 ② 1819年的卡特林外套，它是燕尾服的前身
1809	黑色燕尾服流行	

续表

年份	礼服演变过程的典型事件	插图
1816	弗瑞克大衣出现（Frock coat）。形制为双排扣，长度及膝以下，腰部有剪接缝，领子常以天鹅绒裁制。它是 19 世纪日间礼服的典型（见图⑥）	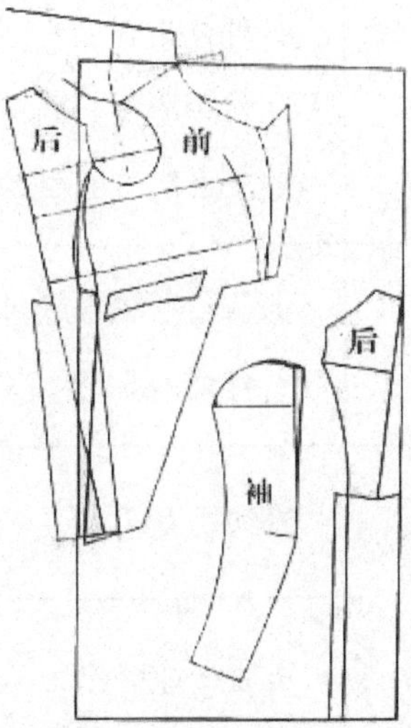
1817	原常用一种半长裤和丝织长袜作为正式场合的裤子（见图①），而在骑马外出时，在此外边套上长裤（trousers），这就是今天西裤的原型（见图①）。原作为休闲裤，1817 年升格为晚礼服裤（见图④）	1822 年卡特林的裁剪图已经很接近今天的燕尾服了
1819	卡特林燕尾服流行。双排扣弗瑞克外套升格为日间礼服（见图⑥）	
1823	有腰线的弗瑞克外套，变拿破仑领为翻领（见图③）。这些细节的改变和原双排扣的形式组合被固定下来，形成历史上经典的日间礼服弗瑞克外套	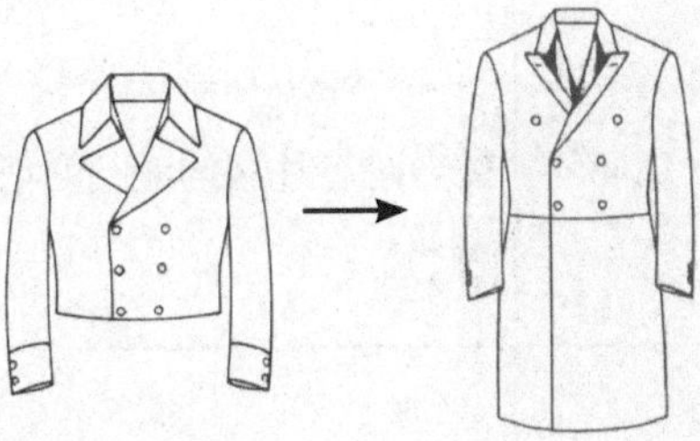
1825	乘马外套出现，它是从散步服发展而来，此为后来晨礼服的原型（见图⑦）	③从拿破仑领到翻领的变化，拿破仑领在今天风衣中仍然保留，因为它有良好的功能
1830	燕尾服衬衫胸部加入褶裥花边出现，它只作为纨绔装束，并未成为主流（见图⑫）	
1839	乘马外套作为狩猎服出现，进一步完善其功能，成为后来晨礼服的基本形制（见图⑦）	④ 1854 年的燕尾服还能看出拿破仑领的影子

续表

年份	礼服演变过程的典型事件	插图
1840	各种礼服施加的细部设计，更加接近今天礼服的造型。翻领从原来的拿破仑领变得趋于平伏（见图③）	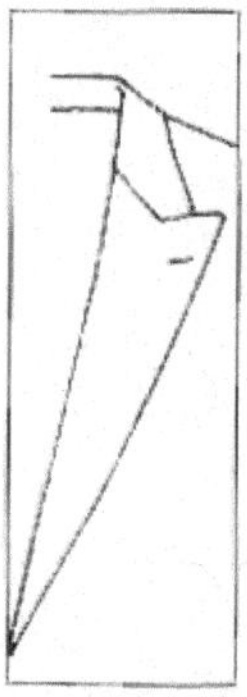
1843	深蓝色燕尾服过时，代之黑色燕尾服流行，直到1854年	
1845	缝纫机发明	⑤驳领扣眼原来的合襟功能变成了插花孔
1849	成衣产业兴起	
1850	燕尾服称谓普及，并作为正式晚礼服的专用语（Swallowtail，见图④）	
1853	Cutaway(斜圆摆外套)是乘马服的代称，是当时晨礼服的流行称呼，是美国用语(见图⑦)	
1865	左襟驳领扣眼作为插花孔被普遍接受。原系企领门襟第一个扣眼，变翻领后予以保留，后被作为插花孔（见图⑤）	⑥ 1878 年的弗瑞克外套
1870	弗瑞克升格为正式日间礼服，形制为双排四粒、六粒或八粒扣。在美国称艾伯特王子外套（Prince Albert，见图⑥）。	
1872	晨礼服的称谓出现（Morning Coat），它是针对弗瑞克作为正式日间礼服的传统（见图⑥）	⑦ 1879 年的乘马服，它是今天晨礼服的原型

续表

年份	礼服演变过程的典型事件	插图
1878	弗瑞克礼服和晨礼服作为正式和非正式日间礼服并存（见图⑥和图⑦）。	
1879	晨礼服仍以较低级别的日间礼服存在，但已预示着它要取代弗瑞克的地位已出露端倪（见图⑦）	
1880	弗瑞克正式称为弗瑞克晨礼服	
1885	没有燕尾的晚餐套装在英国出现。当时称为考乌兹套装（Cows），它是后来叫作迪奈套装（Dinner）的前身。迪奈可以说是英国塔士多礼服的前身（见图⑧）	⑧ 1888 年考乌兹套装，后称迪奈套装，是地道的英式塔士多礼服
1886	塔士多礼服诞生。在美国作为燕尾服的替代物成为晚间正式礼服（见图⑨）	
1888	考乌兹套装作为夏季晚礼服在伦敦出现，成为半正式的晚宴套装，通常仅居家时穿着，也称居家礼服套装（见图⑧）	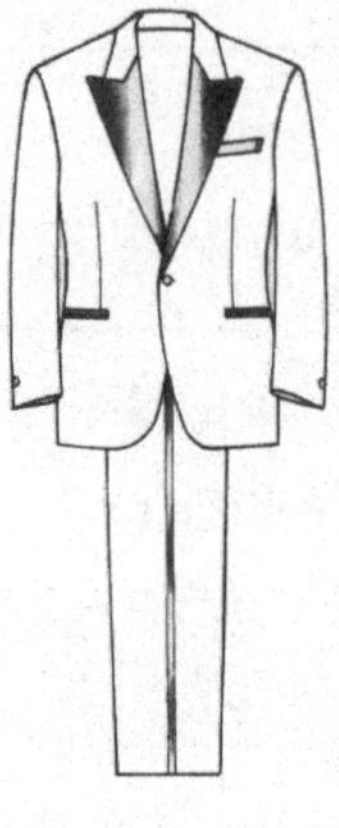
1898	迪奈套装作为半正式晚礼服称谓被普遍接受，取代了考乌兹。今天它作为塔士多礼服的英国叫法在社交界广泛使用（见图⑧）	⑨ 1899 年定型后的塔士多礼服
1899	塔士多礼服（tuxedo）定型。形制为单排一粒扣，缎面戗驳领无袋盖侧袋。窄侧章的西裤。领型保持了燕尾服的特点，成为典型的英国风格，沿用至今（见图⑨）	

续表

年份	礼服演变过程的典型事件	插图
1900	董事套装（Director’s suit）出现。当时英国爱德华七世在白天接见或聚会时，穿的一种半正式的黑色套装配斑马条西裤（见图⑩）。看得出它有弗瑞克和晨礼服的影子，这是它成为今天简晨礼服的要素。弗瑞克、晨礼服和董事套装并行成为20世纪初日间礼服的格局，但“弗消晨长”的趋势已不可逆转	⑩近100年前的董事套装和今天没有什么区别
1903	阿斯科特晨礼服流行。英国阿斯科特一年一度赛马会领巾作为日间礼服的一种穿法，它和晨礼服的结合成为正式日间礼服的经典，直到今天（见图⑪）	⑪阿斯科特领巾和晨礼服搭配成为日间礼服的经典标志
1912	中山装诞生成为中国国服（见图⑱）弗瑞克礼服衰退，晨礼服上升	
1915	晨礼服取代弗瑞克升格为正式日间礼服（见图⑭）	
1921	双排扣塔士多礼服出现（见图⑰）。款式多变使塔士多家族逐渐壮大，并于1941年盛行。相配的双翼领、胸有褶裥的衬衫相继流行，直到今天（见图⑫）。这一年塔士多在法国的避暑地多比尔（Dauville）开始出现。西班牙国王十三世此时以穿塔士多为时髦	⑫褶裥双翼领衬衣与塔士多礼服搭配成为正式晚礼服的典型格式，它是从U型硬胸衬衫演变而来的

续表

年份	礼服演变过程的典型事件	插图
1923	伦敦流行双排扣塔士多礼服，不过最初多在花花公子、纨绔子弟、滑稽艺人中流行（见图⑰）	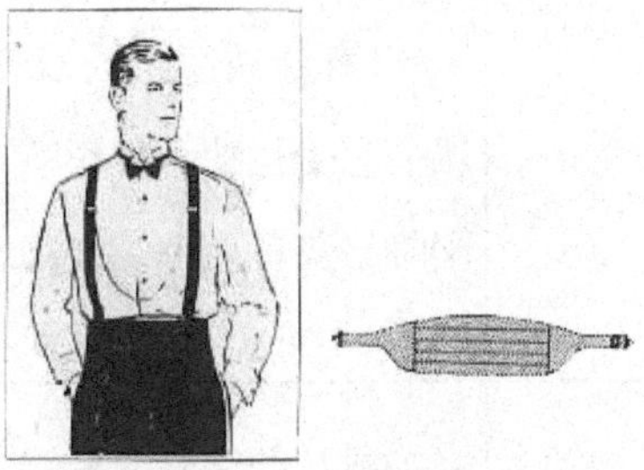 ⑬塔士多礼服代替背心的卡玛绉饰带
1924	无背式燕尾服背心出现，由英国皇太子后为温莎公爵倡导。背心流行至今	
1928	塔士多礼服与背心的替代物卡玛绉饰带组合的装束出现（见图⑬）	
1929	弗瑞克作为正式日间礼服退出，取而代之的是晨礼服，直到今天（见图⑭）	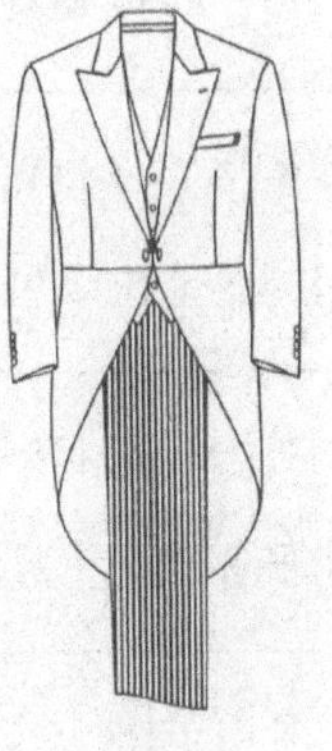 ⑭晨礼服定型
1932	双排扣塔士多礼服大流行。它借鉴了早期燕尾服悬垂廓形的风格	
1933	白色梅斯套装登场。早在1889年它作为英陆军军官会餐上衣使用。后在民间作为夏季半正式晚礼服出现（见图⑮）	
1935	深蓝色塔士多礼服流行	⑮1930年代的梅斯礼服和今天无大区别
1936	白色塔士多礼服作为夏季晚礼服流行，并成为晚间准礼服载入历史。这时装饰塔士多作为派对晚礼服出现	
1937	被称为印度马德拉斯（Madras）平纹棉花布的卡玛绉饰带出现，同时在塔士多礼服胸袋配有相同花色的饰巾成为装饰塔士多礼服的格式（见图⑯）	⑯装饰塔士多礼服的马德拉斯饰带

续表

年份	礼服演变过程的典型事件	插图
1940	钉有金属组扣的双排扣塔士多礼服登场。它受运动套装影响，上衣为深蓝色，配细格灰色西裤，被称为运动型塔士多	
1941	形成从便装到准礼服不同级别的塔士多家族（见图⑰）	⑰1941 年流行的双排扣塔士多礼服
1948	粗犷风格流行	
1949	中华人民共和国成立，确立了“毛服”的国服地位（见图⑱）	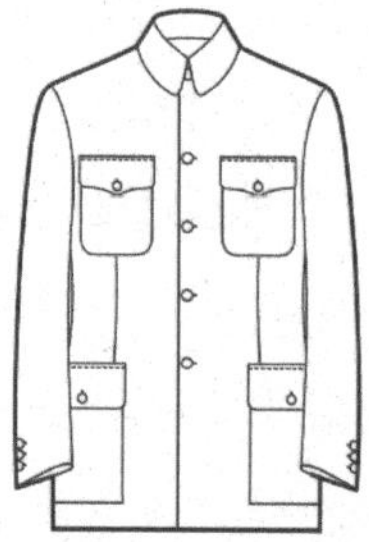
1950	英国自然肩型的迪奈套装（英式塔士多礼服）复活（见图⑧）	⑱ 在中山装基础形成的毛服
1953	乳白色塔士多礼服流行	
1955	泡泡绉塔士多礼服出现。礼服休闲化、娱乐化趋势出现	 
1957	利用山东绸制造的梅斯套装出现，用于娱乐场所的装饰晚礼服（见图⑮）	燕尾服　晨礼服
1959	合身、细长型，讲究自然造型的欧洲风格流行	 
1964	当代风格流行	
1966	摄政风格回潮。以双排六粒扣三件套为特征	塔士多礼服　董事套装

续表

年份	礼服演变过程的典型事件	插图
1971	宽领塔士多礼服流行	黑色套装 西服套装 ⑲ 当代礼服格局
1981	梅斯套装复活（见图⑮）	
1990	20 世纪 90 年代以后燕尾服和晨礼服成为公式化礼服，日常中不再使用。塔士多礼服和董事套装（或黑色套装）成为事实的晚间和日间的正式礼服。黑色套装成为准礼服，为全天候国际化礼服（见图⑲）	

从上述礼服的发展历史看，它是以科学性否定礼俗性为原则更迭的，礼俗逐渐让位于功用，不仅是礼服本身简化的必然，也是社会生活发展的必然结果。发展的轨迹是有规律性的，“功用”又成为新的礼俗和生活秩序直接表现在礼服中。例如，礼服白天和晚上的分别在古时并不很严格，究斯特克外套变化出晚上用的燕尾服，从乘马服派生出白天用的晨礼服，并在各自细分化的家族里又重演着功用取代礼俗。燕尾服在英国象征着晚间社交至高无上的地位，但当长长的尾巴碍事时，他们选择了考乌兹套装（英国塔士多），不过为了不失掉高贵的称号，采取了多样性并存的手法。因此，燕尾服、考乌兹、梅斯等多种样式共存并成为今天晚礼服的基本语言。美国人更干脆，燕尾服的燕尾碍事，就把它剪掉，这时没有燕尾的燕尾服——塔士多礼服诞生了，并把英国的考乌兹套装同化而成为今天正式晚装的塔士多大家族。从究斯特克变化而来的另一个支系是日间礼服，是由弗瑞克大衣让位于乘马服（双排扣变成单排扣）发展成晨礼服再简化成董事套装。当今作为正式礼服的塔士多礼服（晚礼服）和董事套装（昼礼服），根据未来的发展趋势将汇合在黑色套装中成为全天候的准礼服。这好像是一次历史的回归，但它们无论如何也不会回到弗瑞克那个时代，因为国际社会选择了它（图3-2）。

究斯特克外套（18世纪末）			
晚	卡特林外套	昼	弗瑞克外套 （19世纪）
晚	燕尾服	昼	晨礼服 （19世纪末20世纪初）
晚	迪奈（英）塔士多（美）	昼	董事套装 （现当代）
黑色套装 （未来）			

图 3-2 从究斯特克到黑色套装是从地域性到国际化的历史回归

二、现代礼服系统的划定

弄清礼服的惯例并非易事，这是因为礼服级别的界定虽然大体上清楚，但依据TPO原则往往又很模糊。例如，晚礼服要在18时以后穿用，但它又分三个级别，即燕尾服、塔士多礼服和黑色套装，如何选择成了问题。最不易把握的是它们既有各自固定的配服、配饰，又有习惯于变通的配服、配饰，当请柬上没有明确说明或不了解礼服语言时就会不知所措。因此，要掌握礼服的惯例知识，除通过大量的国际社交信息的收集、社交实践以外，还必须对男装整个礼服系统的细分规则加以研究、学习和训练，才能掌握礼服的全部知识。这被视为当今品位男士社交形象的必修课。

礼服在整个男装系统中，由于现今社会“实用主义”的作用，总的趋势是，礼服应用的概率越来越低。但从社会阶层上看，级别越高，礼服使用率越高，相反就越低；从礼仪上看，级别越高惯例的约束性就越严格，相反就越随意。总之这种机会是随社会集团的差异而不同，一旦选择了礼服就能够反映出属于这个集团的人的不同服装素养，这一点礼服比任何一种服装说明得都深刻。例如，一个懂得男装惯例的政要（或CEO）在冬季执行一次重大的出访时，他一定会选择柴斯特外套，这是因为柴斯特外套既是主流社交公认的礼服外套，又承载着深厚的贵族血统与绅士文化，它从19世纪中叶诞生并由英国贵族命名。美国总统奥巴马两次入住白宫的就职演讲，柴斯特外套是不二的选择，形制也没有发生根本改变（图3-3）。再如，选择燕尾服，其对应的一切配服、配饰也就确定了，它变通的范围最小，白色翼领衬衫、白色背心、白色领结、双条侧章的西裤、晚装特定的漆皮鞋几乎是固定的搭配，就连款式、色彩配搭也在很有限的范围里变通。同属于晚礼服而在燕尾服之下的塔士多礼服就不能完全套用燕尾服。

1.柴斯特菲尔德四世（1830年代）

柴斯特外套标准款式线描图

2.伦敦街头的绅士们（1940年代）

3.第三代007扮演者罗杰·摩尔（Roger Moore）的出行装备（1970年代）

4.英国绅士品牌克龙比（Crombie）的柴斯特外套设计（现代）

图 3-3　一个半世纪以来柴斯特外套对传统的坚守

如衬衫可以用翼领，也可以用企领，背心要用与外衣相同黑色塔士多背心，也可以用卡玛绉饰带。

由此可见，随着级别的降低这种变通范围也相应增大，到了非礼服类几乎成为无规则着装。这里说便装无规则，在男装中并不意味着可以任意组合，实际上这是一种从程式规则（由礼仪规定的）变成非程式规则的过程，这就是说，礼服有礼服的章制，便装有便装的语言，规则是永存的，只是规则的目的发生了改变。

礼服的规则是由礼仪决定其形制的一切，而便装的规则是由功用决定其形制的全部。礼仪是相对稳定的，规则对礼服造型具有排他性，这是礼服形制稳定不变的原因；它对使用者行为具有强制性，这是礼服在精神上对人的行为有约束力的原因。男装又是男女社交中男方的稳定因素，要以男装的不变应对女装的万变。与此不同的是便装的功用没有上升到礼俗，功用是实实在在的、多方面的，是在动态中实现的。因此，便装的规则，不会以牺牲功能为代价去迎合礼俗或精神上的满足。可见我们从礼服和便装的分析比较中发现，礼服的级别越高，配服、配饰选择的唯一性越强。因而了解礼服的系统框架是很有实际意义的。便装配服、配饰的选择具有广泛性，可根据从事的目的性，主观决定配服配饰。

由此可以确定礼服在整个男装框架中的地位和作用。根据 TPO 原则，它除了级别概念，还有时间概念，仍然是级别越高时间性就越强。

燕尾服为 18 时以后穿的第一晚礼服，晨礼服为日间第一礼服。

塔士多为 18 时以后的正式晚礼服，董事套装为日间正式礼服，也称简晨服。

黑色套装为全天候的标准礼服，三件套装为标准套装，几乎和黑色套装为同一级别。柴斯特外套作为礼服外套，适配所有的礼服分类，只是在风格上有所提示（图 3-4）。

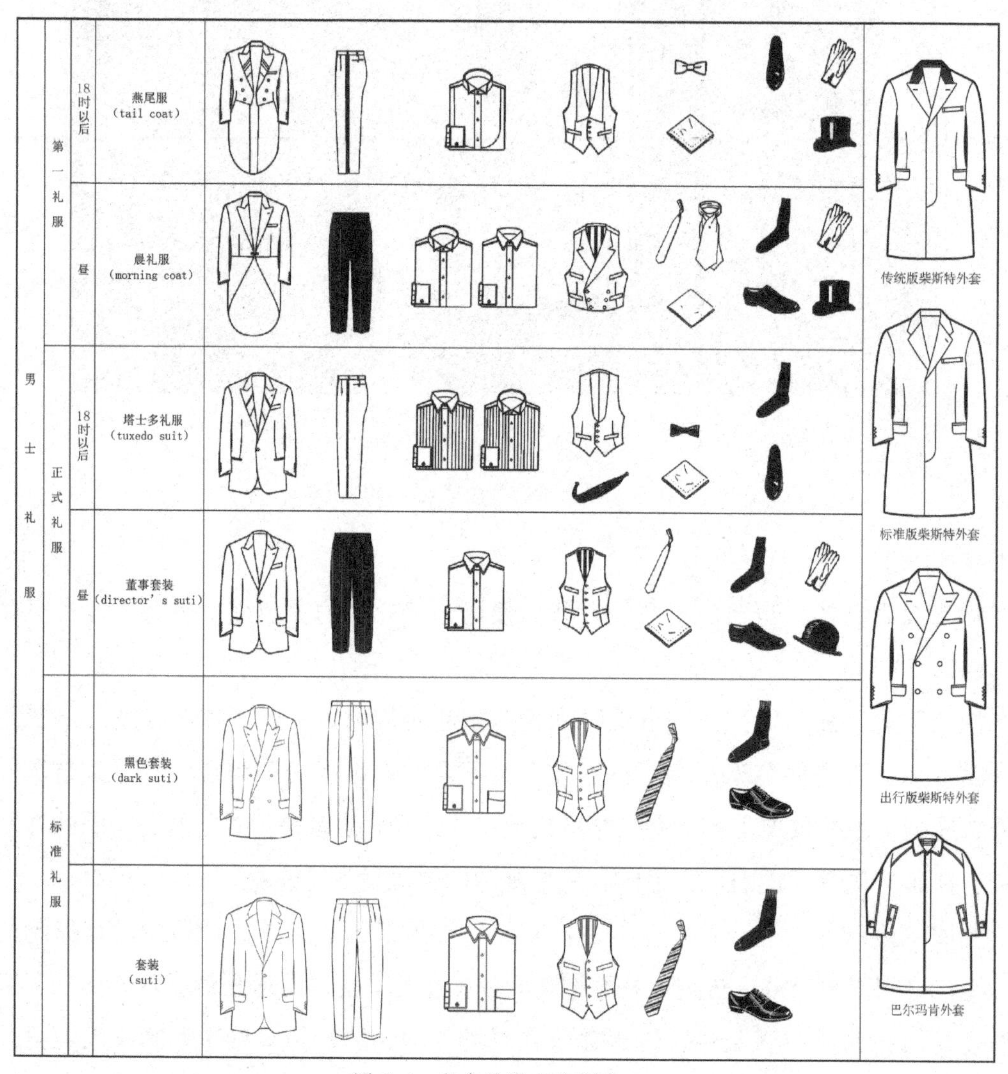

图 3-4　现代礼服系统划定

值得注意的是，黑色套装也好，三件套装也好，由于它们是从礼服到休闲服过渡的服装，故将它们一般视为礼服的便装版或便装礼服，“万能套装”（SUIT）的称谓就是由此而来。请柬上注有“NO DRESS”（请着便装）多指此类套装，因此它并不是真正意义上的便装。

运动西装（BLAZER）一般认为它属于便装类户外套装，但它自身的悠久历史和深厚的贵族血统，又可以构成从礼服到便装的小系统。当它和某些礼服语言结合的时候，它便成为运动风格的礼服，加入更多的休闲语言时便可混同夹克西装。

图 3-5 夹克西装的绅士穿着标签

夹克西装（JACKET）就是通常说的休闲西装，它是由传统的猎装、高尔夫夹克演化而来，这类服装已完全失去了礼仪对它的约束力而成为十足的休闲服装，但它仍然属于非常讲究的绅士穿法（图 3–5）。真正休闲化的男装应是以脱离“套装（SUIT）”为标志的“户外服（OUTDOOR）”。

我们从图中（图 3–4）现代礼服系统划定的框架来看，并不能完全揭示它对礼服惯例（TPO 原则）执行的广泛性、深刻性和准确性，它只能为我们展示一个现代礼服系统的大致脉络和个案的坐标。它对指导男士们装束行为的帮助仍然是有限的。因此，这个系统的细分化应用研究和学习更会引起男士们的兴趣，因为它是绅士着装的基本修养亦是成功人士的标志。

三、现代礼服的变通机制

我们了解了男装惯例的一般知识以后，再对传媒信息和社交案例加以判断的时候，往往和自己所掌握的知识不相符合。如我们经常在一个社交场合里发现不同级别的服装同时存在，像塔士多礼服和燕尾服同时出现；时间上也有误，在白天出现塔士多和黑色套装同处的现象等。排除误判或无知的情况，这说明礼服的系统框架不是铁板一块，需要研究在规则中学会如何变通的方法与技巧。

如果我们把男装系统框架的每一级分离的话，它自身又能够形成一个小系统。每个小系统的特点是，一方面相邻系统上下衔接的方式往往不是对接而是重叠，但凡处

图 3-6 奥斯卡的塔士多礼服套装

在重叠的结合部都表现出变通的灵活性。燕尾服在表现传统风格时常采用合襟形式，这显然是弗瑞克外套形制的遗风，它在表现反传统风格时常采用一种夏季常用的梅斯礼服（无燕尾晚礼服）。梅斯和塔士多礼服几乎在同一个级别上，梅斯礼服便成为燕尾服（晚礼服上一级）到塔士多礼服（晚礼服的下一级）的“重叠结合部”。因此，梅斯就成了燕尾服和塔士多礼服两个小系统的中介，并和上白下黑搭配的塔士多礼服统称为夏季塔士多。这样燕尾服和塔士多之间，由于梅斯的中介，它们之间的元素流通就没有了障碍，由此就不难理解燕尾服有时和梅斯礼服、塔士多礼服同时出现在一个社交场合的情形。不过还要根据对象和身份等相关条件加以判定。通常服务生（仆人）主宾，主宾高于客宾。这与职业也有很大关系，官员、公司的高级管理、律师、教师等总是穿正统、保守的燕尾服或塔士多礼服；艺人、明星总喜欢穿前卫的梅斯套装和装饰塔士多礼服，这样一来正式和半正式两个小系统礼服在同一社交场合中就没有了界限。但是这种界限越少说明它的社交机制越成熟，例如奥斯卡红地毯中的人群要有秩序的多，是因为参加奥斯卡的男人明白对塔士多礼服的智慧选择才能进入这个社圈（图 3-6）。

另外，每个小系统中几乎都有可能利用搭配的技巧适应全天候的礼服要求，但又不同于纯全天候的黑色套装，而产生微妙的个性特征。晨礼服和燕尾服的变通性最小，但违反这个规则的情况，通常用于滑稽戏或娱乐派对，而忌用于正式场合。塔士多礼服虽然被公认为正式晚礼服，但它的组合语言规则在强调晚间的前提下没有更多的禁忌，就出现了准塔士多的英国版、美国版、法国版、夏季塔士多、装饰塔士多、运动型塔士多等多种塔士多的个性装束。塔士多礼服的基本元素也可以用到非礼服的西装中，如属于塔士多礼服基本配饰的领结、卡玛绉饰带等和非礼服西装的组合会产生全天候的个性西装，使晚礼服语言向全天候语言延伸。

当功效和时间发生矛盾时，往往功效起决定性作用。如梅斯礼服虽属准晚礼服，但它短小精悍的形制很适合高规格（酒店）的服务生制服，因此，梅斯礼服便成为全天候的职业礼服套装，这就是白天常见到梅斯礼服（晚礼服）的原因所在。不仅如此，它对女职业套装的影响也很深远。今天的娱乐业、酒店业、航空服务等职业套装都以梅斯套装的形制作为首选，这主要由于它具有良好的功效性。

塔士多礼服家族本身有级别上的微妙变化。标准塔士多礼服有英国版，即一粒扣、单门襟、戗驳领配标准塔士多礼服背心；又有美国版，即一粒扣、单门襟、青果领配卡玛绉饰带；还有借鉴黑色套装的双排扣法国版塔士多礼服。这些都是正统塔士多礼服的不同风格，这说明塔士多礼服自身就有着丰富的表现力，这为其向更广泛服装类型的扩展提供了广阔的选择空间。装饰塔士多就是由此派生的，为此，它的时间性显得不那么重要了，而代之的是它的娱乐性，又称为娱乐性塔士多、花式塔士多，它多用于非正式朋友派对聚会上，使用不同的色彩搭配，使领结、卡玛绉饰带、背心及上下装组合更加灵活和自由。这时的塔士多级别与黑色套装没有什么区别，因为黑色套装和装饰塔士多级别相同，只是前者为全天候，后者为晚间，它们不受任何精神上和形式上的限制而进入这种场合。因此，黑色套装、三件套装（包括两件套装）又可以和塔士多的低级形式相并列。

原则上在正式礼服级别中，晚间和日间礼级及其配饰暗示时间的元素是不能交换使用的，也就是说燕尾服和晨礼服、塔士多礼服和董事套装及其配饰不能混用，否则 TPO 的时间性就失去了意义，也会对指导社交行为的判断造成混乱。因此，在时间界定下，礼服纵向系统的内部变通更符合惯例。如燕尾服和塔士多礼服及其配饰之间；晨礼服和简晨服（董事套装）及其配饰之间。不过日间礼服可变的空间更大一些。晨礼服虽然与燕尾服属同一级别，但前者自身的变通范围要大得多，这与它不像晚间有更多的正式宴会和聚会有关，所以配饰也显得灵活许多。如领带和阿斯克特领巾可以选择使用，而燕尾服只能用白领结，这就是“请系白色领结”（IN WHITE TIE），是专指穿燕尾服之意的礼仪内涵。晨礼服的传统形式很像弗瑞克外套，上下装有成套形式、有搭配形式，晨礼服和简晨服（董事套装）的背心可以互换，这在高级别的晚礼服中是少见的。简晨服在日间礼服系统中，其本身就构成了晨礼服的低级形式，各自的配饰也就成为它们的共享物。同时，简晨服在一定程度上借鉴了黑色套装的语言符号，在级别上也就显得模糊不清，特别是简晨服和黑色套装之间，如果要区别的话，简晨服通常采用上衣黑色和黑灰条相间裤子的搭配（即晨礼服的标准搭配），而黑色套装采用上下装的相同搭配，套装（SUIT）的含义也在于此，但在等级上已很难划分。因此，有时晨礼服、简晨服和黑色套装同时出现在一个场合中是不足为奇的。值得注意的是晚礼服和日间礼服在同一场合出现，在惯例中是严格限制的，也可以说是禁忌，而且级别越高禁忌越强。解禁可以说是降低社交级别的标志。

黑色套装是晚礼服和日间礼服两大支系进入低级阶段的汇合点。它自身有礼服的通用型，如果加入塔士多礼服语言便成为晚礼服的简化形式，如果加入晨礼服元素便成为日间礼服的降级形式。它和常装中的三件套装几乎处在同一级别，因此黑色套装和三件套装（包括两件套装）在同一场合出现是属正常之列。

常装中三件套级别高于两件套，但双排扣两件套不低于三件套，这中间级别显然不重要了，而是风格上的差异。如果在常装中打破同色、同质面料搭配的三件或两件组合，就被视为调合套装，这时常装已经完全脱离了礼服级别而进入到运动西装和夹克西装的便装系统。

运动西装（BLAZER）的标准形式被视为西装的便装版，它和三件套级别相近。然而，运动西装已经形成了一个独立的职业装体系，其范围远远超出了自身级别的适用区域，它向上可以与塔士多礼服的正式礼服级别一致，即保持正统运动西装的主流形式，加入塔士多礼服元素而成为运动风格的正式晚礼服（图 3–7）；它向下可完全加入到夹克西装的家族中，因为不同颜色和质地的组合是这两个支系的特点，这其中包括内外衣组合、上下衣组合、配饰的个性化选择等。这种“混搭”的概念，意味着它被排除礼服之外了，它与休闲装、运动装已没有什么区别（图 3–8）。

①标准运动西装

②运动风格的塔士多礼服

③休闲风格的装饰塔士多礼服

图 3-7 运动西装与休闲风格的塔士多礼服

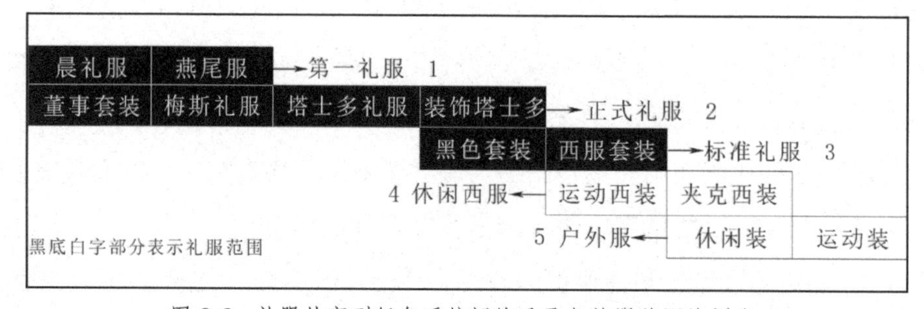

图 3-8 礼服从高到低各系统间的重叠与礼服范围的划分

第四章

黑色套装

无论是商务还是公务，在当今国际社交生活中，男士们时刻想摆脱传统礼服繁缛礼节的束缚，甚至向往着尽快把燕尾服、晨礼服、塔士多礼服、董事套装这些绅士礼服的百年经典运进博物馆。同时，作为男权社会的精英们，也像这些百年经典一样不那么容易退出历史舞台。这种社交矛盾的普遍心理，促使男装礼服系统更加庞大和错综复杂，因此，就孕育诞生了一种不受任何时间限制的全天候、最具世界性的礼服——黑色套装。值得注意的是它的诞生并不意味着取代传统礼服，它们是并行的而增加一种礼服的选项，只是黑色套装有种“问鼎”的趋势。这种当代的礼服格局，很像19世纪末和20世纪初没落的弗瑞克礼服和上升的晨礼服并行格局，但弗瑞克并没有快速的退出历史舞台，就是晨礼服成为主流的时候也在承载着弗瑞克80%的基因。黑色套装也是这样，它要想成为全天候礼服，就不可能脱离晚间礼服和日间礼服的基本元素，重要的是黑色套装具有“厚德载物”的胸襟。

一、黑色套装的“深蓝”密约

黑色套装可以说是礼服大家族的高度提炼，是将礼服的符号元素加以“中庸”的结果。黑色套装在国际社交界依据国际着装规则（THE DRESS CODE）它有两种提法，即黑色套装（BLACK SUITS）和深色套装（DARK SUITS）。而实际上，黑色套装的标志色并不是黑色，而是深蓝色。这是为什么？在色彩学上黑色就是黑色，深色却要宽泛得多，如深蓝、深绿、深红、深紫等，而这里它们大部分却被排除在外。有趣的是把这两个词结合在一起更能揭示它的内涵，即表示“深蓝色”（DARK BLUE），在主流社交的生活习惯中黑色就是深蓝色的极致，那么为什么对“深蓝”情有独钟？这的确是一个有趣的哲学悖论，这不禁使我们想起中国的一句古语“青出于蓝而胜于蓝”，逆向思考，就是能生出青（黑）的蓝是深蓝，深蓝的极致是黑，那么黑的极致自然又回到了深蓝。看来无论是东方还是西方民族，崇尚“深蓝”就意味着崇尚高贵，因此，“深蓝”就成了高贵的代名词。当代日本著名的男装礼服专家出石尚三谈到服装和礼仪的情景、规模、场合的关系时说：作为礼服特别的颜色，可以举出“深蓝”，它是一种深不可测的颜色“像漆黑夜空一样的浓重，越是晴朗在它的深入就越泛着一种无可征服的绀蓝色”。这告诉我们，在礼服中使用纯黑色反而不普遍，黑色套装尤为如此是因为拥有者不希望在商务和公务社交中走向极端而保有一定的个性发挥和谈判的空间。因此，深蓝便成为国际礼服（黑色套装）的标准色；黑色为正式礼服（燕尾服、塔士多礼服等）的标准色。

图 4-1 美国设计师拉夫劳伦藏蓝色的 BLAZER 和黑色顶级跑车布加迪（意大利）

其实，并非只在礼服颜色中将深蓝作为首选颜色，在国际社会但凡够得上等级的事项中，确定深蓝色为标准（包括黑色）成为国际惯例，而且，越深的蓝级别越高，直至到黑。据说这个传统来源于英国。以轿车为例，选择购买劳斯莱斯轿车，在颜色选择上光有钱是不够的，要根据绅士不同的爵位选择不同的颜色，黑色轿车视为顶级，这已被国际社会视为惯例。因此，国家元首（或行使重大社交的官员、CEO）不仅要乘坐黑色轿车。在轿车生产中不够级别的也不能使用黑色也成为惯例（图4–1）。

“深蓝”也是严肃艺术、公务、商务团体的代言人，这也是惯例。绅士服高级定制的圣地，英国伦敦的萨维尔街各家店面以深蓝为主导的色调已成为高贵和品质的标签（图4–2），它以200多年的文化积淀征服了主流国际社会，如欧洲、美国、日本、中国香港等发达国家和地区，而英国警察百年如一日，极尽黑色的深蓝成为标榜国际化组织的样板，警服采用深蓝制服成为国际惯例，甚至深蓝就是警察的代称（图4–3），如“深蓝犯罪”指警察犯罪。各种俱乐部、学生制服也以深蓝为主。包括我国在内的发展中亚洲国家，如韩国、新加坡等，为了建立良好的国际形象，也在学习和研究这些国际形象语言（图4–4）。

图4-2 萨维尔街高级定制店的主色调

图4-3 “深蓝”是国际警服的通行颜色

图 4-4 “深蓝”是国际化校服的明智选择

“深蓝”几乎成为主流社交的一种追求，然而，不深刻理解这种具有国际性的语言符号，就不会有效驾驭服饰社交的真正技巧，因为色彩远远超出了服装所能解释的范畴。

“深蓝”和“黑”的波长很接近，但要跨越这微小的距离却是很艰难的。“黑色套装”显然是人们对礼服的一种崇高愿望，如果它就是指黑颜色套装，愿望到了尽头就失去了魅力。因此，穿“深蓝套装”是追求，叫“黑色套装”是愿望。在礼服中界定从深蓝到黑这样一段很短但又极具魅力的色标系锁定在黑色套装中，成为现代商务、公务全天候、万能礼服的集大成者。

二、“套装”的专属与转换

这样看来“深蓝”的高贵把黑色套装带入了礼服的行列，但有没有达到“正式”（黑色：正式礼服的标准色）的标准，这就是它作为准礼服的密约。“套装”（SUIT）不仅仅是成套组合，它在形制上是有所限定的，如果说“黑色”限定了它的颜色范围，那么，“套装”就限定了它的款式范围。双排扣戗驳领是它的典型款式（黑色套装以上的礼服以单排扣戗驳领为主要特征），从这个特点看，黑色套装反而比高于它的礼服更能保持古老的传统，因为，双排扣戗驳领才是所有礼服的原始状态。它是由弗瑞克外套演变而来的，为了方便，从双排扣变成单排扣而戗驳领被保留下来成为礼服的标志性符号，这就是燕尾服和晨礼服的戗驳领一直成为后续礼服效仿的原因（1850 年代晨礼服也称燕尾服）。后来。燕尾部分显得碍事被去掉，于是塔士多礼服和董事套装就相继诞生，也继承了它们戗驳领的衣钵，这就是它们都以戗驳领、单排扣为标准格式的由来。黑色套装没有沿着塔士多礼服和董事套装的轨迹发展，而直接在双排扣戗驳领弗瑞克树主干上成长到了今天（图4–5）。可见黑色套装作为准礼服与正式礼服是并排发展的，甚至它的历史更加久远，因为欧洲男装是以抵御严寒的功用确立其形制的，双排扣戗驳领的功能性强，前门襟的搭门量大，可以根据风雨的不同方向调节搭门方式，当风雨从左边吹来，门襟就左搭右；反之亦然。巧合的是这种功能的形式很符合礼仪的要求，因为对称的双排扣戗驳领，看起来比单排平驳领更庄重、严谨（图4–6）。20世纪30年代，因威尔士亲王喜欢穿这种双排扣西装引起了它的流行，并且亲王把黑色换成了深蓝色，他认为深蓝色比黑色看起来更黑，深蓝色便成为黑色套装的标准色，由于它与以鼠灰色为标准色的西服套装的联姻，深蓝色和灰色便成为今天公务、商务国际服

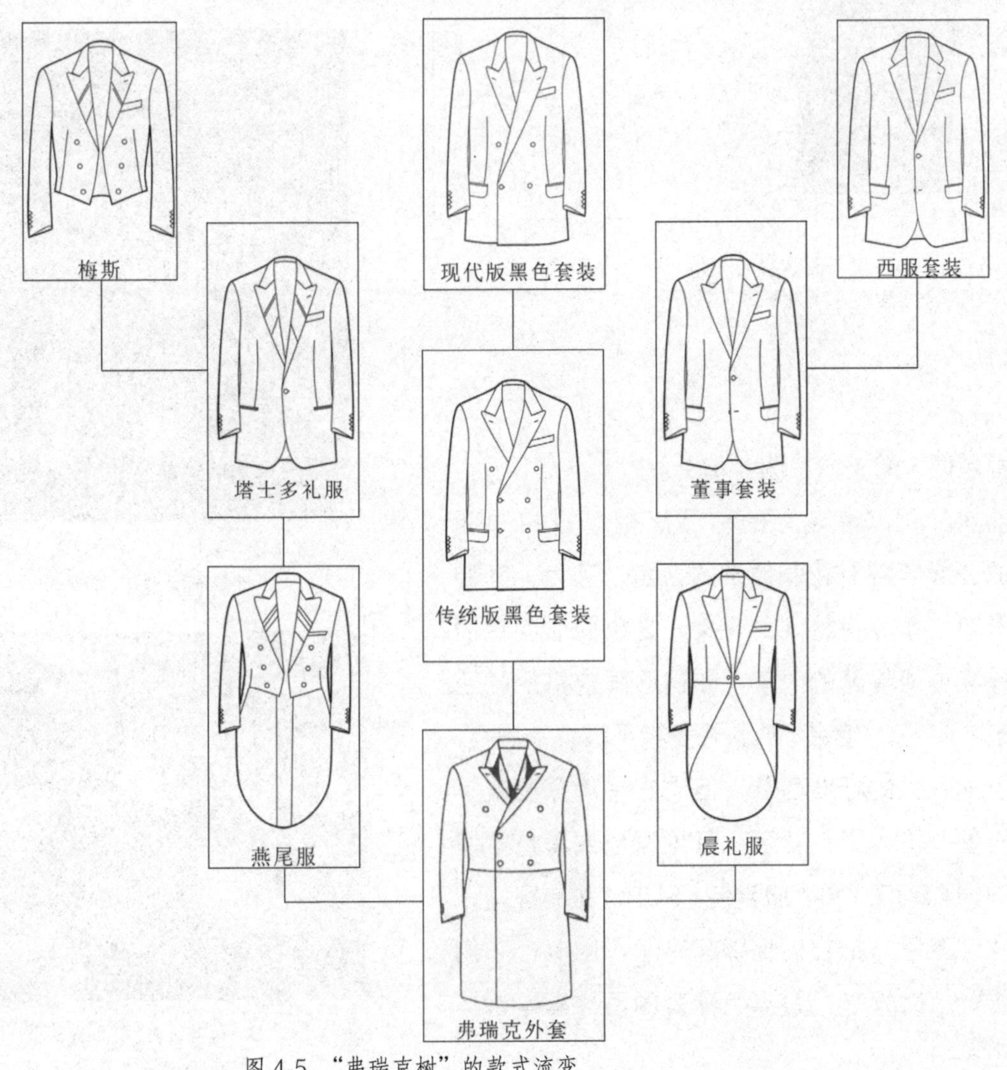

图4-5 “弗瑞克树”的款式流变

图 4-6 双排戗驳领黑色套装比单排平驳领黑色套装更庄重严整

图 4-7 威尔士亲王的喜好奠定了今天黑色套装的地位

图 4-8 西服套装（右）与黑色套装平起平坐

的主色调（图 4–7、图 4–8）。

单独用“套装”的称谓是指单排扣平驳领的西服套装有礼服便装的含意，因为，套装（SUIT）本身有特定的含义，是指同质同色的三件套或两件套的西装，非同质同色搭配的西装不在此列。“套装”的款式多指平驳领单排扣，属于非礼服的标准西装，但当它采用深蓝或黑色时便升格为黑色套装。可见深色或黑色套装（DARK SUIT）和西服套装（SUIT）虽有区别，但“深蓝色”把它们捆绑起来了，因此，它们在国际社交界被视为黑色套装的两种基本格式（图 4–9）。

图 4-9 单排平驳领三件式黑色套装升格为准礼服

三、黑色套装的两种格式与变通

双排扣戗驳领和单排扣平驳领是黑色套装两种基本格式的形制特征。它们有两个变通渠道，一个是款式，一个是搭配，重要的是变通并不是无政府状态而各持规则，例如在黑色套装名下任何情况都不可以使用贴袋设计；双排扣情况下不可以使用平驳领，而单排扣情况下可以使用戗驳领。在搭配变通渠道中将更加严格。

（一）双排扣戗驳领黑色套装的两个版本与变通

黑色套装的标准形式是戗驳领双排四粒或六粒扣，戗驳领双排四粒扣低驳点（低开领）为现代版黑色套装，戗驳领双排六粒扣高驳点（高开领）为传统版黑色套装，有袋盖的双嵌线口袋，左胸有一手巾袋，袖扣四粒。双排扣与单排扣相比显得更为保守但形制规整，风格优雅，戗驳领保留了礼服元素的传统。因此，无论是现代版，还是传统版都是黑色套装最低风险的选择（图 4–10、图 4–11）。

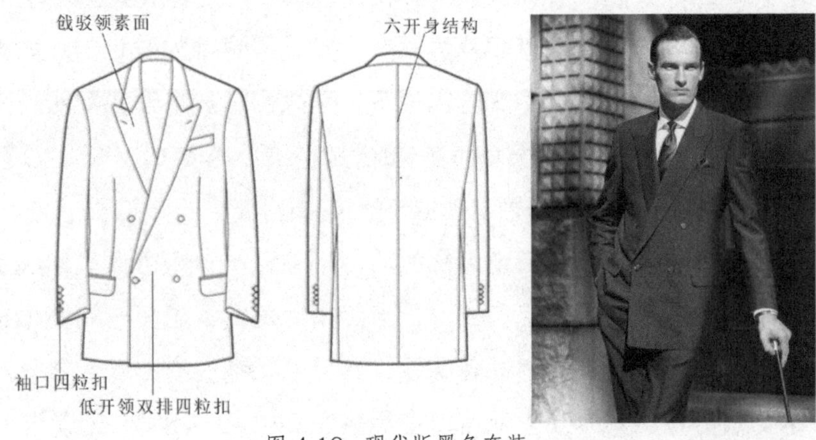

图 4-10 现代版黑色套装

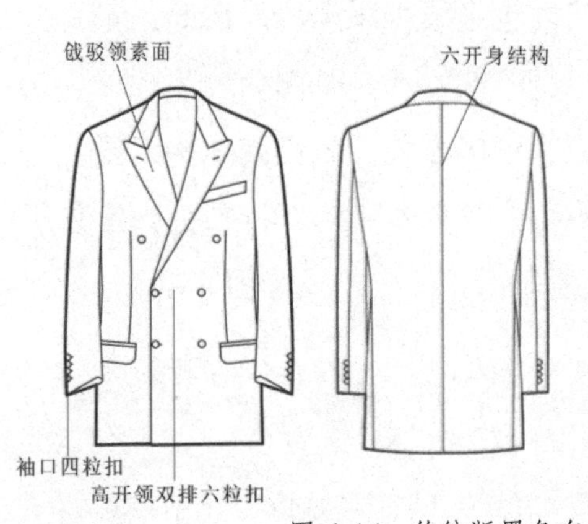

图 4-11 传统版黑色套装

黑色套装的标准形式戗驳领双排四粒或六粒扣也被用到正式礼服的塔士多礼服和董事套装中。实际上正式礼服的双排扣戗驳领形式是以黑色套装为“替身”加上各自的标志性元素产生的。也就是说黑色套装具有“完全社交”的礼服概念，除了它自身的标准搭配具备全天候的特点（4–12），它与正式日间礼服的董事套装，正式晚礼服的塔士多配服、配饰元素具有兼容功能，值得注意的是要保持日间和晚间元素不能混淆。例如，黑色套装和董事套装在应用面料和工艺上相同，如果把董事套装灰色条纹裤子换成与上衣同色的裤子，只保留银灰色背心便成为只可日间使用的黑色套装（图4–13）。如果将黑色套装的裤子换成灰色条纹裤，就变成了标准的双排扣董事套装。在级别上，双排扣董事套装和传统的单排扣戗驳领董事套装相同。当然，杂糅式的董事套装级别相对较低，但它们都作为日间准礼服是没有任何禁忌的。不过这里有一些细节需要考虑，黑色套装两侧夹装袋盖的口袋是它的标准元素，也是董事套装的传统，这与它们多用于公务、商务活动有关。同时，黑色套装具有全天候礼服的功能，采用塔士多礼服不加装袋盖的双嵌线口袋设计[1]，也被广泛使用。

鉴于此，在应用面料和工艺上，黑色套装和塔士多礼服有所不同，在相同款式的前提下，即双排扣戗驳领，塔士多的驳领部分和口袋的双嵌线要用绢丝缎面料包覆加工，这是塔士多礼服的重要特征，双排扣戗驳领塔士多礼服也要如法炮制。如果让黑色套装变成晚礼服，在黑色套装主体不变的前提下，可采用增加塔士多配服、配饰标志性元素的方法，而不在面料和工艺上与塔士多趋同。如在黑色套装的基础上配塔士多衬衫、领结和晚装漆皮鞋组合，也会升格为晚礼服（图4–14）。

总之，双排扣戗驳领黑色套装全天候的功能是在保持自身主体风格的基础上，借鉴塔士多或董事套装的组合要素而产生的，当然借鉴的元素越多时间概念越强，黑色套装固有的特征就越弱。不过黑色套装尽管具有可以吸纳所有礼服元素的空间，塔士多礼服和董事套装的造型要素几乎都可以在黑色套装中派上用场，但黑色套装总的级别属非正式礼服层次，这说明它的时间性也是模糊不清的。因此，正式请柬中如果没有明显的着装限定时，穿标准黑色套装是明智的（图4–15）。

黑色套装的裁剪设计和塔士多礼服、董事套装同属套装结构系统，为六开身或加省六开身裁片。如果说还有什么不同的话，黑色套装的双排扣结构是它所具有的典型特征，也是其他戗驳领款式的礼服、外套装所依照的根据（图4–16）。

---

[1] 双嵌线口袋习惯上多用于室内晚礼服设计，故成为塔士多礼服的标准元素。有袋盖的双嵌线口袋多用于公务、商务西装，但这两种袋型没有禁忌。

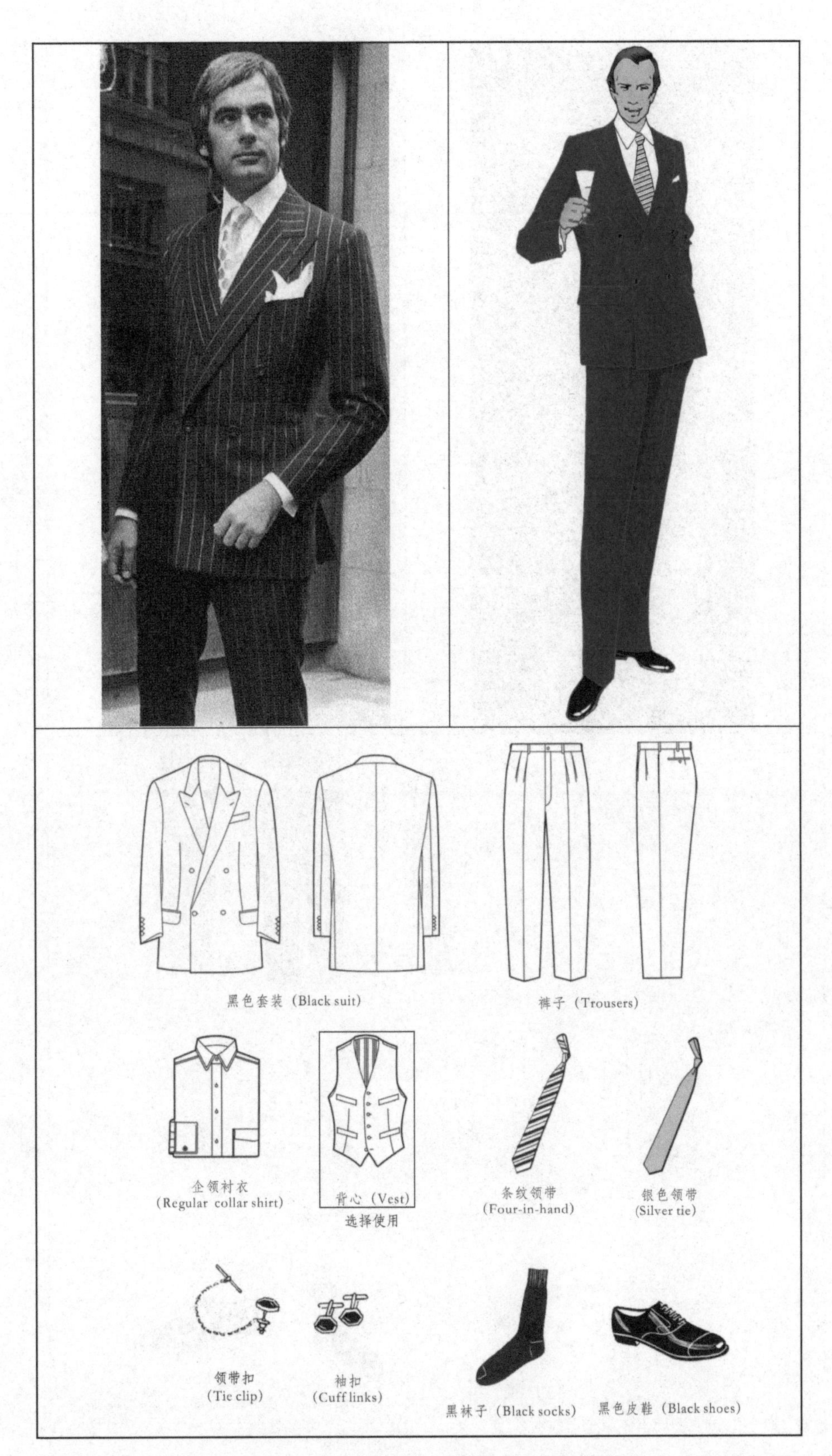

图 4-12 双排扣戗驳领黑色套装的标准搭配（全天候准礼服）

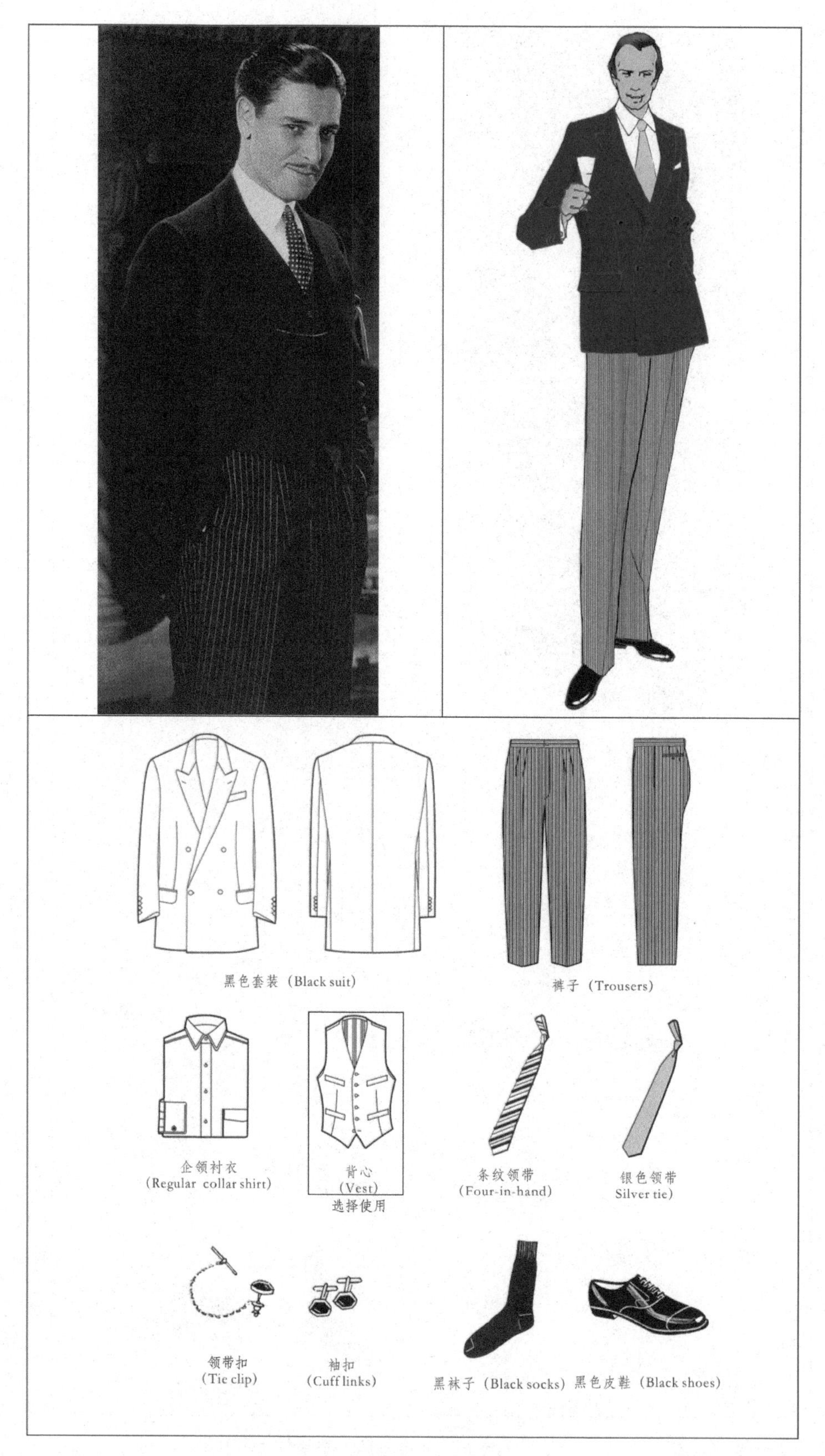

图 4-13 双排扣戗驳领黑色套装与董事套装元素搭配（日间礼服）

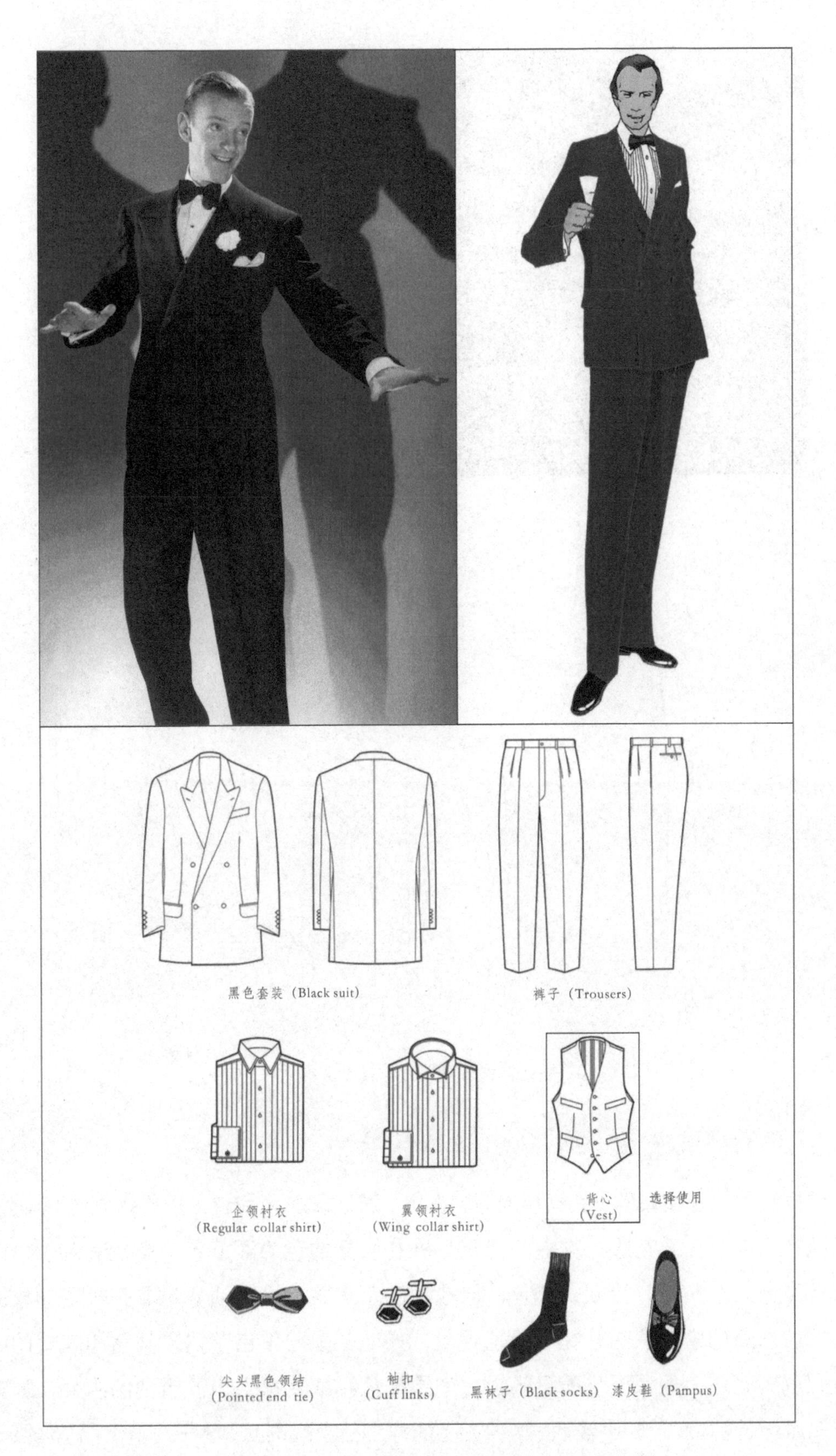

图 4-14 双排扣戗驳领黑色套装与塔士多元素搭配组合（晚间礼服）

图 4-15 穿着黑色套装在不确定的正式场合中是保险的

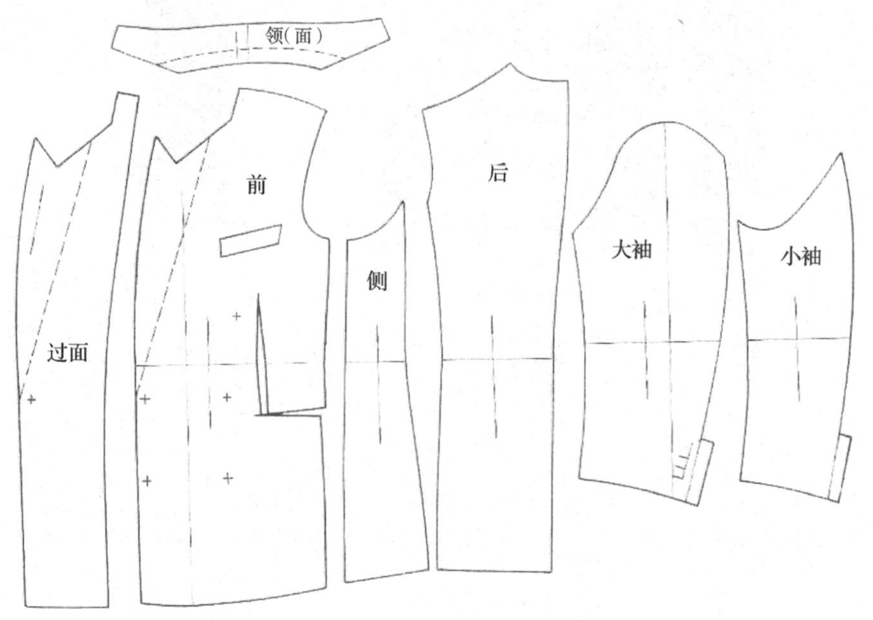

图 4-16 双排扣戗驳领黑色套装的基本纸样

（二）单排扣黑色套装的两个版本与变通

依据礼仪的社交惯例，就颜色而言，在黑、深蓝和灰之间越接近黑级别越高，因此，在主流社交中，正式礼服标准色为黑色，准礼服标准色为深蓝色（黑色套装），西服套装标准色为鼠灰色。就款式而言，戗驳领表示正式，平驳领表示非正式。如果颜色和款式级别高的组合意味着礼仪级别更高，如戗驳领配黑色；如果颜色和款式的高低组合则取其颜色，如深蓝色配平驳领；如果颜色和款式都来用低级别的组合，那就成为非礼服状态，如灰色配平驳领。这种古老的绅士社交规则至少存在了100多年的历史。

今天看来，单排扣黑色套装就是颜色和款式高低组合取其颜色的结果，因此，西服套装（SUIT）当它来用深蓝色的时候，也就升格为准礼服的黑色套装级别，因为西服套装的单排扣和平驳领配鼠灰色的标准色决定了它不具备礼服的基本条件。值得注意的是单排扣黑色套装可以采用平驳领，也可以是戗驳领，搭配上既可以采用无背心的两件套，也可以采用有背心的三件套。而双排扣黑色套装只能采用戗驳领，搭配上通常采用两件套（图 4-17）。

图 4-17 西服套装的晋升之路

单排扣黑色套装是依据西服套装（SUIT）的两种格式变通的，即三件套和两件套，实际上它是将常服中的西服套装（SUIT）、运动西装（BLAZER）和休闲西装（JACKET）的最高级别作为礼服中的最低形式，它处在礼服和便服的交汇点上。那么黑色（或深蓝色）就成为识别它是否是礼服的关键。然而在变通方法上它比双排扣黑色套装更具有灵活性，这就是它被国际社会公认为“国际服”的重要原因，它和双排扣黑色套装一样，完全具有升格为正式礼服的可能（图4–18）。

图4-18 “国际服”的黑色套装与西服套装

四、黑色套装的社交智慧

黑色套装之所以成为全天候礼服就是因为它比其他礼服适用范围广，搭配自由度大。其配服、配饰在使用时间上要统一，即晚间的元素不能与日间元素混合使用。黑色套装用于晚间场合时，其配服、配饰就必须选择晚间的元素如塔士多的配服配饰。同理，黑色套装用于日间场合时，其配服、配饰也应选择日间礼服元素，可以说两者互不侵犯，这也是最能体现着装修养的智慧所在。

黑色套装如果作为全天候装备的话，裤子必须是与上衣同质同色的西裤。作为日间礼服要选择晨礼服或董事套装的黑灰条相间的裤子及饰物。作为晚礼服要选择塔士多的元素。它的这种可塑性决定了它的发展趋势。但一些细节仍不能忽视，如要选择非翻脚裤。在采用本色风格时背心可选可不选，因为黑色套装是双排扣，这种结构保密性好，再加上一般不会敞开穿着（主要是由其双排扣搭门的结构所决定），几乎看不到背心的存在。如果选择背心应与上衣同质同色。衬衫的选择就更为讲究，白衬衫仍然是最佳选择，双层袖卡夫和衬衫袖扣的组合与礼服相配更能体现出着装者的优雅品位。可选择翼领衬衫，其整体的素质会比普通衬衫更讲究。来自美国的牧师衬衫是一种撞色衬衫，领子和袖口（或只有领子）是白色，这是一种“尚美”的社交取向。高明度基调的单

图 4-19 黑色套装的经典搭配

色衬衫和竖条纹衬衫，突显着装风格时尚、流行与个性品位。银灰色领带礼仪级别最高、最正式，其次是净色领带和条纹领带。帽子用圆顶礼帽，袜子用黑色或灰色，配黑色牛津鞋构成它的经典搭配（图 4–19）。

黑色套装作为准礼服没有时间性，“中性”是它的基本礼仪特征。凡没有对礼服作出任何限定又很讲究的邀请，即使有日间和晚间的时间区别，选择黑色套装也是以不变应万变的明智之举。选择带有某种风格的黑色套装，如果选择董事风格、塔士多风格等反而容易出现纰漏，特别是在对礼服语言和地域习惯不甚了解的情况下，黑色套装几乎是唯一的选择。值得注意的是，请柬中有时对“非正式”也有文字暗示，这就很容易发生判断失误。国际上招待性的聚会，往往注有“NO DRESS”，直译是“非正式”，无疑这将正式礼服排除在外，也有“请着便装”意思，这对国人的习惯来讲是具有误导性的。“便装”在我们看来就是日常穿的服装，包括夹克、T 恤、休闲装等，但国际惯例中的“便装”跟我们所理解的却大相径庭，因此往往混淆视听而草率赴约。其实，只要对社交语言稍作逻辑分析就不难作出正确判断。“请着便装”在请柬中出现这本身就不同寻常，“便装”一定是专有所指，这时进行有效的咨询是必要的。这里的“便装”是指包括西服套装（SUIT）、运动套装（BLAZER）和夹克套装（JACKET）在内的西装（常服）系统，双排扣黑色套装和单排扣黑色套装是它们的高级形式，这时选择它们是保险的，因为“在同一场合就高不就低”是社交成功的秘诀。当然，熟知男装惯例和语言的人选择余地更大，个性的表现也越充分，如套装（SUIT）、运动套装（BLAZER）、夹克套装（JACKT）等都有各自的性格特征和表现风格。黑色套装也不例外，因此，它在“NO DRESS”场合中成为“就高不就低”的保险选择，只是在风格上更加保守而已（图4–20）。

图 4-20 “NO DRESS”（请柬暗示：非正式的优雅）场合中黑色套装风格保守但很保险

第五章

董事套装

董事套装的英文名称是“Director’s suit”。董事套装与其说是为董事会成员专设的一种礼服套装，不如说它是上层社会将晨礼服大众化、职业化的产物。因此，称其为简晨服更为恰当，它是当今晨礼服的替代服。从形制上看，它基本上是在黑色套装的基础上加入晨礼服的元素（主要是银灰色背心和黑灰条纹相间的裤子）形成的从晨礼服到黑色套装的过渡版本，由于历史将晨礼服推进了后台，董事套装自然就成了正式日间礼服，然而具有全天候功能的黑色套装的社交强势逼迫董事套装“退位”只是时间问题，或者模糊了它们的社交界限，重要的是董事套装所保有纯正的英国贵族血统而让社交界的绅士们欲罢不能。

一、董事套装承载贵族基因的变革

董事套装最早出现于1900年英王爱德华七世，而王子温莎公爵则是这场礼服简化革命的推手，一直影响到20世纪初整个英国的上层社会（图5-1）。这个时期作为第一晚礼服的燕尾服，已经让位于塔士多礼服，并定位于标准晚礼服被广泛使用，而塔士多礼服早在1886年就诞生了，相继在美国和欧洲大陆流行，可见晚礼服的简化趋势已不可阻挡。然而，作为日间第一礼服的晨礼服还没有一个更加大众化和方便的样式取而代之，而在当时大兴实业的董事们，白天频繁的聚会、谈判、出席仪式等活动，他们还不能摆脱晨礼服，而晨礼服和燕尾服具有同样的“长尾巴”，增加许多不便和尴尬。这个时期，轻便、实用并具有青年贵族风尚的塔士多礼服顺势大行其道，这给晨礼服的变革带来启发。因此，很可能董事套装是借用戗驳领塔士多礼服（英式塔士多）上衣来简化晨礼服而形成的。最有利的证据是，现代标准董事套装的上衣和塔士多礼服上衣款式几乎完全相同，即戗驳领单排扣（只有这两种礼服用这种款式），只是为了区别晚上和白天、户内和户外的习惯，塔士多礼服采用缎面包覆驳领和双嵌线口袋，董事套装采用非缎面包覆驳领（统一面料）和加装袋盖的双嵌线口袋。其他的配服、配饰仍保持了各自的风格习惯，这可以说是两种标准礼服最具特点的识别语言，而成为社交界惯例的组成部分（图5-2）。董事套

图5-1 董事套装成为20世纪初西方上层社会的时尚

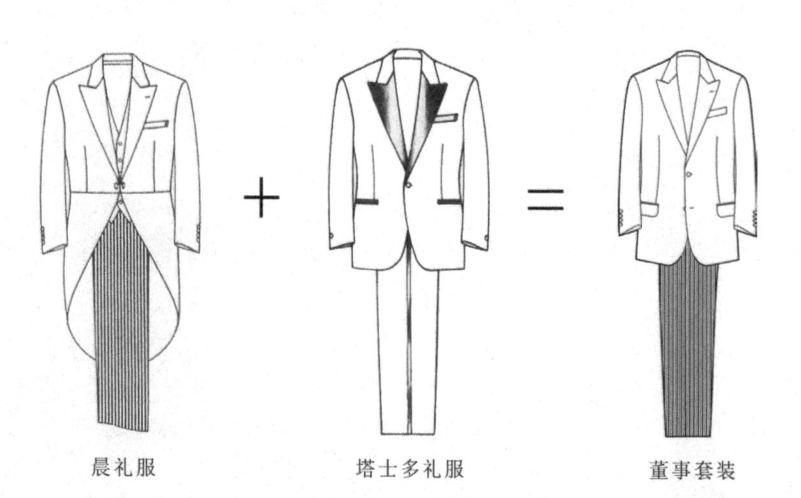

图5-2 董事套装源于晨礼服启发于塔士多

装作为晨礼服代用服的另一个重要原因是在18世纪中后期始于英国的产业革命，19世纪在法、德、意、美等国也相继完成，欧美的年轻绅士中大搞实业成为时尚，20世纪初又经历了两次世界大战，使上层社会重新确立了对物质的态度，节俭与实用成为一种普世的道德准则，董事套装便成为新贵族的重要特征，所以，职业化的董事套装在这个时期出现是社会发展的必然，也被看做青年贵族成功的一个标志。虽然，这个时期晨礼服和董事套装似处在并行阶段，但“晨消董长”不可避免（图5–3），甚至影响到整个社会，而成为20世纪初男人社会奋斗的标志。电影大师卓别林标志性小人物的着装就是这个时代的缩影，而这种经典装备走到今天并没有根本改变（图5–4）。

图 5-3 晨礼服被董事套装取代

图 5-4 卓别林大师的“行头”

因此我们必须要了解董事套装的基本构成：上衣款式和塔士多礼服大体相同，即单门襟戗驳领一粒扣，加袋盖的双嵌线口袋。不同的是驳领和双嵌线无需用丝缎面料包覆，以便作为两种礼服在昼夜时间区别上的标志；口袋有无袋盖按照惯例，前者是以户外活动为主，后者是以户内活动为主。由此也确立了董事套装和塔士多礼服作为正式礼服的同等地位和时间上的区分。根据晨礼服的传统习惯和基本功能要求，董事套装只是把晨礼服的上衣替换

图 5-5 董事套装的黄金搭配

成类似塔士多上衣，而配服、配饰仍保持着晨礼服的基本风格和习惯。不过，在简约思潮的驱动下，选择简化的西服、配饰便成为董事套装新的经典。衬衫以企领为主，翼领为辅；灰色领带成为标准搭配，使用阿斯科特领巾有“崇英”的暗示；背心采用无领双襟六粒扣或单襟六粒扣（三件套准背心）；帽子由大礼帽换成了圆顶礼帽。总之，将简化搭配的晨礼服变成了董事套装，它所承载着纯正英国基因的变革，成就了今天日间正式礼服的经典（图 5–5）。

二、董事套装的“标准件”

董事套装的上衣款式由塔士多礼服借鉴而来，以显示其级别的一致性。由于董事套装属日间正式礼服，白天的公务活动多于晚间的娱乐和宴会，因此，现代董事套装的形制往往采用三件套装的基本语言，结合晨礼服上下装的搭配形式。单襟两粒扣和有袋盖的口袋形式就是套装上衣的基本格式。当然为了强调礼服的特征并区别于一般套装，保留戗驳领的领型是必要的。背心完全与三件套西装背心相同已成为趋势；衬衫与普通礼服衬衫已没有什么区别；裤子根据场合、目的的要求可以选择和三件套装相同的裤子（上衣和裤子面料相同）。这使得董事套装日间正式礼服的级别与三件套、黑色套装的标准礼服之间界限模糊，从而可以在更广泛的礼服空间中使用。因此，有一种理论认为，董事套装就是标准礼服中的高等级别或昼礼服形式是有道理的。这说明作为正式礼服的黑色套装的全天候组合形式也适用于董事套装，重要的是表示日间礼服的“标准件”和规范搭配不能和晚礼服混为一谈，这或许就是它们能够成为正式礼服的关键。董事礼服的标准件如图 5–6 所示。

董事套装在裁剪设计上脱离了燕尾服和晨礼服维多利亚时期的裁剪风格，与三件套装、黑色套装属同一系统，即西服套装裁剪系统。它是在传统的“三缝”结构基础

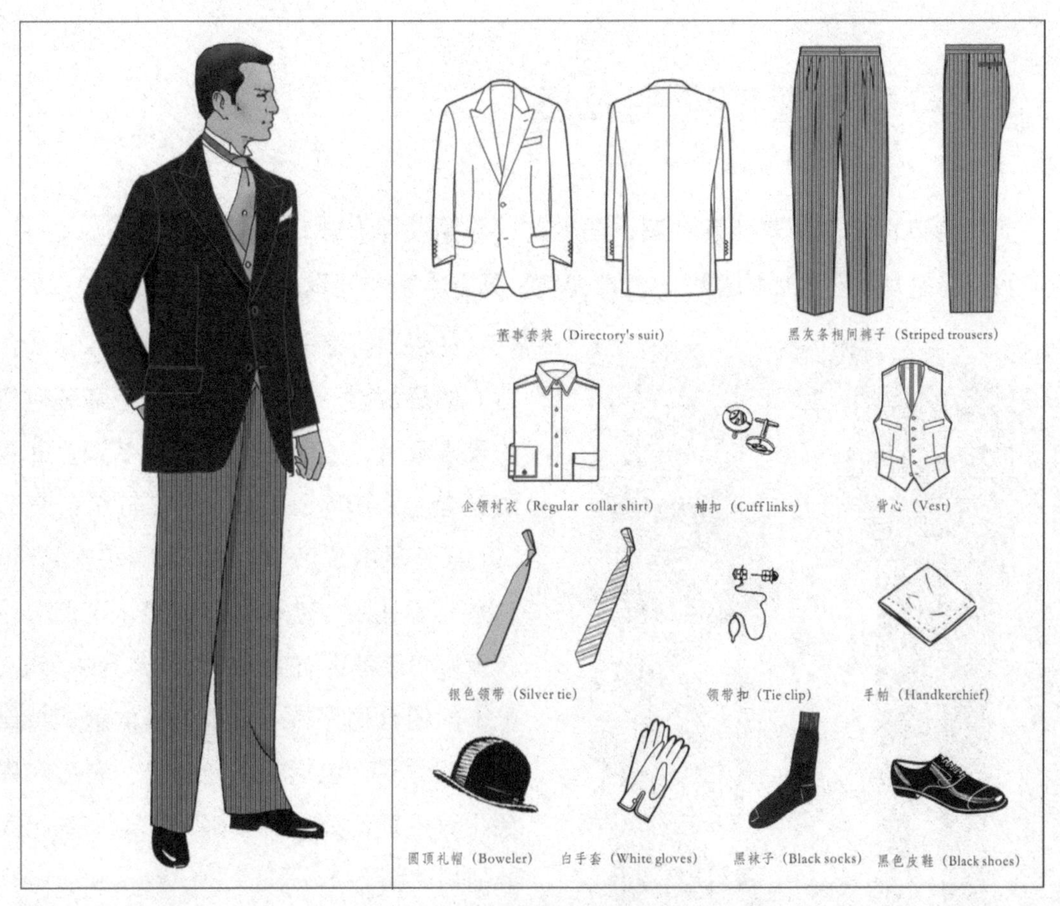

图 5-6　董事套装的标准件

上逐步完善而形成了今天礼服的“五缝”结构，即左右身的前侧缝、后侧缝和一条后中缝，也就是所谓的六开身结构，即两个前片、两个后片和两个侧片。这种结构的理想状态往往是在前片开口袋处加腹省，使前身造型更富立体感，而成为现代礼服的裁剪经典（图 5–7）。

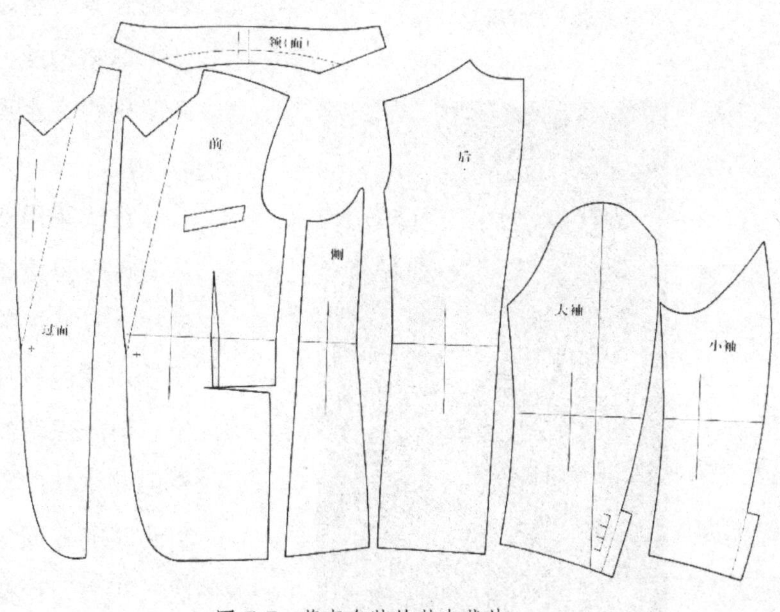

图 5-7　董事套装的基本裁片

三、董事套装变通的秘笈

董事套装向上可以靠拢晨礼服，向下可以吸纳三件套装和黑色套装的语言符号；横向可以借鉴塔士多礼服的款式，董事套装是具有丰富个性设计的日间礼服。

图 5-8 深色套装为董事套装的简装版（特点是只保留银灰色背心）

如果上下装采用同质同色只保留灰色背心的搭配时，可以理解为黑色套装风格的董事套装，它还有一个专用名词，即深色套装（DARK SUITS），它与黑色套装（BLACK SUITS）不同，这样的语境在暗示：它是日间礼服（灰色背心的暗示）但又没有董事套装那么讲究。它的特点是内外衣、配饰的组合仍保持着董事套装的款式特点和搭配方式，包括银灰色领带、背心和黑色牛津皮鞋，只是裤子采用了与上衣相同的面料（图 5–8）。

在标准董事套装的基础上，采用双翼领衬衫系白色领带的搭配，就意味着一种怀旧风格的回归。有新派晨礼服的说法，其级别也完全可以和晨礼服相提并论（图 5–9）。

图 5-9 董事套装与翼领衬衫的搭配

款式采用双排扣戗驳领上衣配标准晨礼服裤子是董事套装的黑色套装格式。双排扣戗驳领是所有礼服最原始的语言元素，尽管现在的晨礼服和燕尾服都放弃了双排扣，但所保留的戗驳领样式，说明它们都是由双排扣门襟演变而来，早期的燕尾服和弗瑞克礼服（晨礼服前身）都是如此。现代礼服无论是晚礼服，还是晨礼服，也无论是哪种级别，戗驳领便成为它们的标志性元素，而双排扣和戗驳领这对双胞胎更多的用在正式礼服以下的套装家族中，最具典型的是黑色套装，它以双排扣戗驳领为标准，可见双排扣戗驳领董事套装是由晨礼服和黑色套装两种礼服系统的元素结合而成。当然它以黑色套装为主体，即保持双排扣戗驳领款式，再加上晨礼服的重要元素，斑马条纹裤子、圆顶礼帽、银灰领带、三接头皮鞋，这说明，它完全够得上董事套装的级别（图 5-10）。黑色套装配圆顶礼帽也有日间礼服的暗示，从图 5-11 中左起第二位绅士的灰色晨礼服的装束和第四位绅士双排扣戗驳领黑色套装配圆顶礼帽的情况判断来看，虽然后者黑色套装风格的董事套装级别偏低，但前者由于晨礼服采用成套灰色而在色调上低于后者，另外一种可靠的判断着晨礼服者为仆人，便使级别拉平。

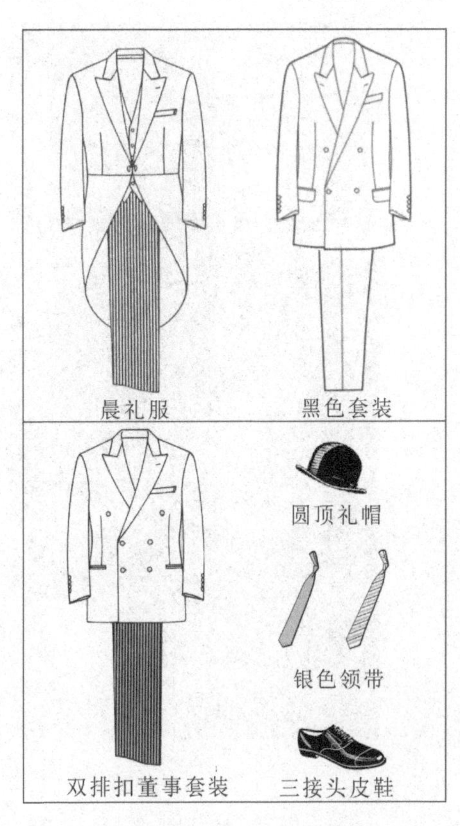

图 5-10 两种礼服元素结合而成的双排扣董事套装

单排扣黑色套装向董事套装延伸也是有可能的，只要把三件套单排扣黑色套装的背心换成浅色，就完成了这种转换过程，不过这种变通在董事套装中是最低的（图 5-12）。就日间礼服的家族而言，董事套装处在它们的核心，如果以此作为基础，上衣换成晨礼服就升格为第一日间礼服；裤子换成与上衣相同的面料时就变成深色套装（DARK SUITS），暗示董事套装的简装版；利用三件套单排扣黑色套装将背心换成灰色便成为董事套装的入门级，如图 5-13 所示（图中填黑的方块越多，礼仪级别越高）。这种并不缺少想象的古老秘籍，既是主流社交的规则，也是一个准绅士的修养。

图 5-11 双排扣黑色套装配圆顶礼帽表示升格为董事套装

图 5-12　三件套西装选择浅色背心暗示着成为董事套装的入门级

图 5-13　以董事套装为核心日间礼服家族的社交取向

第六章
塔士多礼服

如果说董事套装是因为它纯正的英国血统还不会“退位”的话（只是表现得更加隐秘，老练的绅士才可以驾驭的礼服），作为同等级别的晚间正式礼服塔士多则像正午的太阳，这是因为它出身名贵（英国贵族），却由美国贵族打造，而美国近半个世纪的强势文化使塔士多成为现代主流社交礼服的领跑者。在世界各地的名流活动中，塔士多（Tuxedo）礼服在正式礼服中使用率最高。这说明它承载着晚间社交文化的“绅士密码”，宣示着一个男人上层社交的资质。然而，在我国，它更多地出现在舞台的歌唱家、综艺性的节目主持人、豪华宾馆服务生的装束上，常被人们误认为是服务生礼服。可见，塔士多礼服在我国服装界、社交界还缺乏系统的学习、指导和相关的形象设计咨询机构。

塔士多作为正式晚礼服，虽然比不上燕尾服严谨的格致，但现今社会晚间社交的正式场合，塔士多已经取代了燕尾服而形成新的礼服格局，这种格局从19世纪后半叶就开始了。而今天主宰礼服格局的塔士多所携带将近一个半世纪的文化信息和价值我们却一无所知。

一、塔士多礼服的考证

塔士多礼服有很多别称，如晚间便装礼服、盛装便装礼服、半正式晚礼服等，显然这都是相对燕尾服的正式晚礼服地位而言的。随着燕尾服将“正式”地位让给塔士多而成为穿用场合较少的礼服，上述称谓就不合时宜了，但又不能叫盛装礼服、正式晚礼服，因为燕尾服毕竟还没有最后退出历史舞台。引入塔士多礼服一词无意将一个外来的名词强加给读者，只是想帮助初入主流社交的“中国绅士们”（这个阶层在中国还有很长的路要走，但这是必经之路）和男装从业者更准确、系统、全面地认识它。当大家学习了这些知识，这个名词自然也就被接受了，包括塔士多发源地的英国，发迹地的美国和非发源地以此崛起的日本，后起的发展中国家韩国、新加坡主流社交秩序的建立也不能绕过这个“路线图”，这值得我们思考。

（一）传统的日本社会需要塔士多的推广

这里有必要谈一谈和我国共处同一文化圈的日本对塔士多的接受过程，这或许对我们更有借鉴意义。塔士多最早在美国称扎塔士多，在英国主要流通于贵族阶层，是贵族家庭用的晚餐服或吸烟服，当然款式也不是今天这个样子。配合明治维新“实业强国”的国策，服饰的西化与引进是有计划有步骤有体系的建构。日本早在明治 42 年（1909 年）出版的《日本类语事典》中就出现了词汇“塔士多”，这说明那时日本理论界对世界性服装语言(惯例)开始重视，这和明治时代开放的日本社会不无关系，但是，在当时的书刊中并没有发现它的系统介绍，不过是当时上层社会的一种社交密码（这很像我国现代引进塔士多一词的情形，词典中有了而公众还没有接受它）。到了大正 7 年（1918 年）出版的《日本百科大词典》就出现了这样的词条“塔士多是燕尾服的代用服，圣诞晚会、观剧、晚宴等场合穿用。多以黑色面料为主，形似西装，前襟与燕尾服相似”。值得注意的是在日本最初引进时叫作“达士多”，它被认可和演变成“塔士多”是要有一个理解认识过程的。可以想象，达士多一词从古老的年代就已被使用，到今天的塔士多将近一个半世纪没有根本的改变。日本男装界的有识之士对这一点很清楚：男装成为主流社交稳定的世界性规则（惯例）的引进和研究比先发展而昙花一现的时装更有助于提高和塑造日本国民的国际形象，更适合以男人为主导的传统日本家庭和社会，这也是日本将男装国际规则强行推进从精英到大众的社会根源。另一个证据是，前面提到的明治 42 年和大正 7 年出版的两本典籍并不是专业性的，而是大众化词典，这说明专业化知识只有得到普及，才能真正提高国民素质。从这类书籍对塔士多礼服明显表现出可操作性的描述："塔士多虽没有燕尾服那种严格的规则，但也必须是晚上专用的白色礼服衬衫、黑色蝴蝶结和黑色漆皮鞋。衬衫（胸扣）和袖口上的纽扣要用同一种装饰成分（黑色宝石类材料）。夏季往往采用白色上衣搭配。绝对不要使用白色领结，白色领结是服务生穿燕尾服的标准搭配，以免混同。白色背心是燕尾服的标准，对于塔士多是画蛇添足的，采用黑色礼服背心或卡玛绉饰带是它的正确搭配。这些是塔士多最不能缺少的规范知识"。昭和 4 年（1929 年）出版的《洋装心得和洋食作法》，说明早在 20 世纪初，日本就以"洋装心得"之类的专著出版，可见塔士多具有相当的实践历史而在日本已深入人心，塔士多的称谓自然也就不会陌生，它的规则也不会和今天有什么不同。虽然日本学术界一度强调使用英国人习惯的"晚餐服"称谓，但在日本人之间仍不使用，因为"晚餐服"很难覆盖塔士多礼服能够包容的场合，如观剧、音乐会、茶话会、舞会等，而且舞会穿塔士多礼服已成为日本人的规则，在日本"不穿塔士多礼服谢绝入场"的情况不断增加，这和欧美发达国家的情形并没有什么区别。因此，以美国为代表的"塔士多礼服"称谓被日本人接受，原因是，国际社会通行"塔士多"的社交语言，在国内使用和普及有利于国际间的交往和树立国际形象。还有一个重要的原因，塔士多取代燕尾服的历史事实，代表着美国人的冒险精神，它的强势文化让它成为了一个成功者的标志，这是今天的成功人士最不能抗拒的。

（二）"塔士多"体现美国人的冒险精神

在男装历史中，塔士多礼服颇具传奇色彩。它的诞生和发展伴随着美国纽约的一个贵族社区的兴衰，从某种意义上说，它也是美国实业家冒险、创业精神的结晶。

1886 年 10 月 10 日，在塔士多俱乐部举行第一次秋季舞会的时候，这个俱乐部的主人格林兹先生（Griswold Lorillard）穿着大红缎子面料的上衣，他的奇装异服立刻成为这个贵族社区的议论中心。这种新的设计是将燕尾服的尾部剪掉，故称无尾晚礼服。这在当时虽超出了绅士们的想象而表现出反叛精神，但格林兹仍以黑色礼服长裤、白色礼服衬衫配白色领结和白色礼服背心这些标准燕尾服搭配为基础，也就是说，新奇的着装仅限于上衣，然而他却成了燕尾服的掘墓者。

塔士多俱乐部的前身是塔士多公园，它坐落在纽约州纽约市西北约 40 英里（约 64 千米）的地方。此地以塔士多湖为中心，山清水秀，风光怡人，湖的上流是哈顿河，西侧就是被称为塔士多公园的场所，现在此处仍是上层社会聚居的社区。塔士多的名称出自印第安的达十多（Tuksit）一词，是指一种具有圆形脚的动物，据说就是狼的意思，塔士多大概就是狼的栖息地。然而，这些与狼共舞的年轻绅士们并没有避讳这个词，反倒将此地辟为公园并命名塔士多（Tuxedo），塔士多礼服也由此产生。因此，塔士多也就有了粗狂野性的味道。

1812年罗利朗德家族成为纽约显赫的投资家，在此购得7000亩土地。彼尔鲁·罗利朗德是彼德·罗利朗德家族在此经营的第一代，当时买这块地是为了获得这片森林的树木，然而，茂盛的森林所显示的自然风光，打消了罗利朗德家族毁林取木的念头，1814年他们建起许多狩猎小屋，营造了狩猎这种具有贵族冒险生活的绝佳环境，猎物也不断增多。对于打猎经营的精心筹划，为后来贵族社区的形成注入了活力。彼尔鲁是个商人，同时又是一位出色的运动员，用运动员的眼光来看待塔士多，使之成为上层社会休闲的场所就很自然了。因此，塔士多湖不仅是狩猎的好地方，还是一个极佳的垂钓场所。彼尔鲁在此投巨资整治土地、开辟公园，被命名为塔士多公园的开园仪式是在1886年6月1日举行的，此后成立了塔士多俱乐部，那一年的10月10举行了第一次舞会，塔士多礼服也就在此诞生了。10月12日是彼尔鲁的生日，或许就是为了庆祝此事而举行了那次舞会。

自从塔士多公园开园以后，此地就成了奢侈的上层社会绅士们聚会的场所，据统计1890年有1678人，1900年有2277人，1905年有2865人，1910年有2858人。从以上塔士多公园聚会的人数看，它的鼎盛期是在1905年，可以想象塔士多公园不仅仅是上流社会社交的场所，它还是展示和锤炼时装的舞台，这个时期恰好是塔士多礼服定型后最为繁荣的时期，为其成为全美乃至世界级的晚礼服奠定了基础。

自从1886年10月10日塔士多礼服出现，它就成为“时装”，立即在男人社会中流行起来，但当时并不叫塔士多礼服。1894年出版的《新服装》杂志称此为“混成衣服”，显然这是当地固有的服装和燕尾服结合的一种感受，因为，在塔士多公园建成之前的1800年，此地有一种男装称塔士多外衣或塔士多夹克，这时美国人称其为“扎塔士多”。G. 爱德在1899年所著的《长裤的故事》中称“潇洒漂亮的塔士多”，这说明在美国的上层社会，从1886年塔士多的诞生到10年后的1899，开始脱离塔士多外衣或夹克这些不能登大雅之堂的称谓。事实也证明了这种真实性。1895年美国常青藤名校的盛装照燕尾服成为绝对的主导，到了1899年，在盛装照中塔士多礼服成为了主导（燕尾服几乎销声匿迹），而且呈现一种全然的英国味道（图6-1）。

因此，真正定型为塔士多礼服样式是由于英国“晚餐服”的加入。在1900年8月23日出版的《缝纫与裁剪》一书中就有这样的记载：“在英国，塔士多礼服有一定不变的程式，就是像大衣的选择也必须是用黑色面料制成，领子选用天鹅绒搭配”[1]。1902 年在斯金 • 内依鲁写的书中也有如下记载：“年轻人都穿着塔士多，系着黑领结，头戴巴拿马草帽……”这种描写已经够得上准塔士多礼服了。因此，塔士多礼服的定型是在 19 世纪末到 20 世纪初，是美国人的冒险精神让它改变了命运，重要的是它从来不缺少英国元素，否则就不会在今后 100 多年主流社交的历史中稳固它尊贵的地位。

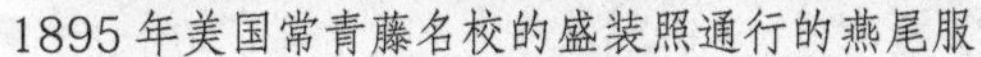

1895 年美国常青藤名校的盛装照通行的燕尾服　1899 年美国常青藤名校盛装照通行塔士多

图 6-1　塔士多礼服定型于 19 世纪末到 20 世纪初

（三）英国塔士多的华丽变身

塔士多礼服从它诞生那天起就不是孤独的，它整体的构成系统，始终没有放弃英国的传统，因为美国人主流社会本身就是标榜英国后裔，崇尚英国文化是他们与生俱来的人文情结。美国的塔士多在英国人看来就是燕尾服的便装版，因此，几乎是在同一个时期产生了英式的塔士多——晚餐服。晚餐服在 1888 年以前被称为考乌兹。考乌兹位于英格兰南岸，是怀特岛北部的一个港口，是当时贵族家庭式的便装礼服，一直以来是著名的休养胜地，和塔士多如出一辙的是，此地也是贵族的休闲之地，晚餐时也不固执地穿着燕尾服，礼服的名称也由此地名而得，要说英国人仍保持了绅士传统的话，那就是没有像美国人那样“与狼共舞”而选择更具冒险和刺激的塔士多，保持传统是英国贵族的基本准则。维多利亚女王一到夏季就要去怀特岛避暑，在伦敦习惯穿燕尾服的社交界提出了在休养地可以穿没有尾部的便装礼服赴会的主张。贵族们这

[1] 这里的“大衣”无疑是指柴斯特菲尔德外套，是标准的礼服外套，它的标志性元素就是领子配黑色天鹅绒面料，而这纯粹是英国的贵族传统。

种“反叛”的小举动对社会交际的变革起了巨大的推动作用。怀特岛的考乌兹贵族社区对此马上作出反应，于是“便装礼服”在此流行起来（不只是在休养地），并在全英社交界得到承认。这就是英国塔士多的“考乌兹时期”（CROWS）。

初期的考乌兹总是两粒扣的式样，绢制青果领，袖口有装饰，白色领结和黑色礼服背心搭配，侧口袋有袋盖，据称这些是由“吸烟服”[1]发展成的便装礼服。然而吸烟服并没有因为考乌兹的出现，抑制了它自身的发展，而它们各自走着各自的道路；考乌兹经过半正式晚礼服的迪奈套装（DINNER）阶段走到了今天的英式塔士多礼服；吸烟服则一路走来成为了今天生机勃勃的花式塔士多家族。由于它们始终伴随着英皇室的时尚变迁而备受关注（图6–2），这为塔士多礼服家族的完善提供了美国文化不能企及的砝码。

英式塔士多发展到今天的样式，经过了几个阶段：1893年开始采用不加袋盖的侧口袋，这标志着它成为正式的室内晚礼服；1898年从考乌兹时期进入了迪奈时期，一

迪奈套装（1888年）

吸烟服（1940年）

花式塔士多（现代）

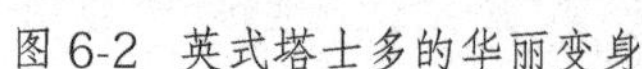

图6-2 英式塔士多的华丽变身

[1] 古时英国贵族在社交中有吸烟的嗜好，但必须在吸烟室中将礼服换成便利的吸烟服后边吸烟边交谈，这样烟气就不能污染到礼服上。由此启发，使吸烟服升格为晚礼服，这样就省去了换装的麻烦，这也是从燕尾服到塔士多礼服使正式礼服便装化的有力证据。

粒扣款式成为塔士多的主流；1899年戗驳领塔士多定型，燕尾服背部曲线结构被省略，塔士多礼服“三缝”结构被确立（图6-3）。

由此可见，标准样式塔士多礼服的定型是在1899年，但英国人和美国人始终摆脱不了他们各自的文化传统所带来的个性特质，故英国化和美国化的风格成为塔士多礼服家族的基本语言。

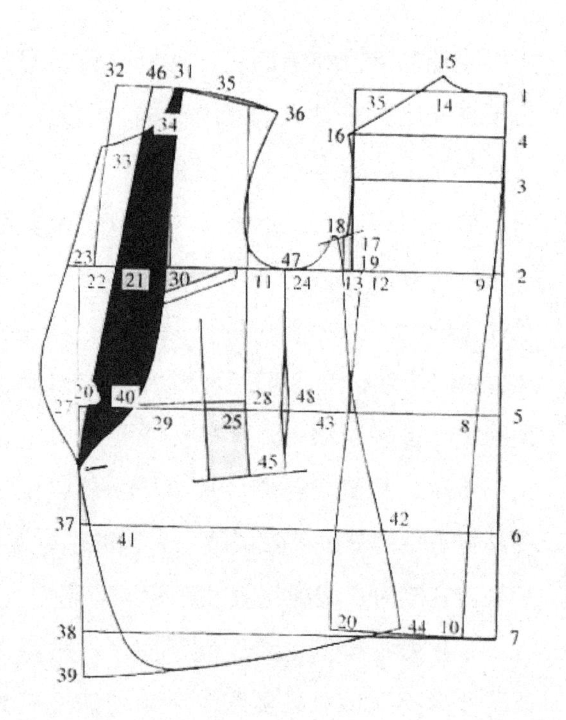

图6-3 塔士多的“三缝”结构（日本1936年伊东富的制图）

二、塔士多礼服“三剑客”

戗驳领塔士多上衣配U型领口背心和青果领塔士多上衣配卡玛绉饰带是塔士多礼服的两种基本格式。一般说来，戗驳领的设计是以英国和欧洲大陆为主流的，青果领的设计表现出美国人的风格，由此就构成了英国版和美国版两大塔士多风格。

然而，无论是哪一种它们都继承了英国传统，因此，这种礼服语言元素的混杂是没有任何禁忌的，不论是在英国、欧洲，还是在美国，这两种构成的塔士多都作为正式晚礼服使用，遵循男装惯例的国家和地区也是如此，如日本、韩国、新加坡等。不过，两种构成保持其习惯的搭配规则是明智的，因为它标志着一种无国界、无政见、无种族的优雅品质。

英国型塔士多采用戗驳领，是英国人对燕尾服传统情有独钟的表现，同时也反映出英国人不愿放弃绅士传统的文化符号。因此，英国型塔士多礼服不仅保持了与燕尾服完全相同的戗驳领型，从其专配U字领口的礼服背心也能看出燕尾服的影子。

青果领塔士多礼服并不是美国人的发明，1888年在英国考乌兹套装以前，它被称为吸烟服并限定使用青果领，显然这是睡袍的起居服的一个典型特征。所谓吸烟服是嗜好吸烟的英国绅士们在正式社交场合吸烟时不拘礼节的装束，这其中有两种暗示，它不是礼服，它是吸烟室内穿的。因此，当它升格为礼服时还不能与盛大晚宴的燕尾服平起平坐，就自然成为晚餐服，因为晚餐通常不会是“正式”的，这和吸烟服自身的传统习惯相吻合。这就是为什么塔士多从吸烟服脱胎出来的时候也只作为小礼服或半正式礼服的原因，领型也多以青果领为主。当今主流社交还保留着称塔士多为晚餐套装（Dress Lounge）的英国习惯，就是说请柬中注有“Dress Lounge”或“Dinner Jacket”的字样完全可以理解为“Tuxedo Suit”。由于吸烟服的升格和流行，使青果领的塔士多设计增多，但毕竟它是从吸烟服演变过来的，作为英国和欧洲大陆的绅士文化传统，贵族们还是更愿意接受从以仪规著称的燕尾服为标准来打造塔士多礼服，最具标志性的就是“戗驳领”。因此，就英国文化而言，塔士多从青果领变成戗驳领，意味着它成为正式晚礼服的开始，实用主义的社交趋势便成为它的催化剂。

吸烟服在美国的命运就不同了，根据不长的美国历史和国民性格，会把英国的吸烟服原封不动地搬到美国，因为他们没有太多的文化和历史所顾忌，注入美国人的想象力，也是从欧洲探险、发现和淘金的冒险一族的想象力。因此，1886 年 10 月 10 日塔士多俱乐部的主人格林兹先生在那次秋季舞会上穿的“大红缎子面料上衣”完全可能穿着吸烟服粉墨登场，因为这种颜色质地的面料就是吸烟服的典型面料，青果领无疑也是它的标准特征，即便它升级为正式晚礼服，青果领在由英国人看来不上档次的元素，而在美国人眼中却无所顾忌，历史也确实如此导演的。在 19 世纪末 20 世纪初，青果领塔士多礼服主要作为贵族炎热夏季田园俱乐部和豪华游艇晚宴的着装。不久它在纽约和波士顿等大城市主流社交开始流行，与此同时，替代礼服背心的卡玛绉饰带与青果领塔士多礼服成为田园风格晚礼服的黄金搭配[1]。由于季节的原因采用上白下黑（或深蓝）的搭配，这恐怕就是夏季塔士多礼服标准的由来，即白色青果领上衣、黑色裤子、黑色卡玛绉饰带。因此社交界有把白色青果领塔士多上衣配黑色卡玛绉饰带称“夏季塔士多礼服”的说法。第二次世界大战结束后，美国经济在 1950 年再次焕发活力，伴随着经济的繁荣，美国社会重又出现了奢华之风，其家庭连日连夜地举办聚会，作为居家晚礼服传统的青果领塔士多成为美国人的晚礼服被固定下来。值得注意的是，在从吸烟服脱胎出来的塔士多礼服的初期，美国人不仅不避讳，还执意把英国人象征绅士的塔士多礼服背心换成了起源于印度大众化的卡玛绉饰带，由此创造出塔士多礼服十足的美国风格。

---

[1] 用卡玛绉饰带取代背心塔士多礼服在夏季更便于避暑，这种礼服常采用白色也是如此。由此衍生出单排扣青果领上衣（黑色）搭配卡玛绉饰带成为美国版塔士多礼服的黄金搭配。美国的强势文化又使它成为正式晚礼服的主流。

戗驳领塔士多和青果领塔士多可以说是塔士多礼服的双胞胎，它们势均力敌的传奇宣示着它们只有风格上的区别，没有级别上的差异，在形制上取决于它们有着级别上的共同语言：一是黑白色搭配对应一致；二是翼领和企领礼服衬衫通用；三是上衣除戗驳领和青果领有区别外，其他构成元素相同；四是配服配饰颜色相同，两种上衣交换搭配没有禁忌。这可以理解成塔士多礼服规范内的有效变通（图6–4）。

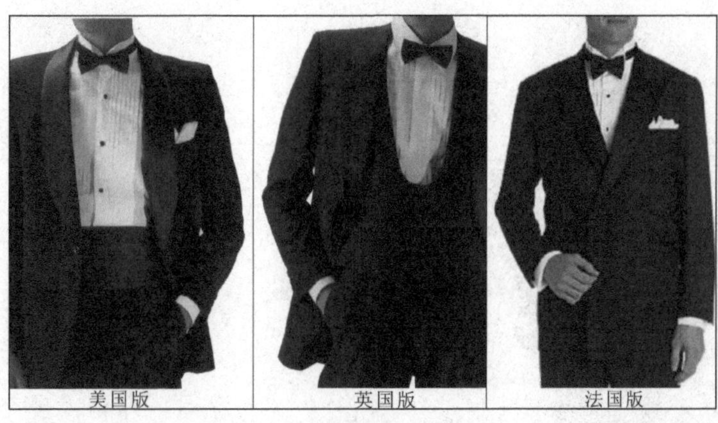

图6-4　塔士多礼服的三种格式

塔士多礼服除了传统的美式和英式风格外，法式风格双排扣戗驳领塔士多礼服也具有与它们完全相同的地位，可称是塔士多礼服的“三剑客”。由于它于1921年在法国的避暑地多比尔开始出现，而被视为法式风格的塔士多。当时西班牙国王十三世也以穿它为时髦，在英国，年轻的绅士把它视为时装的潮流而在20世纪20年代盛行，20世纪20年代末也在美国流行，20世纪30年代作为标准晚礼服之一被固定下来（图6–5）。

图6-5　主流社交晚宴的塔士多礼服“三剑客”

双排扣戗驳领塔士多礼服可以说是黑色套装的升级版，是由弗瑞克大衣的形制演变而来，故双排扣戗驳领成为它的固定格式。戗驳领和双嵌线口袋用绢丝缎包覆是塔士多礼服的基本元素，这种礼服也不例外。双排扣戗驳领采用对称四粒或六粒扣黑色套装的现代版和传统版格式最保险，当然这需要根据爱好和流行加以选择。配服和配饰与英式、美式塔士多礼服完全相同，可以说塔士多礼服风格的改变就是一种“换头术”，即只变换上衣便生出完全不同的晚装风格，塔士多礼服的“三

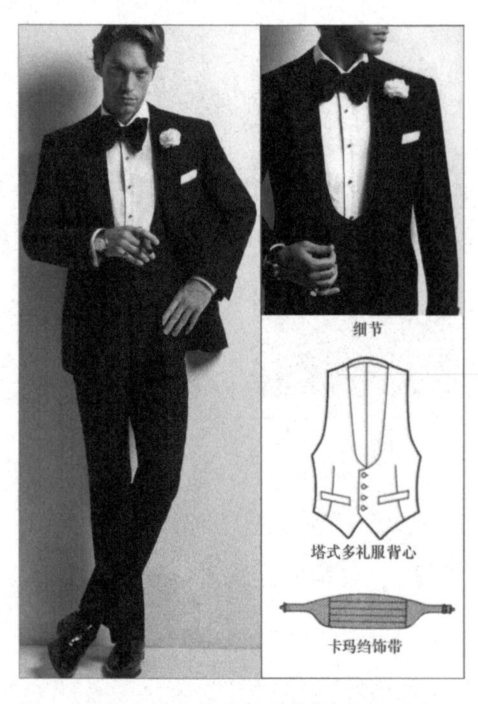

图 6-6 塔士多礼服的基本构成（英国版）

剑客”则是这种风格的经典范式，它几乎成为正式晚间社交的绅士密约。这种“换头术”大大启发了设计的灵感和手段的进一步开发，使塔士多礼服语言几乎成为跨越所有礼服领域的大家族，而成为上至正式礼服，下至便装的全流域，也可重组成为社交个性形象的晚礼服。

根据当今的社交习惯，简化的塔士多更为流行，即塔士多与卡玛绉饰带组合（美国式）多于与背心的组合，但上衣款式又多采用戗驳领（英国式），总之它们的组合元素没有限制。依据美国式塔士多礼服的特点，脱去上衣卡玛绉饰带完整地显露出来。如果采用背心搭配应为四粒扣 U 字形领口（无领），两侧单嵌线口袋（图 6–6）。更细致的判断还要考量它们各有的黄金搭配。

三、塔士多礼服的黄金组合

塔士多礼服的搭配构成属于套装系统，即相同材质的上下装搭配，标准色为黑色，这是晚礼服表达“正式”的重要标志。英国版、美国版和法国版只改变它们的上衣款式：英国版为单排一粒扣戗驳领，美国版为单排一粒扣青果领，法国版为双排扣戗驳领。塔士多礼服的驳领（青果领）、口袋的双嵌线和裤子的侧章均用同色的绢丝面料制作。标志性的黑领结、胸裥衬衫、U 字领口背心（卡玛绉饰带）、漆皮鞋等是它们永远的行头（图 6–7）。在结构上它们都采用“五缝”结构。美国版的青果领款式是塔士多礼服特有的形式，一般燕尾服、其他礼服（如梅斯礼服）甚至便装采用青果领都是以此为根据。青果领塔士多礼服在总体结构上和戗驳领塔士多相同，只是青果领的结构采用无缝结构的过面设计，且通过左右过面连裁的工艺和特殊的缝制方法完成，这成为工艺考究塔士多礼服独一无二的造型语言（图 6–8）。

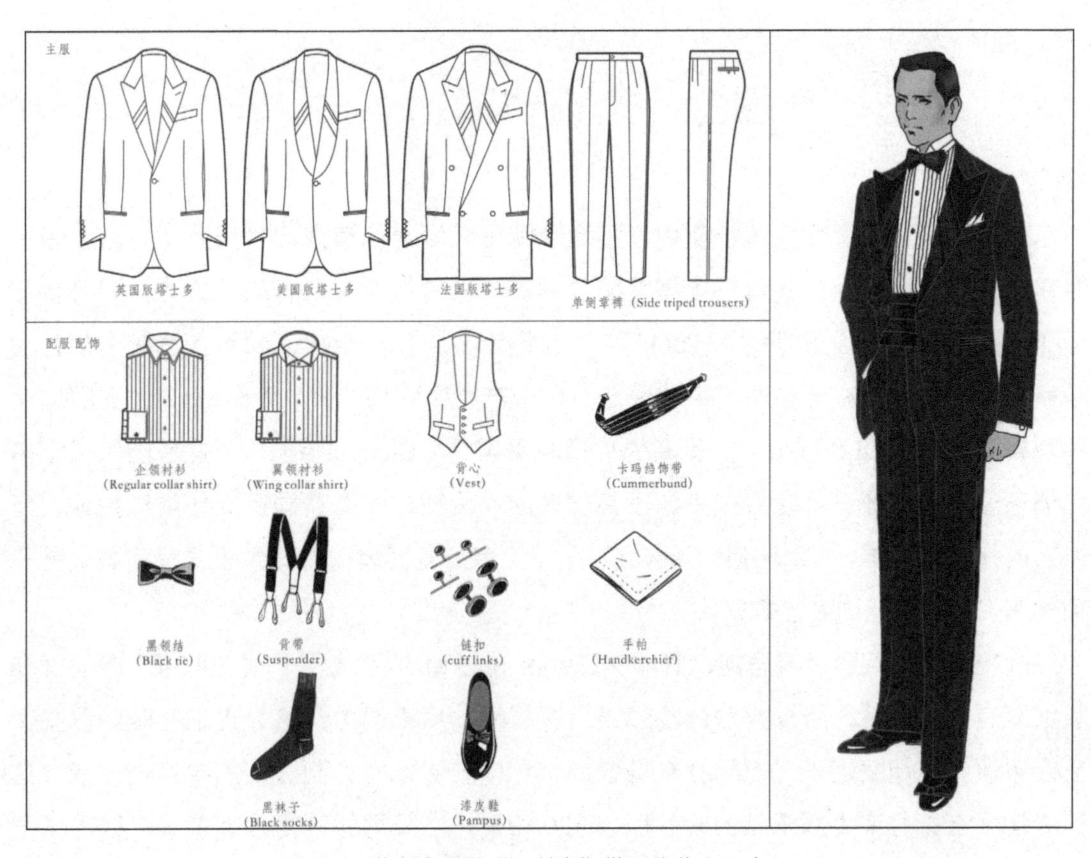

图 6-7 塔士多礼服“三剑客”搭配的黄金组合

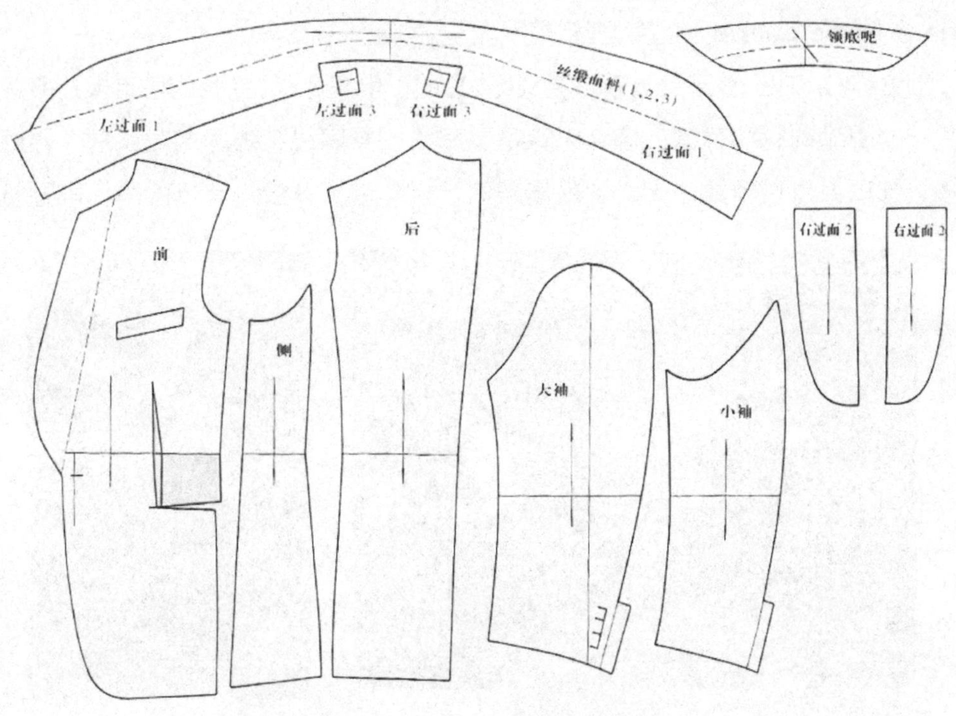

图 6-8 塔士多礼服的基本裁片（美国版）

四、塔士多礼服三种请柬称谓

一般说来，在国际主流社交中，接到晚间正式场合的请柬都会用英文对塔士多礼服作出提示。国际社交界对塔士多礼服的称谓，通常情况有三种表述方式，即晚餐服（Dress Lounge）、黑领结（Black Tie）和塔士多（Tuxedo）。按照美国著名的社会学家保罗·福塞尔在《格调》中的说法，“中产阶级称塔士多（Tuxedo），上层人士称晚餐服（Dress Lounge），更高的称谓叫黑领结（Black Tie）”。这是因为塔士多称谓来源于美国俚语；晚餐服来源于英国贵族；黑领结既有英国贵族血统又抽象，所以它的称谓最高雅。“Tuxedo Jacket”直译为塔士多套装，意译为正式晚礼服，是三种称谓中最大众化的表述方式。

晚餐服是从英国贵族居家晚餐服（Dinner Jacket 迪奈夹克）演变而来。晚餐服和吸烟服有亲缘关系，所以典型的晚餐服是青果领，后来因为升格为正式礼服的需要变成戗驳领。吸烟服是正式晚间社交场合绅士们需要吸烟时，到吸烟室要换上便装，这种吸烟服自身也成为娱乐型的晚礼服（图 6-9），当吸烟服升格为晚餐服时经历了考乌兹、迪奈和锥斯朗基，当它成为正式晚礼服时，这个名称也被沿袭下来，其实这是主流社交“崇英”的一贯做法，所以，当今社交界还保留着塔士多高贵的晚餐服（Dress Lounge 或 Dinner Jacket）的英国称谓。

“IN BLACK TIE”直译为请系黑色领结，它的引申意思是“完整的塔士多礼服赴会”，这也是社交界国际化的称谓，因为无论是美国式、英国式、法国式，还是个性的概念塔士多，都以系黑色领结作为它的最高准则，也是塔士多最没有风险的标志性符号。

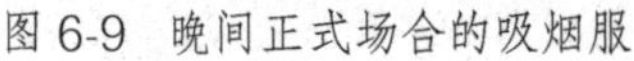

图 6-9 晚间正式场合的吸烟服

因此“黑色结”在我们看来不要误判为一个单纯、孤立的装饰元素，相反，国际社交惯例总是以一个标志性符号诠释一个完整的社交级别。从一个单纯、孤立的黑领结元素就可以做出“完整的塔士多礼服赴会”的判断，而“完整的塔士多礼服”这种判断，需要有多少知识储备、修养与社交经历，或需要培养一个贵族阶层才能养成（图 6–10）。

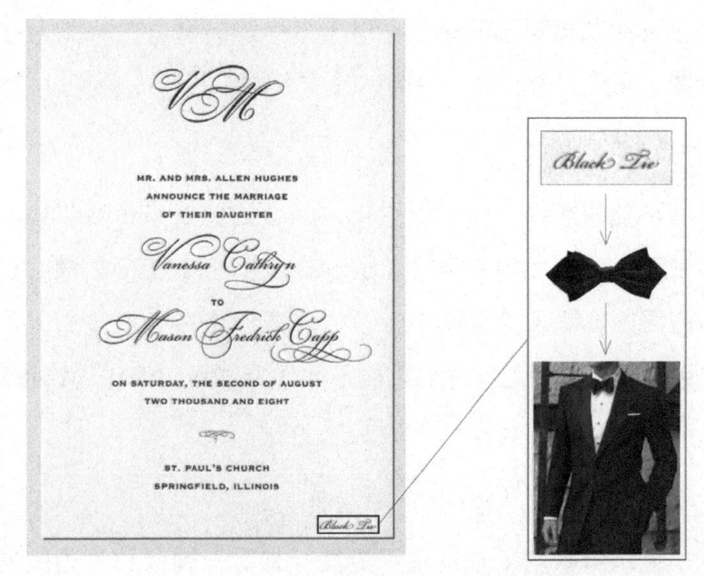

图 6-10 标有“Black Tie”（黑领结）的请柬提示“规范塔士多礼服赴宴”

五、得体的塔士多礼服

塔士多礼服得体的选择是以晚间正式场合为前提的，包括正式晚宴、观剧、仪式等，总之，要以请柬的提示为准。当然最保险的选择就是塔士多经典的三个版本之一，个性化的细节处理取决于它的标志性配饰和处置习惯。

（一）塔士多礼服三个经典版本的变通方法

塔士多礼服的三个版本只有风格的区别没有等级差异，这并不影响它们仍有各自的搭配习惯。

1. 英国版塔士多

英国版塔士多和美国版最大的不同就是，款式上英国版采用戗驳领，搭配上保留了很英国的 U 字领口背心。由于它和吸烟服有亲缘关系，所以青果领成为它们的标致性元素，到 19 世纪末 20 世纪初，英国人试图把晚餐服升格为正式晚礼服，深厚的英国贵族传统和绅士文化促使把平庸的青果领用高贵的戗驳领取代。而美国人没有这种传统和文化，他们对一切都无所顾忌，吸烟服的青果领可以直接升级，所以美国版塔士多的青果领具有冒险精神渗透着丰富的历史背景。运用戗驳领就是将塔士多和燕尾服靠拢或趋同的考虑，在塔士多中保持背心的搭配也是这种传统的惯性。可见英国版塔士多代表着正统、考究但又有保守循规蹈矩的意味，如图 6-11 ①所示。

2. 美国版塔士多

美国版塔士多的最大特点，款式上采用单排一粒扣青果领，搭配上采用卡玛绉饰带取代背心的简约风格。这种搭配由于来源于吸烟服和英军在印度殖民统治的卡玛绉梅斯晚餐服，为夏季塔士多和花式塔士多的繁荣留下伏笔，由此表现出美国人“变是硬道理”的冒险精神。因此，选择青果领配卡玛绉饰带的塔士多组合，很有些“尚美”的味道，如图 6-11 ②所示。

3. 法国版塔士多

法国版塔士多具有可塑性，它对美国版和英国版的卡玛绉饰带、背心的搭配形式都不拒绝，只是上衣采用的是双排扣戗驳领现代版的黑色套装格式，当然传统版黑色套装的款式也是一种风格，这或许就是法国风格罗曼蒂克的一面，如图 6-11 ③所示。

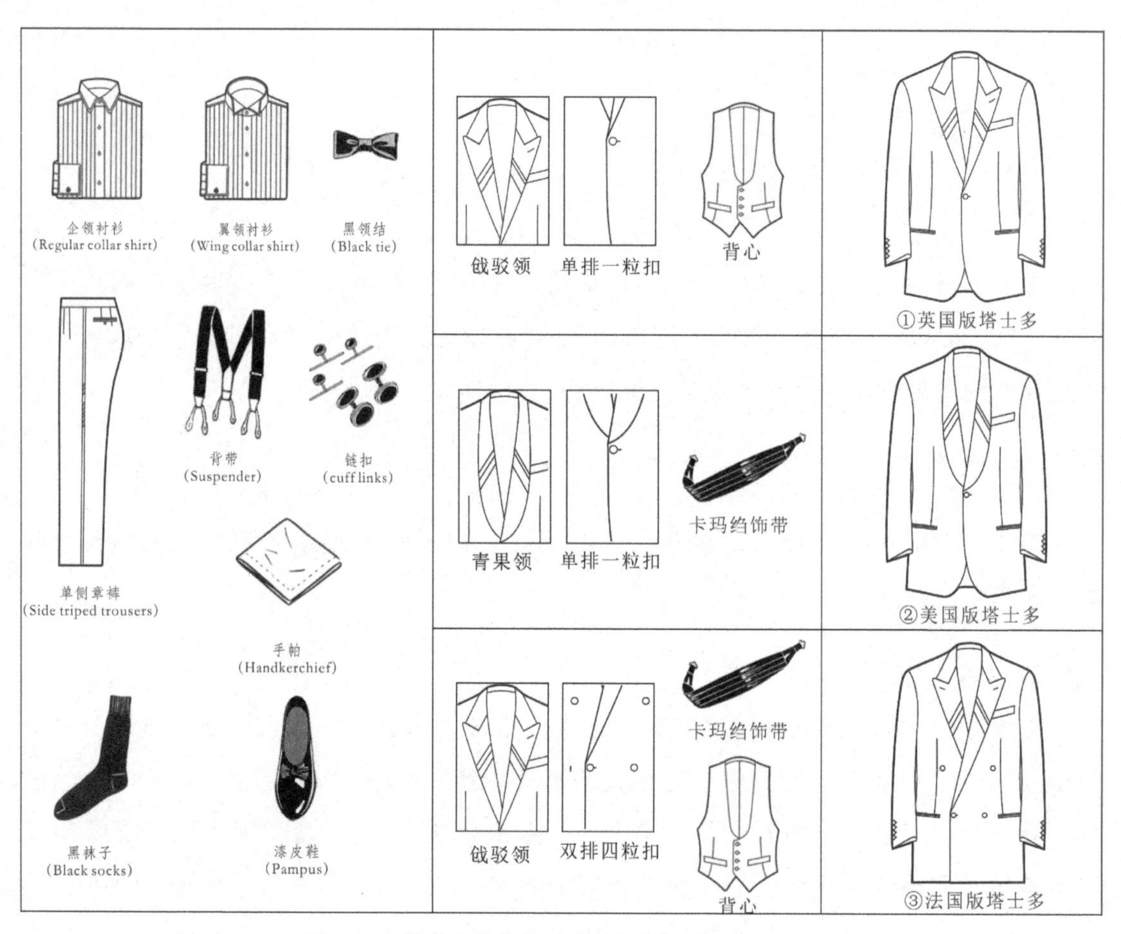

图 6-11　塔士多礼服的三个版本的标准组合

三个版本的个性设计必须保持共性前提下的变通原则。“共性”是指作为正式晚礼服标志性元素相对稳定的前提下变化，包括黑领结、丝缎驳领、侧章裤、漆皮鞋等。

变通的有效方法是，塔士多的三个版本之间在款式和搭配上是可以打通的，就是说，它们都可以用对方的领型和搭配方式，此称换位设计，如款式上美国版用戗驳领，英国版用青果领；搭配上美国版配U型背心，英国版配卡玛绉饰带。法国版塔士多采用双排扣青果领，有些“法美杂糅”的颠覆性，并将所有的装饰扣去掉，这种充满简约的个性设计是有大智慧的，但它的“颠覆性”又让那些准绅士们敬而远之，而演艺界、时尚界的绅士正合适（图6–12）。

塔士多变通还有一种趋势，就是借用西服套装（Suit）的单排扣平驳领款式，这也是有冒险的倾向，因此在美国社交界很有市场，以英国为代表的传统社交仍心有余悸。这就是这种塔士多礼服的简装样式为什么多出现在美国社交场合上。却很少出现在英国绅士之中的玄机所在（图6–13）。

（1）美国版法国版杂糅的塔士多

（2）黑色套装传统版的塔士多

图6-12 塔士多搭配的成功案例

图6-13 套装版塔士多有简化趋势（左为套装版，中为杂糅版，右为简装版）

（二）卡玛绉饰带

卡玛绉饰带是塔士多礼服背心的替代物，它的英文名称是“Cummerbund”，词源是印度语，最早出现在 1892 年，是燕尾服白色背心的代用品。当时印度在英国的殖民统治下，由于气候的原因，军队将校会餐时用的礼服是梅斯套装，因为梅斯上衣很短，里边不适合穿背心，他们就借鉴印度人用宽幅黑色绢丝制成的“风钩”把它系在腰间，既不失礼，又很方便。后来卡玛绉饰带在军队中流行，并作为晚会简式礼服背心的代用品。1893 年作为夏季晚礼服的典型配饰在英国本土流行，同年 8 月，作为晚会服、派对服的时髦装饰在年轻人中大为盛行，而且在白天的娱乐场合也常看到这种装束，颜色也打破了原始单一的黑色，变得丰富多彩，富有装饰性。这恐怕就是花式塔士多礼服的由来（Fancy tuxedo），即塔士多礼服上衣和卡玛绉饰带用花色面料搭配。这种礼服潮流也影响到上流社会，当时的《裁缝店》杂志中就有这样的记载：下院的官员们完全不避讳红黄配色的卡玛绉饰带系在腰上。然而，2 年以后卡玛绉饰带作为晚礼服的配饰对其颜色的使用有所限定，其结果是传统的黑色作为卡玛绉饰带的基本色被固定下来，用来与标准的塔士多礼服搭配。而花色的卡玛绉饰带常被用在娱乐性场合的花式塔士多礼服中或表现出某种职业的身份，要注意的是领结花色要与卡玛绉饰带相统一（图 6-14）。英国版塔士多配花式背心也是由此启发而得到个性的拓展。

图 6-14　阿兰德龙的花式卡玛绉饰带

卡玛绉饰带一般在男装专营店有成品出售，但也可以自制。其制作方法是：选择合适绢丝质地的面料 1m 见方对折，折成 4~5 行的褶裥，最后覆在腰间，在后部用扣针或别针固定。这也真实地反映出美式塔士多“快餐文化”的特质（图 6-15）。

（三）塔士多礼服的衬衫

脱去背心或解下卡玛绉饰带，露出衬衫的整体造型，裤子用黑色吊带固定，用其他颜色是危险的，使用配有腰带的裤子有失水准，如图 6-16 ③所示。塔士多礼服衬衫有两种基本形式，即双翼领和企领，一般情况翼领衬衫多出现在英式风格中，企领衬衫应为美式风格的标准，但交换使用没有禁忌。前门襟两边为排式褶裥是塔士多礼服

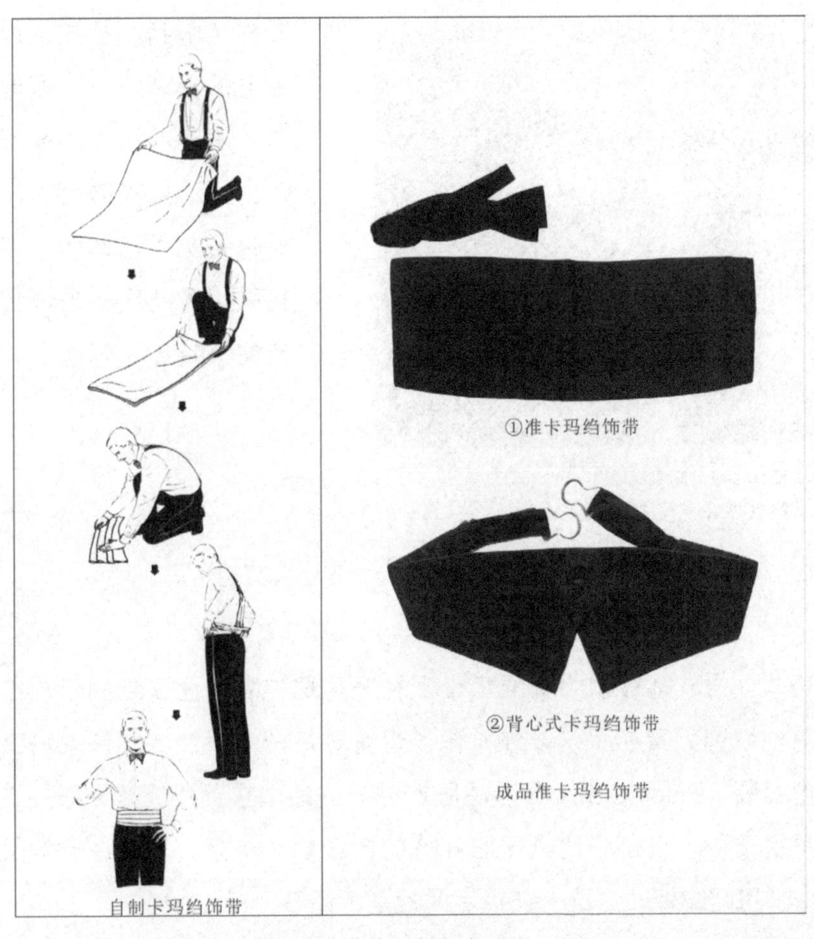

图 6-15 卡玛绉饰带的自制与成品

衬衫的标志性元素，它是替代燕尾服衬衫胸前U型硬衬的改良设计，如图6-16①和②所示。前门襟无胸扣时常采用绣花明门襟设计暗扣固定；前门襟有三粒胸扣时多采用素面明门襟设计，如图6-16④和⑤所示。三粒胸扣要用嵌入式黑色宝石或人造黑色宝石的专用纽扣，袖子卡夫上的链扣也取同样风格，这是惯例，即与燕尾

图 6-16 必备的塔士多衬衫

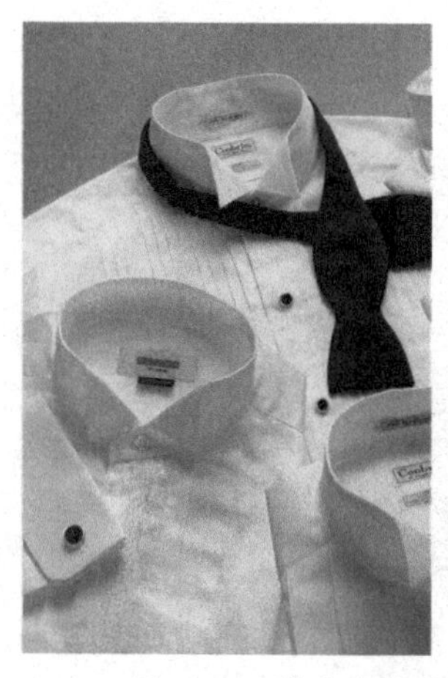

图 6-17 塔士多礼服衬衫的胸扣、袖扣以嵌黑色宝石为标准

服白色胸扣、袖扣加以区别并与各自的色调统一，燕尾服配饰为白色主题；塔士多礼服配饰为黑色主题。如果借鉴燕尾服的硬胸衬衬衫是不忌讳的，但胸扣和袖扣采用黑色质料是塔士多的标准搭配（图 6–17）。

（四）塔士多礼服的优雅搭配

英式、美式、法式都被视为标准塔士多礼服其配饰除前面谈到的卡玛绉饰带、背心和衬衫特有的装饰元素和手法以外，裤子也有着特别的设计。如果说塔士多礼服的裤子介于黑色套装（Black Suit）和燕尾服裤之间的话，它更接近燕尾服礼裤的形制，裤子的侧章是必要的，只是它比燕尾服礼裤的侧章少了一条。需要注意的是，它和燕尾服礼裤一样禁用翻脚裤，这是一条铁定的规则（图 6–18）。

与冬季塔士多礼服配装的外套以礼服版的柴斯特外套为标准，同时要搭配白色提花条纹的丝织围巾，这在冬季塔士多装束中视为黄金组合，它和单侧章的礼裤一并可谓塔士多礼服的优雅搭配。蝴蝶型和菱形均为标准型领结。圆顶礼帽作为正式礼服帽是得体的搭配。白色丝织手巾、黑色袜子和漆皮鞋基本和燕尾服相同，是正式晚礼服不二的选择（图 6–19）。

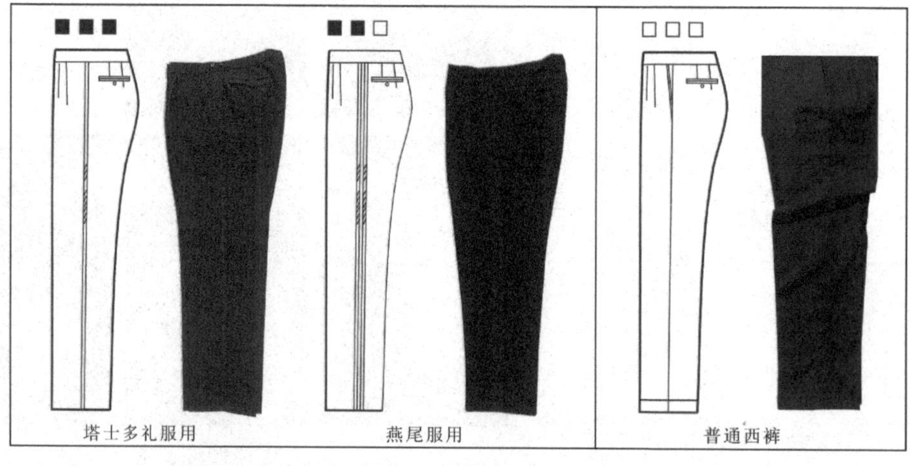

图 6-18 一条侧章的西裤为塔士多礼服的标准，翻脚裤是晚礼服的禁忌

图 6-19 塔士多与柴斯特外套、白色丝巾搭配为冬季晚礼服的黄金组合

第七章

梅斯、夏季塔士多和花式塔士多礼服的社交取向

严格地说，梅斯、夏季塔士多和花式塔士多都不是标准塔士多礼服，但它们和塔士多礼服又有着千丝万缕的联系。如果说标准塔士多是通用正式晚礼服的话，那么，它们就是塔士多礼服的简装版、娱乐版，或强调个性表现规则的晚装，这里用“规则”一词是表明任何礼服中的个性都不是“无政府”的。在级别上它们也完全超出了标准塔士多作为正式晚装的局限。梅斯礼服其实是夏季塔士多古老形式，与燕尾服有亲缘关系，而花式塔士多甚至可以和休闲西装划在同一级别也不过分，值得研究的是，它们的出身却始终摆脱不了塔士多血统的渗透。

一、梅斯和夏季塔士多

（一）梅斯和夏季塔士多的身世

梅斯礼服和夏季塔士多礼服的“身世”极为相似，应该说夏季塔士多礼服是美式塔士多和梅斯礼服的结合体。青果领上衣配卡玛绉饰带的塔士多在19世纪末20世纪初很受美国人的欢迎，其主要原因是它打破了传统塔士多黑色一统天下的格局，这很符合美国人生性冒险的性格。这种式样的塔士多主要作为炎热夏季田园俱乐部和豪华游艇的社交着装，往往是上衣为白色、裤子为黑色的组合套装，这就是现代夏季塔士多礼服的标准搭配。当然，白色有良好的反热功能是它的科学依据，也是它生命力的所在。无独有偶，梅斯礼服也起源于夏季用的晚餐服，时间是在19世纪末，它的造型很像燕尾服去掉燕尾的样子。梅斯（Mess）一词作为军队用语，指会餐、会餐室之意。它本来是英军在印度时的军官会餐服，印度的热带气候决定了它的形制，后来在热带航海的舰船上也被作为会餐服。开始作为英国陆军会餐服是在1889年，最初是在占领东印度的英军中见到。1892年，与此相配的卡玛绉饰带成为梅斯礼服的黄金搭档并固定为梅斯格式。梅斯最终加盟塔士多礼服家族作为夏季正式晚礼服开始流行，直到20世纪30年代，备受美国贵族的青睐。因此，在美国标准塔士多和夏季塔士多采用卡玛绉饰带的搭配，其上白下黑的组合受梅斯礼服的影响是显而易见的，可见，梅斯礼服为美国风格塔士多礼服的形成奠定了基础（图7-1）。与其说塔士多礼服是美国人创造的，不如说它自古以来就是英国人的国粹，因为塔士多礼服中的任何一个元素都源于英国，美国人只是把英国的传统打得支离破碎后，再按照自己的意愿（习惯）重新组合。塔士多和梅斯的联姻所产生的夏季塔士多就是这种务实精神的结晶（图7-2）。

（二）夏季塔士多的正式与个性

白色上衣配黑色裤子是夏季塔士多的基本特征，这是它诞生初期美国贵族在夏季田园和豪华游艇社交“实用主义”的体现，却意外产生一种惊艳之美。它应验了现代芝加哥建筑学派的一句名言“因为实用而华丽”（图7-3）。因此，夏季塔士多除它的原始意义外，完全可以和标准塔士多一样作为正式晚礼服使用，重要的是它还作为一种高洁的品格和优雅的社交语言被广泛接受，如新郎穿塔士多礼服时，为了区别宾客、富有个性和特别身份的需要，常采用白色塔士多礼服，如果采用上下装通白的设计，

图 7-1 20 世纪二三十年代在美国上层社会相继诞生了梅斯和夏季塔士多

图 7-2 夏季塔士多（中）和梅斯礼服（右）让古老的塔士多重生

图 7-3 可以和标准塔士多平起平坐 的夏季塔士多礼服

图 7-4 全白塔士多既优雅又具特殊身份的暗示

这将是充满绅士智慧的创新之举(图 7–4)。夏季塔士多的搭配原则和准塔士多礼服相同，“三剑客”的造型元素也都适用于夏季塔士多。总之，“换头术”的搭配方法是可靠而有效的，在夏季塔士多由于历史的蜕变“季节”的概念已经不重要了，它已成为个性化的正式晚礼服。不过当没有弄懂它的秘密时不要贸然行事。

（三）梅斯礼服的特殊功用

在传统意义上梅斯礼服是燕尾服的略装，亦作为夏季的准礼服，在今天的主流社交场合中，通常把梅斯礼服视为具有特殊身份的正式礼服。在构成上，梅斯礼服是真正将燕尾服尾部去掉的简洁造型，因此梅斯礼服仍沿袭着燕尾服的主体结构，这或许就是梅斯作为军队会餐服更加方便、快捷，而它的形制又保持着与燕尾服相同的社交级别。这就是今天看来梅斯礼服完全可以和燕尾服平起平坐的历史依据。不过，它的组合、构成方法又是美国风格的，理论上它的级别又靠近塔士多礼服，这就使梅斯礼服在燕尾服和塔士多礼服之间架起的桥梁。因此，梅斯礼服在晚间正式场合中有时靠近燕尾服，有时混同塔士多礼服。它们虽然在正式晚间场合同时出现不悖，但它们还是存在着微妙的社交取向（图 7–5）。这就是梅斯礼服具有其他礼服不具备的功用，就是短小精干，在应用中，社交界更习惯接受它的“公式化”作用。如利用它短摆利落的造型作为豪华宾馆服务生的礼服，时间上也不只局限在晚间；它还可以作为个性化或特殊身份的晚礼服。因此，梅斯礼服夏季专用的传统被大大拓宽（图 7–6、图 7–7）。

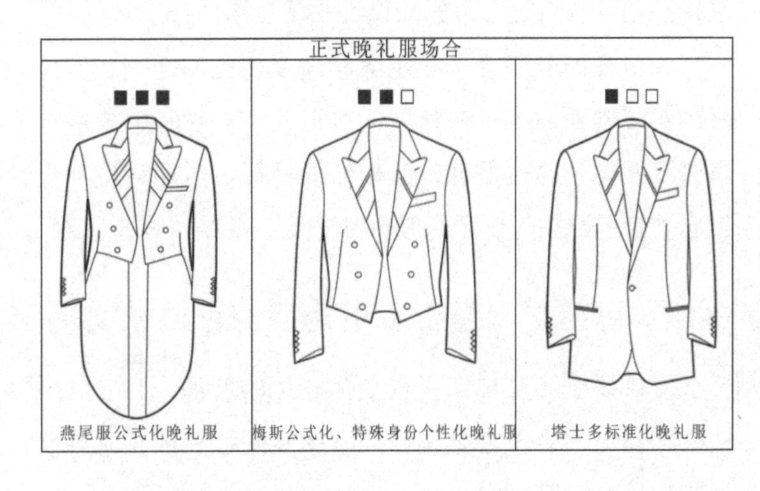

图 7-5　燕尾服、梅斯和塔士多的社交取向

图 7-6　梅斯礼服具有与燕尾服相同的级别

图 7-7　具有个性或特殊身份的梅斯礼服

严格地讲，梅斯礼服的形制既不是燕尾服系统，也不属塔士多范畴。它的英文词是梅斯夹克（Mess jacket）。无疑“夹克”是针对梅斯的短摆说的，在礼服历史中有以“长度”论级别的说法，就是说衣服越长礼仪级别越高，这就给它的“职业”化打下了基础❶。因此，它成了国际服务行业制服的经典之作。但是，它全部的构成过程丝毫没有脱离塔士多礼服的组合原则，其礼服的级别也没有因职业化而降低，这就决定了它的变通方式和塔士多礼服系统没有区别，如在短摆的前提下，戗驳领、青果领、双排扣戗驳领也是它常用的设计手法（图 7-8）。

由于梅斯礼服介于燕尾服和塔士多礼服之间，因此，它的裁剪设计仍保留着燕尾服的维多利亚结构（去掉尾部的形式），故称古典版梅斯；它也通用西服套装系统的六开身裁剪，这也是现代版梅斯的特征。这两种裁剪设计虽不是梅斯礼服所固有的，但它独特的造型开创了礼服中独一无二的结构样式（图 7-9）。

（四）得体夏季塔士多和梅斯的重要社交提示

夏季塔士多和梅斯是很美国化的晚礼服，19 世纪末 20 世纪初在美国东海岸贵族社会中盛行，由于它主要作为夏季晚间社交的正式着装，上衣为白色、裤子为黑色成为它的标准搭配。

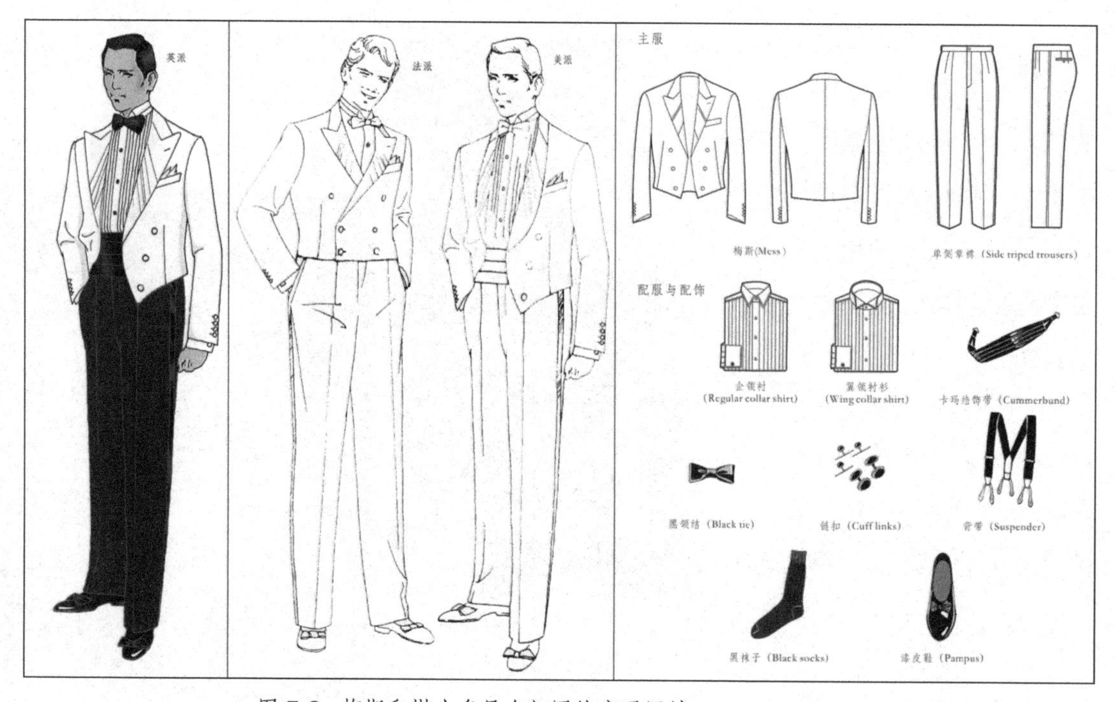

图 7-8 梅斯和塔士多具有相同的变通区域

---

❶梅斯夹克从军队中产生，这本身就具备了它的职业特征。

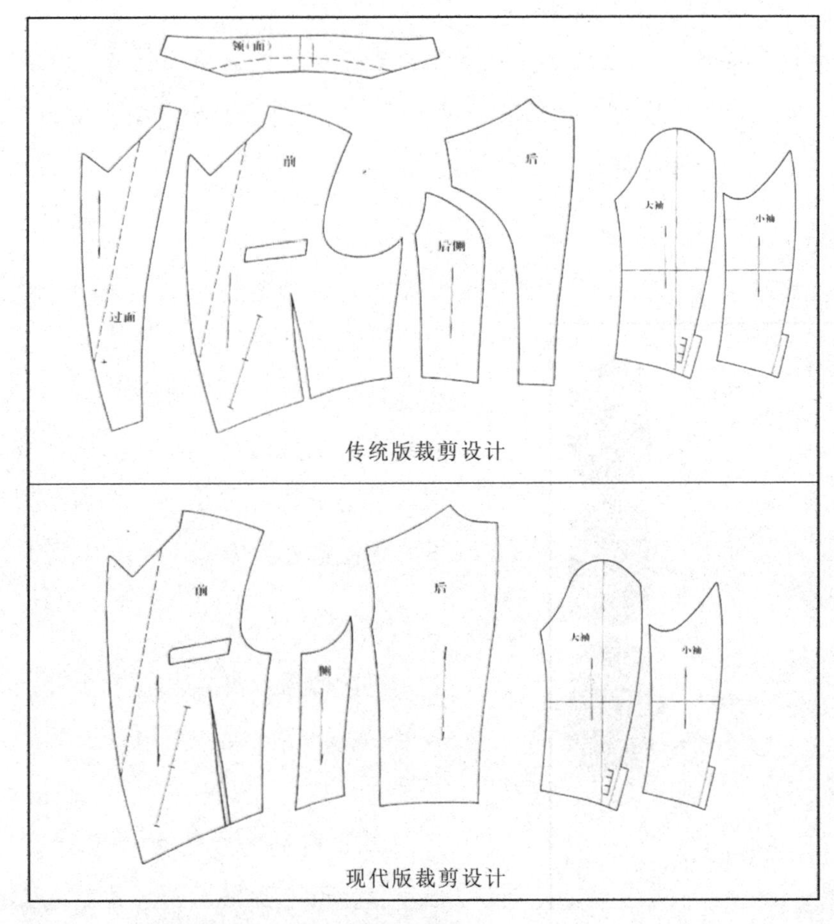

图 7-9 梅斯礼服的两种裁剪设计

夏季版塔士多的形制，沿袭着美国版的塔士多风格，即青果领型上衣，配卡玛绉饰带，上白下黑的搭配就是一套地道的夏季塔士多装备了，这正是从梅斯礼服的传统中继承下来的。梅斯礼服其实是很有英国血统的夏季晚礼服，产生于美国之前近半个世纪的 1889 年英军在印度的殖民统治时代，在 20 世纪 30 年代被美国人发扬光大，是因为传统的黑色塔士多礼服不适应多元的美国社交文化，形成了它的“叛逆”特点，即短款无燕尾上衣配卡玛绉饰带形成它的黄金组合，在主流社交中“叛逆”和“黄金组合”总是一对矛盾，因此在使用夏季塔士多和梅斯时总伴随着一些社交提示，了解它们是明智的。

1. 冒险暗示

需要注意的是“夏季塔士多”只是从历史中沿袭下来的一种称谓，“夏季”的概念早已发生了蜕变。今天看来，它不只是作为夏季的晚礼服，更表现一种“冒险派”的风格，因此，社交时“正统派”慎用夏季塔士多风格是明智之举。夏季塔士多和梅斯总是衷情前卫派。

2. 特殊身份暗示

在晚间正式场合，请柬中“塔士多礼服”（Dinner Jacket 等）的提示，绝大多数都会选择标准的塔士多，风格多在英国版、美国版、法国版之间选择这只是主流社交的潜规则。如果作为特殊身份选择夏季塔士多或梅斯礼服是得体的，如新郎、主持人、明星等，这样就会与众不同，是因为他们需要成为社交的焦点。

3. 另类的暗示

梅斯表现为另类的暗示。如果按照从正流派到冒险派作排列的话，英国版塔士多为最正流派的晚礼服，其次是美国版，再次是法国版，接下来是有冒险派倾向的夏季塔士多，最具冒险风格的就是梅斯。可见梅斯在年轻绅士、明星中受到重视，而在那些正统派绅士中不被重视是有其传统的（图 7-10）。

级别	风格	类型	款式
正式晚礼服	正统派	英国版塔士多	
		美国版塔士多	
		法国版塔士多	
	冒险派	夏季塔士多	
		梅斯塔士多	

图 7-10 夏季塔士多和梅斯礼服的社交提示

图 7-11 标准塔士多礼服的场合穿夏季塔士多有个性风格的暗示

4. 梅斯的职业化暗示

梅斯的短款样式，很符合仆人和服务生的工作习惯，这也是正统派绅士不愿以此为伍的原因之一。

就正式晚礼服的个性设计而言，夏季塔士多和梅斯与标准塔士多的款式与搭配可以互鉴，这可以说是塔士多家族可以应对多元晚间社交保持得体的基本套路。

夏季塔士多在款式上可以悉数建筑在标准塔士多的英版、美版和法版基础上展开变化的，只是改变颜色搭配而已，即在标准塔士多基础上，将上衣颜色变成白色，就被视为夏季塔士多了，如果采用上下全白色组合也不失一种个性概念，不过这时通常有某种特殊身份的暗示（图 7-11）。

梅斯礼服在款式上也同样可以全面借鉴标准塔士多“三剑客”的变通规律。因此，梅斯的标准版也是戗驳领只是不合襟呈短摆样式，由此可以判断它是在燕尾服基础上去掉燕尾形式的历史依据。如果在保持短摆基础上加入塔士多的所有元素就形成丰富多彩的梅斯礼服大家族。这样就给那些“叛逆”的年轻绅士们以很大的想象空间。花式塔士多作为派对晚礼服的先锋一族就是由它们派生出来的。

二、花式塔士多礼服——晚间派对礼服的集大成者

花式塔士多（Fancy Taxedo）是由塔士多礼服派生出来的，并形成了相对独立的、具有娱乐性的半正式晚礼服系统。从级别上看，它属非正式晚礼服，可以说是标准塔士多礼服的演义版。从风格上看，它更具有夏季塔士多和梅斯礼服表现个性的应用空间，而且有过之而无不及。因此，它备受年轻人追捧。

花式塔士多礼服很好地诠释了纨绔的性格，而为后来成为演艺界和冒险一族的年轻人独特社交语言的形成奠定了基础。它是 20 世纪 30 年代中期，在传统塔士多礼服基础上发展起来的。如果说塔士多礼服是正式晚宴、观剧、舞会、仪式等场合的晚礼服的话，花式塔士多礼服就是这些场合的非正式型、娱乐型，因此，它在年轻人和演艺界中被广泛使用。同时，它作为塔士多礼服的“混搭版”，有便装塔士多礼服的说法。花式塔士多礼服没有固定的格式，表现出强烈而广泛的个性选择，它既可使用包括梅斯礼服在内的全部塔士多礼服的造型语言，又有自身十分灵活的搭配空间；其面料的花色和质地不受传统塔士多规则的限制而趋于多样。不过它仍保持着塔士多礼服的基本搭配原则，如领结、缎面驳领的上衣、缎面料有侧章的裤子、卡玛绉饰带（或塔士多背心）等仍作为花式塔士多的基本元素，尽管它们的花色完全不同。因此，花式塔士多礼服在搭配上还需要讲究一些技巧。

（一）花式塔士多需要把握的基本原则和方法

习惯上认为花式塔士多礼服，在塔士多家族中属于便装范畴，但这不意味着花式塔士多永远不能加入标准晚装系列，在一定范围内标准塔士多和花式塔士多只有严肃和华丽、稳重和活泼等性格上的区别，而后者更能表现出个性特征和时代气息，往往后者的某种式样随着时间的推移被广泛接受便成为新的礼服样式。因此，标准塔士多和花式塔士多之间没有一个严格的界限。严格说来，有暗花的领结和卡玛绉饰带与准塔士多组合已经不是标准塔士多了，而变成花式塔士多的正装版，它完全可以和准塔

图 7-12 塔士多主服不变前提下背心（卡玛绉饰带）和领结越花哨礼仪级别越低

士多和平共处，因为这种元素的微妙改变完全可以解释为身份和职业（明星等）的暗示。不过搭配时还是需要把握一个基本原则，即搭配元素和方式越接近标准塔士多，其级别越高，相反装饰因素越多级别就越低（图 7–12）。

很好地运用这种方法，可以获得花式塔士多多元社交具有风格化的个性表达。在标准塔士多的主体中，只变换卡玛绉饰带（或背心）和领结的花色，其花色越接近“标准”就越不会改变塔士多“正式”的地位。

背心的选择也是如此，花哨的成分越多娱乐性就越强，级别就越低，相反就越严肃，级别越接近标准塔士多（图 7–13）。

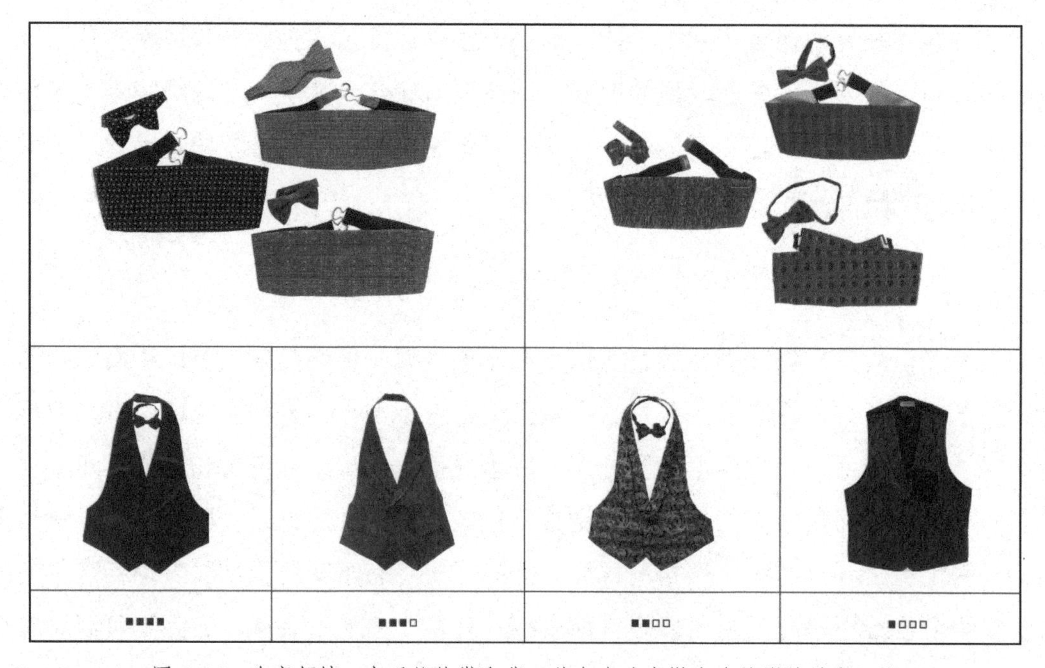

图 7-13 改变领结、卡玛绉饰带和背心花色会改变塔士多礼服的社交取向

在花式塔士多礼服中，由于它的非正式晚礼服的背景，采用西服套装（Suit）的款式成为趋势，即单排扣平驳领，但主体风格要保持不变，即黑色调、缎面驳领等，这仍不失准塔士多的格调，而且这种趋势在标准塔士多中逐渐扩大，其升格为正式晚礼服已初露端倪（图 7–14）。

图 7-14 西服套装版平驳领花式塔士多礼服礼仪级别呈上升趋势

（二）全系的花式塔士多

花式塔士多分三个层次。主服不变只改变背心（或卡玛绉饰带）和领结的花色为第一层次，它最接近标准塔士多，故为花式塔士多的正装版。第二个层次主服、配服和配饰都采用花式元素，此为完全花式塔士多，因为它是由吸烟服发展而来，故亦称吸烟服塔士多。第三个层次是休闲版塔士多，它完全脱离了塔士多家族，主要借用运动西装（BLAZER）这个替身加上花式背心和领结打造的布雷泽花式塔士多。

完全改变塔士多包括主服、配服、配饰在内的花色搭配是吸烟服塔士多礼服变化的通用方法。采用鲜艳色调的搭配在其他礼服中是禁用的，但它正好是吸烟服塔士多的特色。主体花色作小的变化、配饰鲜艳明快，领型以吸烟服的青果领为主，这种组合具有挑战性，这是年轻人和冒险精神的体现（图 7–15）；主体变化丰富，配服、配饰相对保守，这种组合具有深邃的个性，艺术家的风格通常如此（图 7–16）；主体和配饰花色都作较大的变动，采用梅斯配青果领的款式有时刻准备冲出樊篱的反叛精神，但缺乏成熟感（图 7–17）。这三个完全的花式塔士多案例，足以说明花式塔士多想象力、幻想力的冲动，但它的每个细节又蕴含着深厚的历史和丰富的文脉，这就是它能够成为行走于主流社会的魅力所在。

图 7-15 主体花色隐有变化配饰鲜明的吸烟服塔士多

图 7-16 主体花色丰富配饰保守的吸烟服塔士多

图 7-17 梅斯风格的花式塔士多（左）

（三）借用替身的花式塔士多

借用塔士多以外的某种服装作为替身，利用上述的变通手法而产生具有类型化的花式塔士多礼服是花式塔士多第三个层次。例如，将梅斯礼服装饰化就产生梅斯类型的花式塔士多（见图 7–17）；将运动西装（BLAZER）装饰化便产生布雷泽类型的花式塔士多，这其中装饰含量的多少又会产生这种类型的不同级别，如布雷泽西装配红色背心、花式领结娱乐性更强，级别也低，配标准卡玛绉饰带和领结时，便成为完全可以和标准塔士多礼服相提并论的运动风格的塔士多礼服（图 7–18、图 7–19）。

图 7-18 运动风格的非正式花式塔士多礼服

利用替身的花式塔士多组合方法，几乎可以适用所有塔士多以下（包括塔士多）的西装，如黑色套装、西服套装、夹克西装等（图 7–20）。应该注意的是，花式塔士多礼服毕竟没被列入休闲装系统，也不是日间礼服，因此，它的晚装语言特征没有消失，如白色的礼服衬衫、讲究的背心（或饰带）、裤子的侧章、晚装皮鞋等是必要的。可以说它的装饰手段是这种礼服的“染色体”。不是礼服的服装，通过这种装饰手段能变成礼服；当然高于它的级别的礼服，通过这种装饰手段也会降低级别，但不会滑入非礼服，只是改变了它的社交形式（从严肃变成活泼，从实用变成娱乐。前者是从高到低，后者是从低到高）。可见花式塔士多礼服的“装饰手段”是基于约定俗成的社交服饰规则实施的，也就是说不论表达“是”还是“否”，只要是基于 THE DRESS CODE 就不可以自行处置。因此，在正式或非正式请柬中都有可能出现“DRESS”时需要特别注意选择什么样的着装。

图 7-19 运动风格的花式塔士多

图 7-20 西服套装风格的花式塔士多（左）和夹克西装风格的花式塔士多（右）

（四）花式塔士多礼服的娱乐性和彰显个性的提示

“花式”（Fancy）在国际社交界有种暗示，即适用娱乐型非正式场合的异华装束，作为我们刚刚参与国际社交事务的今天，其实很难拿捏这种火候。但如果“花式”和“塔士多”组合到一起的时候，功用便清晰了起来，就是奇异纷呈的晚礼服。

花式塔士多是指带有娱乐性的非正式的晚礼服。如果说标准塔士多运用在正式晚宴、观剧、舞会、仪式的话，花式塔士多则适用于它们的非正式场合，如晚间的鸡尾酒会不适用正式晚宴；用于生日聚会不适用于婚礼晚会；用于流行舞会不适用于传统舞会；适用演艺仪式（如格莱美、奥斯卡）不适于官方（或公务）宴请仪式等（图 7–21）。

花式塔士多在塔士多家族中有叛逆、务实上的表达空间，彰显个性是它的特质。因此，它又是年轻绅士、外向性格先生和演艺时尚先生选择的对象。换句话说，即使

图 7-21 奥斯卡颁奖仪式虽很正式但又有娱乐性，花式塔士多和标准塔士多出现并行情况

在正式晚间社交场合，花式塔士多也不是被完全排除在外，但通常可以判断它们都有背离传统的社会背景和彰显价值取向的性格。因此，正统的绅士都会对它敬而远之，即使在非正式场合也会在塔士多的“三剑客”中选择。

三、识别晚礼服的社交级别系统

如果我们把塔士多礼服的“三剑客”、夏季塔士多、梅斯礼服和花式塔士多都归入晚礼服系统的话，就可以划分出以塔士多为主流的晚礼服社交级别，这对当今社会颇为繁荣的晚间社交生活具有十分现实的指导作用。

我们用很大的篇幅介绍塔士多礼服的知识，阐释它的语言元素、历史掌故和构成规律，说明这种礼服不仅是现代礼服的大家族，而且，它对于我们日益开放的国际交往最具发展前景。另外，它除保有礼服先天的严整性之外，还表现出极大的变化开放空间，这一性格是它备受现代绅士喜爱的重要原因。与此同时，这种“严整”和“变化”的矛盾性，有时也容易混淆这种礼服的级别规则而出现选择上的误区，这就需要对其进行系统梳理。

当然，正式的请柬上注有“请系黑色领结”或“晚餐服”的字样时，选择标准塔士多是没有问题的，但无这种提示却又是晚间正式场合的时候，就有可能出现选择上的失败。从个性、身份、职业等个体因素上考虑也应对整个塔士多礼服的级别和形态特征有所了解，这样才能有效地保持社交的不败。

梅斯礼服和标准塔士多属同一级别，但在内涵的习惯中，它比准塔士多要稍高一些，比燕尾服稍低。另外它具有夏季晚装的传统，但从现代社交看来，它已渗透到表现个性的语言范围了。这些隐喻的习惯如不了解，同样会处于尴尬境地，如国家官员、公司 CEO、高级管理、教授（科学家）、律师等这些社会主流人士在晚间正式场合，梅斯礼服虽适用但不适合。这看来并没有什么不得体，但作为正统身份的人常常会遭到非议。而对艺术家、歌唱家、明星、时尚人士等却是很合适的，甚至花式塔士多礼服是他们在很严肃的场合得以充分表现个性的选择。

一般情况，无论何种身份的绅士，选择标准塔士多礼服是明智和保险的，正统身份的人更是如此，但这不意味着丧失个性，因为准塔士多还有“三剑客”的选择，而且三种礼服元素可以自由组合。值得注意的是，在性格上它们有着微妙的差别，这从某种意义上也能表现出一个成功人士优雅的价值观取向和个性。戗驳领上衣配礼服背心的塔士多无疑是英国派，自然就会让人联想到绅士高贵的格调、讲究的礼俗；青果领上衣配卡玛绉饰带的塔士多是美国派，自然会让人联想到创业者、冒险家和向前的性格举止；双排扣戗驳领塔士多是自由的“不结盟派”，有法国人的浪漫格调。总之，“三剑客”虽在同一级别上，而不同格式的选择会产生不同的性格特征，也会产生对级别的无形暗示。

明智的选择是花式塔士多礼服不能与标准塔士多礼服并列。一般认为，花式塔士多的个性特征要服从它的级别特征，就是说，装饰塔士多是在低于准塔士多的层面中表现个性的。不过花式塔士多系统又通过色调分出每个层面的不同级别，即暗色调（以黑蓝为准）、中色调和明艳色调是有从高到低的社交级别暗示的。因此暗色调作为花式塔士多的高级别就有可能升格到准塔士多的层面而作为标准晚礼服使用，这时，作为同一个层面不同风格的理解也是合适的，见下表。因此，标准塔士多和花式塔士多在晚礼服中的级别和风格关系中是十分微妙的，这实在需要更多高规格的社交实践才能把握（图7-22）。

表　全系塔士多礼服的级别系统

晚宴、观剧、舞会、仪式等	**严肃型 （主流社会）**	**娱乐型 （演艺时尚界）**
正　式	英式塔士多 美式塔士多 法式塔士多	梅斯礼服 夏季塔士多 暗色调花式塔士多
非　正　式	黑色套装 西服套装	中性色调花式塔士多 明亮色调花式塔士多

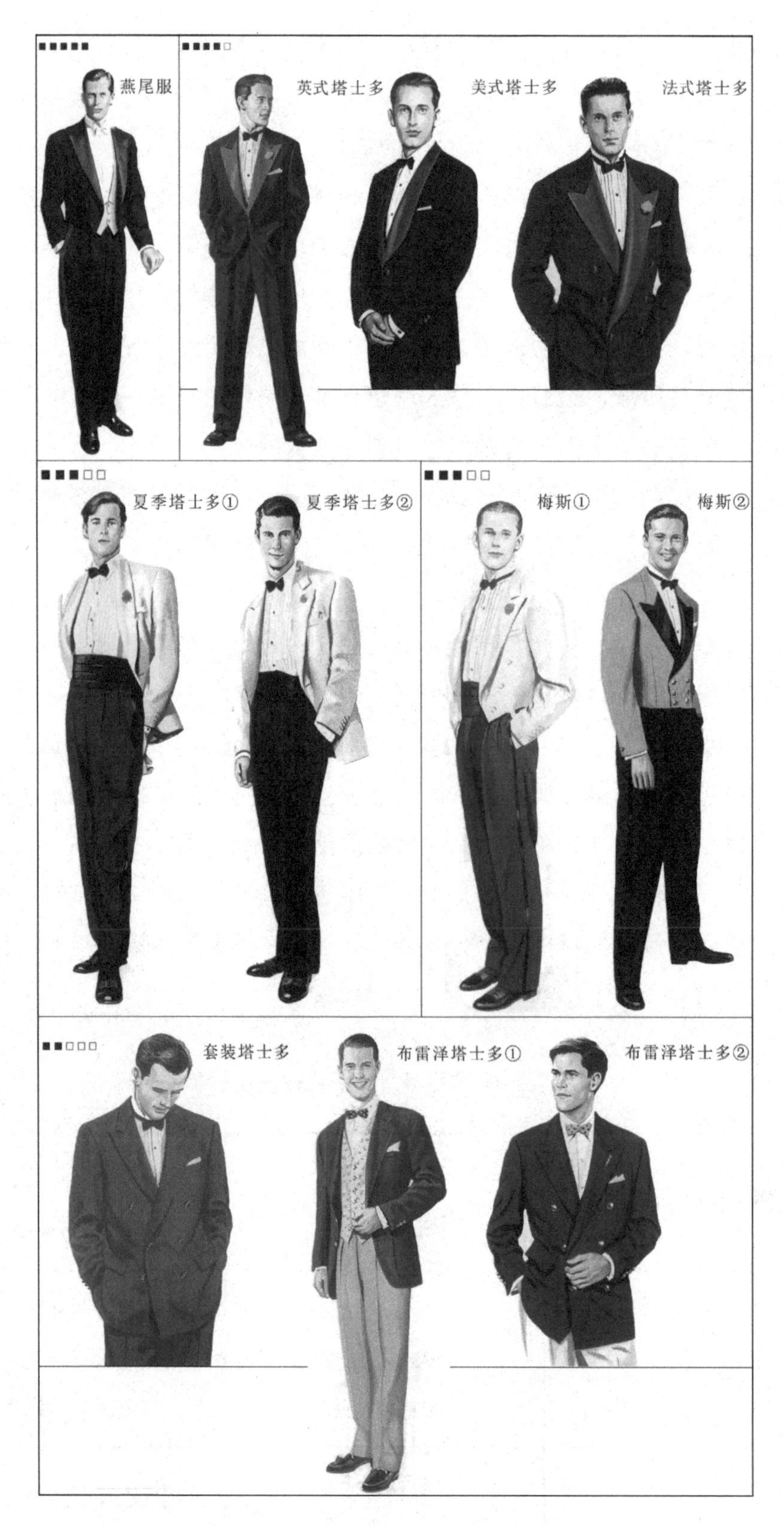

图 7-22 全系晚礼服从正式到非正式的级别系统

第八章
晨礼服

晨礼服（Morning Coat），相当稳定，从它诞生那天起到今天仍未改变，只是在 1903 年流行过一段阿斯克特（Ascot）晨礼服，阿斯克特是英国著名的赛马圣地，在每年一度的赛马会上绅士们以阿斯克特命名的领巾与晨礼服搭配成为标志性装束，这个传统一直成为晨礼服经典组合。不过由于它很英国化的背景，国际流行社交还是习惯使用晨礼服（Morning Coat），阿斯克特便成为暗示“崇英”的日间社交的符号。从理论意义上讲，晨礼服是男士白天正式社交场合穿用的大礼服，通常被视为日间第一礼服，与晚间第一礼服燕尾服属不同时间同一级别。然而，根据礼服的惯例，在当今的社交生活中，它一般不作为正式日间礼服使用，只作为公式化的特别礼服，也就是说晨礼服具有专属性，请柬上只要不出现它就不要使用。适当的场合，如隆重的典礼、授勋仪式、大型古典音乐会、结婚典礼、特别的告别仪式等，时间必须在白天。

一、晨礼服两个版本的身世

今天的礼服多是在外套的基础上发展而来的，晨礼服和燕尾服最具这个特点，因为，它们英文的组词后边都有“外套”（Coat）一词。另一个证据是，无论是晨礼服还是燕尾服都以戗驳领作为标准领型，这是由外套特有的双排扣拿破仑领（类似于今天的衬衫企领）逐渐演化而来，而且都跟弗瑞克外套（Frock Coat）有关（图 8–1）。被称为弗瑞克外套的礼服是在 18 世纪末出现的，早在中世纪就有了它的雏形，这说明中古时期封建意识使服装的包覆性不可避免地成为弗瑞克的时代特点。当然“外套”的功能要求和当时的观念不谋而合，即双排扣关门领（拿破仑领）直摆加长的形制既是大衣的功能特征（身体保护），又符合封建（包覆）掩饰的愿望。进入 19 世纪，欧洲贵族大兴狩猎之风，绅士们改坐马车为骑马，礼服大衣前面过长的双襟搭门很碍事，于是就把前衣襟的下摆掖起来骑马。由此启发，产生了去掉前摆的想法，不过这时它的礼服地位并没有确立，1830 年名为散步服的单排扣平驳领外套成为晨礼服诞生的推手，但平驳领又不够礼服的层次。使其放弃弗瑞克外套基本样式的变革是在 1838 年，英国东部有个颇具盛名的赛马小镇叫作阿斯克特[1]，这里有种观看赛马用的服装，由于它采用单门襟设计，看上去比弗瑞克外套更方便，由于它适合外出和狩猎而大为流行，并以阿斯克特命名，这就是后来的骑马外套，今天的晨礼服已经不作为骑马外套使用而成为赛马盛会的绅士盛装，这一传统一直延续到今天（图 8–2）。19 世纪 60 年代衣长有所减短，称为短外套，到了 70 年代正式以晨服的称谓进入上流社会，不过这时弗瑞克外套作为日间礼服仍具有主导地位，但它的下降趋势已成定局，到 1898 年晨服开始盛行。第一次世界大战之后晨服升格为日间正式礼服，取代了弗瑞克礼服。1929 年世界经济大萧条，弗瑞克外套退出，晨礼服成为名副其实的日间正式礼服沿用至今。值得注意的是晨礼服的黑色上衣和黑灰条纹相间的裤子搭配始终保持着弗瑞克外套的风格，而成为今天标准晨礼服的经典组合。由此它与阿斯克特礼服构成现代晨礼服的两个版本：前者为娱乐版晨礼服，呈标准色为灰色三件套搭配；后者为标准晨礼服，呈上黑下灰的三件套搭配（图 8–3）。

---

[1] 阿斯克特至今仍是世界最著名的赛马大会圣地。晨礼服盛装是绅士们标志性的装束，它最初叫阿斯克特礼服就是由此地名而来，今天指晨礼服特有的领巾为“阿斯克特”，也指晨礼服的经典搭配。

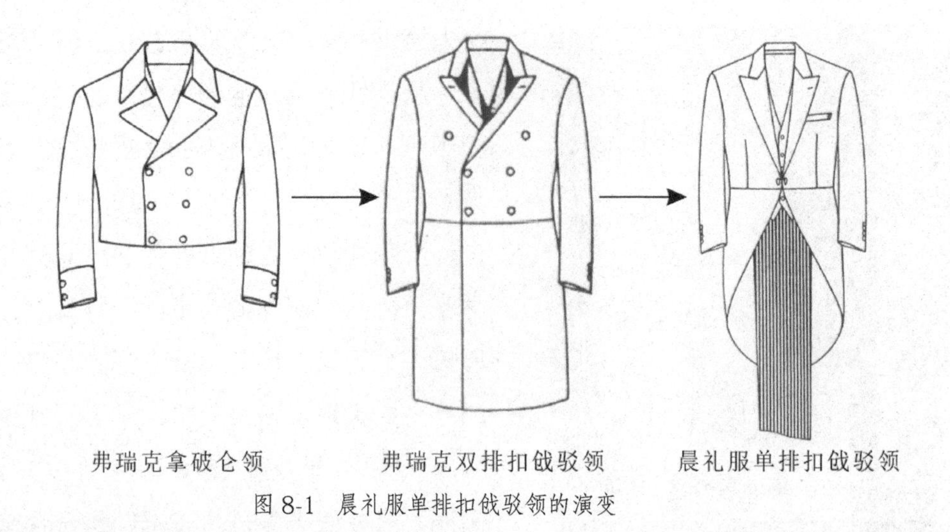

图 8-1 晨礼服单排扣戗驳领的演变

图 8-2 现代晨礼服成为一年一度阿斯克特赛马盛会的绅士盛装

图 8-3 阿斯克特晨礼服以灰色调为准（左），标准晨礼服以黑灰组合色调为准（右）

二、晨礼服的黄金搭配、标准件与细节

（一）晨礼服的黄金搭配

今天的晨礼服仍保持着维多利亚时期的总体风格。黑色上衣配专用的黑灰条纹相间的西裤，双翼领素胸白色衬衫扎银灰色阿斯克特领巾，银灰色戗驳领双排扣专用背心和手套，大礼帽、三接头牛津皮鞋和勾柄手杖是其惯例上的经典组合。脱去上衣，晨礼服的准背心为双排六粒扣戗驳领（或青果领）。脱掉背心，裤子不扎腰带而由白色吊带固定。这些既定的专属性元素不能越雷池一步是明智的，因为任何误判都可能

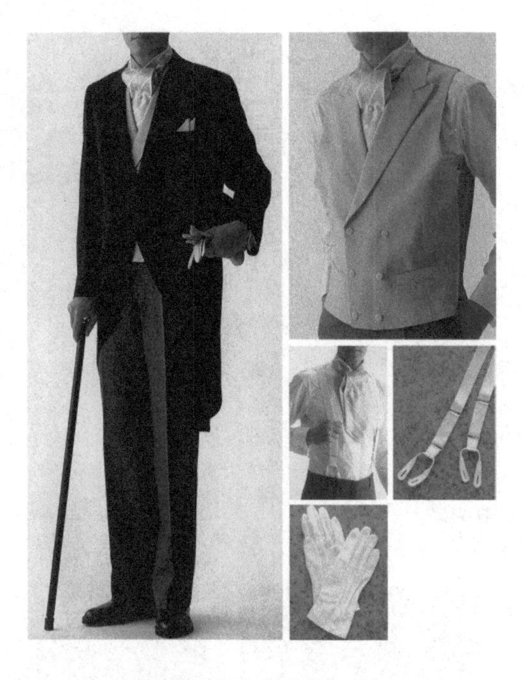

图 8-4 晨礼服的黄金搭配

带来顶级社交的失败或尴尬（图 8-4）。

从晨礼服构成的严格性来看，它已经脱离了包括正式礼服在内的常规社交，而成为具有传统规制的“公式化礼服”。因为构成这种特殊礼仪的表现形式主要体现在礼服从主服、配服到配饰的一定规则程式上，缺少任何一个元素、环节和程序都会不完整而造成社交的失败，而且，级别越高规则要求的就越严格，这是礼服“着装番制”的关键所在。因此，对礼服态度的基本准则是个性选择要服从惯例规则，这就需要了解更多礼服知识。而且第一礼服是它们的集大成者，晨礼服则是日间礼服集大成者。

（二）晨礼服的标准件

晨礼服和燕尾服在搭配程序上大体相同，在元素上有昼夜之分。它们是现代礼服中唯一保持着维多利亚以前剪裁风格的礼服。其标准款式为戗驳领、一粒扣、大圆摆。背部结构呈中缝有明开衩至腰，两边刀背缝贯通，中间与侧腰至前身的腰缝汇合成 T 字形结构，并用纽扣在结合点上固定。这种结构地道地保留了弗瑞克大衣的传统风貌。袖扣以四粒为标准。晨礼服的配服和配饰具有专属性，特别是表示日间礼服的裤子、阿斯克特领巾（或领带）、皮鞋等不能和晚间礼服的交换使用，故被视为日间礼服的“标准件”（图 8–5）。

晨礼服的裁剪是较为复杂的，它的主体裁片由九个部分组成：衣身由后中片、后侧片、前片和下摆片四部分组成；袖子是大、小袖片，还有领片、胸袋片、过面等。它的结构焦点和技术设计主要在腰部和后侧部，这些地方的尺寸分布和设计直接影响到晨礼服的外观造型和它的准确性，这需要丰富的板型设计经验和高超的工艺技术。因此，这些是识别晨礼服是否地道的重要信息，它的标准来源于足有两个世纪经营历史的伦敦萨维尔街的传统（图 8–6）。

晨礼服背心是专用的，它的裁剪也是独一无二的，双排六粒扣、戗驳领是它的基本特征。晨礼服背心裁剪分为两种，一种是传统的真领裁剪，一种是现代的假领裁剪。由于现代晨礼服背心从原来的御寒功能让位于礼仪象征，其领型便成为该礼服的特定

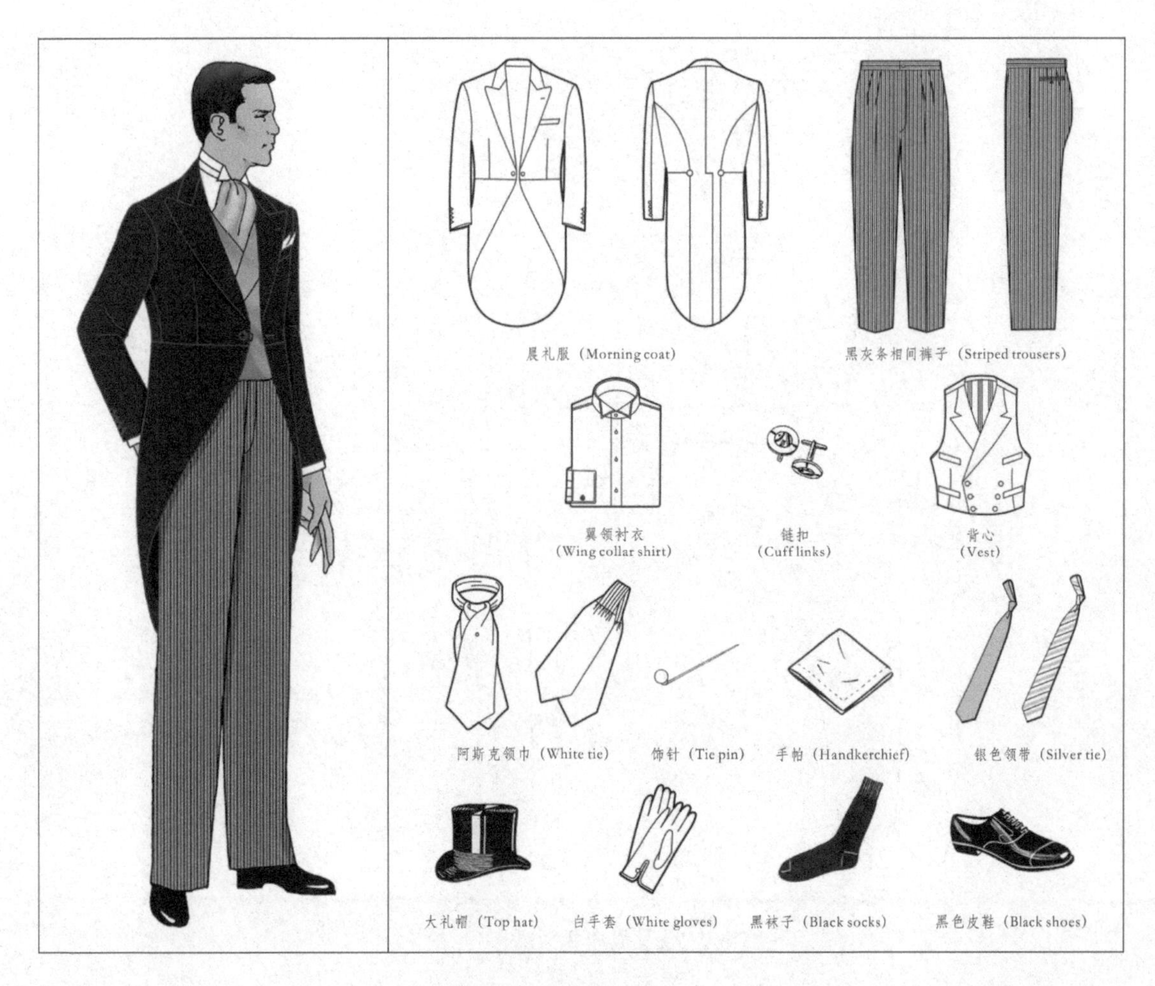

图 8-5 晨礼服的标准件

符号。另一方面假领裁剪由于省掉了肩线以后的领子部分，使背心与外衣重叠穿着时后颈部平伏而不臃肿，这也说明现代礼服更注重它的舒适性。晨礼服背心前片面料采用银灰色薄型毛织物，后片采用高级的里子绸面料，这既是基于穿脱方便古老设计的遗留，也是必须要遵守的技术规则，而成为晨礼服坚守传统技术的范本（图 8–7）。

（三）晨礼服的细节

晨礼服面料的选择和燕尾服基本相同，总体上晨礼服的面料更朴素，燕尾服的面料更华丽，礼服呢、法兰绒、驼丝锦、开司米等精纺毛织物是它们的主要面料。但晨礼服驳领过面不采用缎面包覆，所以它主体上更朴素。燕尾服为了配合华丽的面料，驳领过面是用缎面包覆的。这两种微妙的信息暗示着，“朴素”适用于日间礼服，“华丽”适用于晚间礼服。晨礼服的裤子采用普通西裤形式，没有侧章，忌用翻脚裤口，

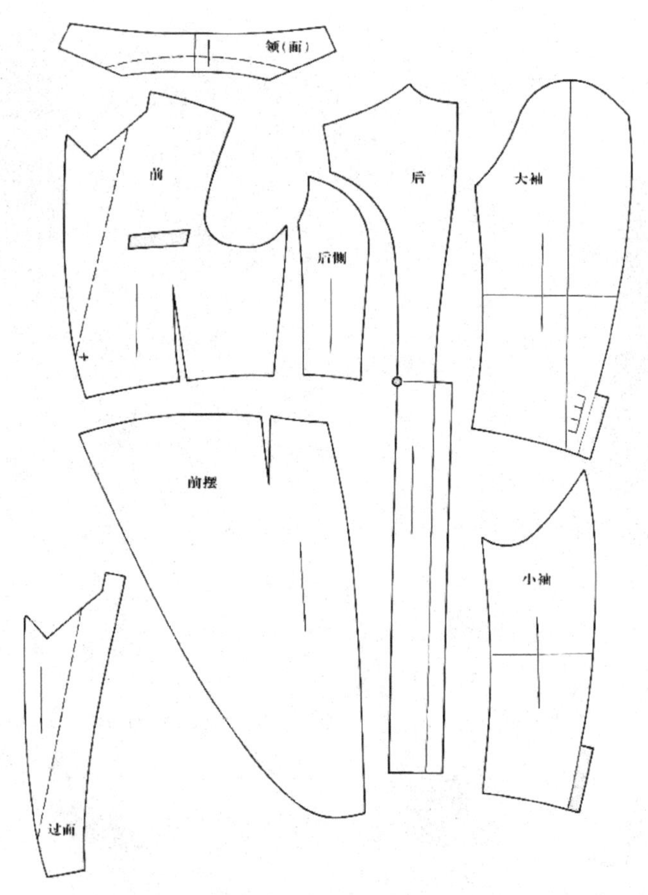

图 8-6 晨礼服的标准裁片

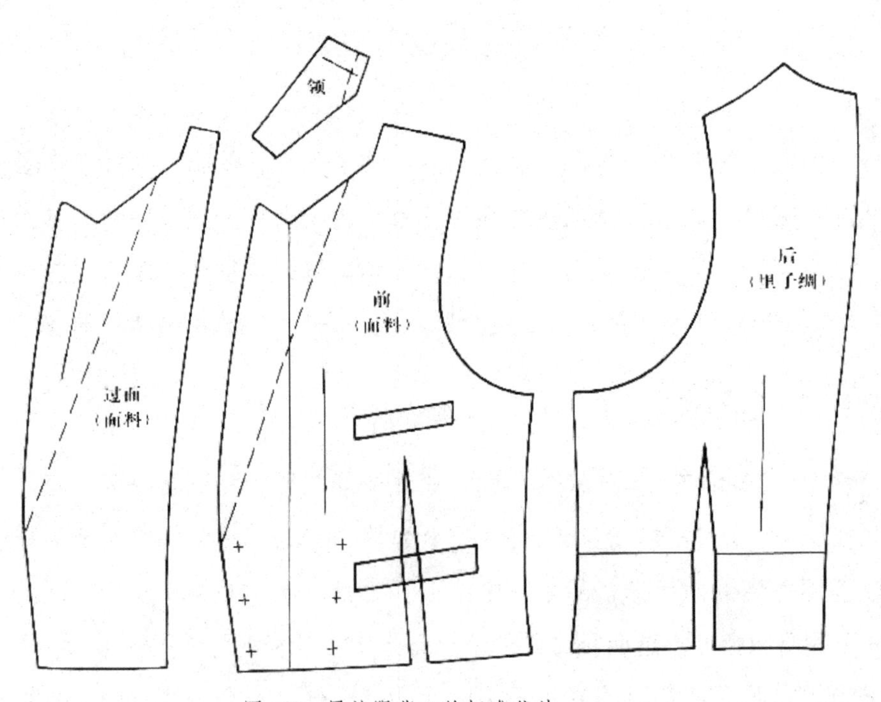

图 8-7 晨礼服背心的标准裁片

袜子用黑色，忌用其他颜色。晨礼服衬衫是无任何胸部装饰的双翼领衬衫，这是因为晨礼服惯饰阿斯科特领巾和双排扣背心，使衬衫胸部完全被覆盖的缘故，晨礼服的袖头采用礼服通用的双层卡夫配讲究的金属链扣，衬衫颜色忌用白色以外的颜色。

晨礼服的主要饰品是阿斯科特领巾或领带。阿斯科特领巾和晨礼服组合是它的经典搭配。领巾的颜色以灰色（条纹）为首选，它的扎结方法有两种，一是交叉型，也称蝉型巾，一是悬垂型（图 8–8）。配领带是现代版晨礼服的搭配方式，领带也以灰色（条纹）为主，告别仪式要用黑色。胸部饰巾用白色或灰色。

晨礼服的鞋和手杖有属性。黑色三接头牛津皮鞋为首选，有时也采用接头有压花或无接头的礼服皮鞋，但不宜采用晚礼服用的漆皮皮鞋。手杖是勾柄型,这与燕尾服的球柄手杖不同(图8–9)。配表时只能用怀表不能用腕表。帽子除大礼帽以外的都不可以用，黑色天鹅绒材质的为标准型，灰呢材质的为娱乐型。总之，与主体分离式的饰物，要用就用对，要么不用（图 8–10）。

图 8-8 晨礼服配阿斯科特领巾的两种打结方式，饰巾以白色为首选

图 8-9 晨礼服专用牛津皮鞋和勾柄手杖

图 8-10 晨礼服专属的大礼帽和怀表

三、晨礼服可以变通的穿法

日间礼服总是比晚礼服可变通的余地大些，因为晚上的社交级别总是比白天更正式且隆重，如果将晨礼服和燕尾服加以比较就不难发现这一点。晨礼服除了自身有一定的变通空间以外，如标准型、娱乐型等（燕尾服只有标准型），它主要的变化范围是和董事套装的语言通用，因此它们就形成了主略关系的日间礼服系统。值得注意的是日间礼服和晚间礼服，它们都遵循各自的变通渠道和空间，特别是表达时间元素的不会混用。因此，晨礼服一般不会使用晚礼服的语言来丰富自己，如晨礼服佩戴领结，就会干扰人们对时间（特别是重要时刻）的正确判断。

现代晨礼服可以变通的穿法主要是根据社交的三种气氛进行。

（一）正式的仪式或惯常的约定

如授勋、典礼、告别仪式、古典音乐会、古典社交舞会等场合以标准晨礼服作为首选（主流社交请柬会有提示）。这时可变通的地方主要是配服和饰品，当选择阿斯科特领巾时要配合双翼领衬衫；选择领带时一般采用企领衬衫搭配。背心也有传统型和普通型两种，颜色在灰色系偏冷或偏暖中选择。一般流行和身份两大因素决定着选择的形式。身份等级越高越要谨慎运用流行因素，如王室成员、显贵、政要、工商精英等。因此，这种场合选择晨礼服的标准搭配可以最大限度地降低风险（图8-11）。这种场合强调个性也只能在“规定动作”范围之内进行，如果仪式强调它的庄重性和仪式感，通常用特定的元素被固定下来，如告别仪式的黑领带、日本新首相和阁员要穿黑色背心的晨礼服拍“全家福”。

威廉王子大婚典礼

撒切尔夫人告别仪式

图 8-11 大婚与告别仪式等日间正式场合选用最为保险的晨礼服

（二）古典的娱乐、赛马会的正式邀请

这是娱乐版晨礼服大显身手的场合。穿灰色三件套晨礼服是它的传统，但这不意味着标准晨礼服不可以穿，只是说明晨礼服在同一场合可以变通的选择方法范围，在帽子选择上也可以用灰呢大礼帽或黑色天鹅绒大礼帽，甚至用它的略装版董事套装，这时要配圆顶礼帽，这对穿礼服很讲究的绅士们会注意到这些微妙的细节。因此，在阿斯克特赛马大会上查尔斯王子穿了一身灰色的晨礼服，其地道的双排扣晨礼服背心多少表现出与众不同的皇室风度，而其他绅士们多以标准晨礼服前往。虽然在这种场合选择灰色调晨礼服是很得体的，但它是限制在日间礼服语言范围之内的（图 8–12、图 8–13）。

图 8-12 赛马会出现的直摆背心娱乐版晨礼服

图 8-13 赛马大会上有娱乐版晨礼服的暗示

（三）喜庆的仪式或区别于来宾的主人常采用镶缎边的晨礼服

这种晨礼服的颜色用黑色或灰色不悖，如新郎、主持人等。当然由于流行和地域文化的影响也发生着微妙的变化，身份、性格和年龄等因素也起着作用，如年轻的绅士和老成的绅士就可能有完全不同的选择。但必须符合礼仪规制，尽管是高级别的礼服，其语言规则的稳定性并不因为这些变化而遭到破坏，这确实需要认真的学习和长期的社交观察与实践才能悟出其中的奥妙。如图 8–14 所示，在喜庆场合中，穿浅色镶缎边晨礼服的男士可以判断为新郎，穿标准晨礼服的为宾客（图 8–15）。

图 8-14 浅色镶缎晨礼服

图 8-15 镶边晨礼服的特别暗示

总之，掌握晨礼服变通的一般规律是学习和提高日间社交修养的一把钥匙。我们可以这样理解这一规律：在晨礼服的大环境下，采用翼领衬衫时可以选择阿斯科特领巾或领带，当选择企领衬衫时只能采用领带搭配，灰色系斜条纹领带是晨礼服不败的选择（图 8–16）；双排六粒扣戗驳领或青果领都可以理解为晨礼服的标准背心，在此基础上去掉领子或变成平驳领单排六粒扣便是它的简装型，当采用三件套西装的背心时可以视为通用型，银灰色背心是晨礼服的标准搭配。从流行的角度看，晨礼服背心的级别越高越难以流行，所以礼服总的趋势是向便装化发展的（图 8–17）。

图 8-16 灰色系隐形花纹领带是晨礼服不败选择

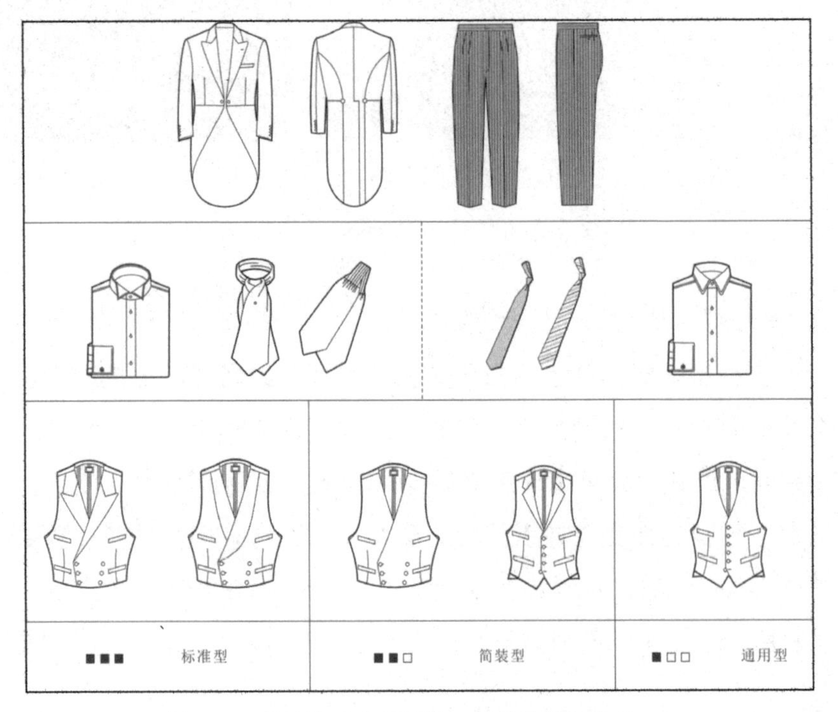

图 8-17 晨礼服可变通配服、领带的级别提示

第九章

燕尾服

在今天的主流社交中，正式晚礼服已被塔士多礼服取代，燕尾服只作为公式化的特定礼服使用，如古典音乐会、特定的授勋仪式、典礼仪式、婚礼晚宴、盛大宴会、舞会、五星级的服务生晚礼服等。如果说晨礼服是日间第一礼服的话，燕尾服就是晚间第一礼服，在现代主流社交中，它们的象征意义大于实际意义。

一、燕尾服的身世

燕尾服作为礼服要早于晨礼服，它最早出现于1789年法国大革命时期。它和弗瑞克可以说是早期（18世纪）礼服外套的两种基本样式，它们保持着各自的时间和地域传统。弗瑞克外套是具有英国本土风格的外套，它从最初户外穿的常服外套到乘马服、再到今天的晨礼服都延续了上层社会日间社交的时间概念。燕尾服则保持了法国传统风格的外套，最初被称为卡特林的燕尾服，并没有严格的时间限制，是因为这时候它并没有上升为正式礼服的地位，在西方的绅士文化中，礼服的级别越高，对时间的约束性越强，这个传统一直延续到今天的主流社交界。直到1850年燕尾服那前简后繁的形制，在上流社会的晚宴、舞会、观剧等正式的社交聚会中派上了用场，而逐步上升为晚间正式礼服，第二次世界大战以前正式升格为晚间正式礼服，而它的形制在维多利亚时代固定下来延续至今。因此，维多利亚裁剪也和晨礼服一样成为它们的标志性特征。如果说晨礼服经历了由弗瑞克外套、乘马服到日间正式礼服“接力式”的演化过程的话，那么，燕尾服的演变就是“障碍式”的。因为，接力式是后一种礼服类型取代前一种礼服发展而来的；障碍式则是在其自身的基础上逐渐完善发展而来的。卡特林（1819年）作为初期的燕尾服，腰以上是双排扣封闭式结构，领型为功能性很强的拿破仑领，即可开关的企领，显然这是由将军大衣脱胎而来。到了中期（1854年）燕尾服腰以上变成敞式门襟，领型变成半企领。到了晚期(1990年以前），敞襟式翻领完全取代了封闭式门襟和企领样式而成为燕尾服标志性元素，单排扣戗驳领便成为礼服（从燕尾服到黑色套装）的范式（图9–1）。

1819年燕尾服的前身卡特林外套　1854年的燕尾服　1990年至今的燕尾服

图9-1　燕尾服从封闭式拿破仑领到敞襟式戗驳领的历史流变

二、燕尾服的黄金搭配、标准件与细节

（一）燕尾服的黄金搭配

燕尾服作为第一晚礼服和晨礼服一样已经完全变成了“公式化”的礼服，它只在约定的仪式上使用，如诺贝尔颁奖仪式、君主制的盛大晚宴、古典音乐晚会等（图9–2）。因此，燕尾服表现出强烈的象征意义和仪式感。正因如此其构成形式、材质要求、配色、配服、配饰均有严格限定，被视为礼服级别与搭配的典范。在邀请的柬文中注有“IN WHITE TIE”（请系白色领结）示意请着燕尾服盛装赴会，而没有此外的任何其他选择。传统标准燕尾服只有黑白两种颜色视为黄金搭配，其形制保持了维多利亚时期的传统样式，缎面戗驳领黑色上衣配双条侧章黑色西裤。双翼领、硬胸衬白色衬衫系白色领结。麻质白色方领三粒扣背心、白色手套、黑色大礼帽、晚装漆皮皮鞋和球柄手杖是燕尾服无可挑剔的组合。燕尾服背心为三粒扣方领款式，无背式燕尾服背心成为它的时尚版。裤子不系腰带，由白色吊带固定。这一切可谓燕尾服高贵而优雅的文化符号（图9–3）。

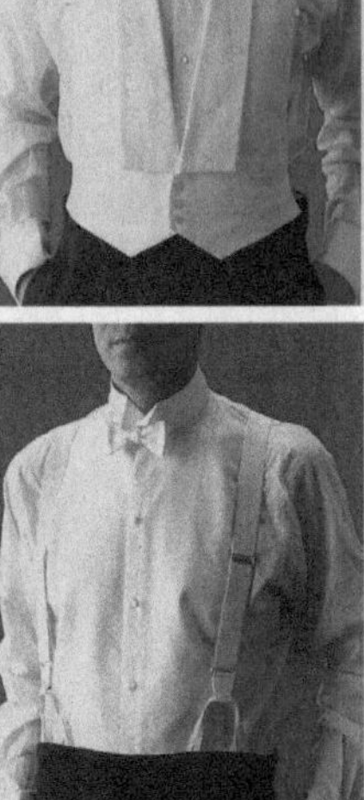

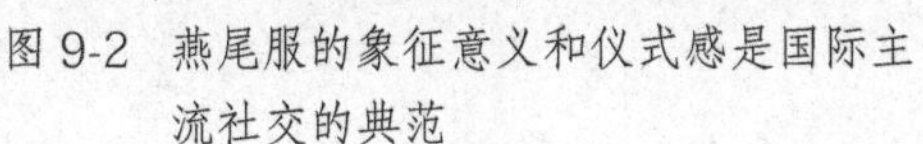

图9-2 燕尾服的象征意义和仪式感是国际主流社交的典范

图9-3 燕尾服的黄金搭配

（二）燕尾服的标准件

1. 燕尾服的结构形制

燕尾服的主体结构和晨礼服同属维多利亚裁剪风格。背部垂直及膝以中缝分成两部分，从腰至下摆作成明衩，两侧背部为刀背断。正面设计为戗驳领，并在此使用与本料同色的古典丝缎包覆。前身纽扣左右各三粒装饰扣，表现出古典外套的遗风，门襟不设纽扣，为敞式。前摆在腰部截断，长度与背心相当或稍短。袖扣以四粒或五粒为标准。裤子侧章为两条，这成为第一晚礼服的标志之一。衬衫“U”字形部分采用面料上浆硬衬工艺，双翼领的分体结构是它的传统。燕尾服的配服配饰具有专属性，特别是表示晚间礼服的双侧章裤子、白领结、漆皮鞋等不能和晨礼服交换使用，故它们被作为燕尾服的标准件（图 9–4）。

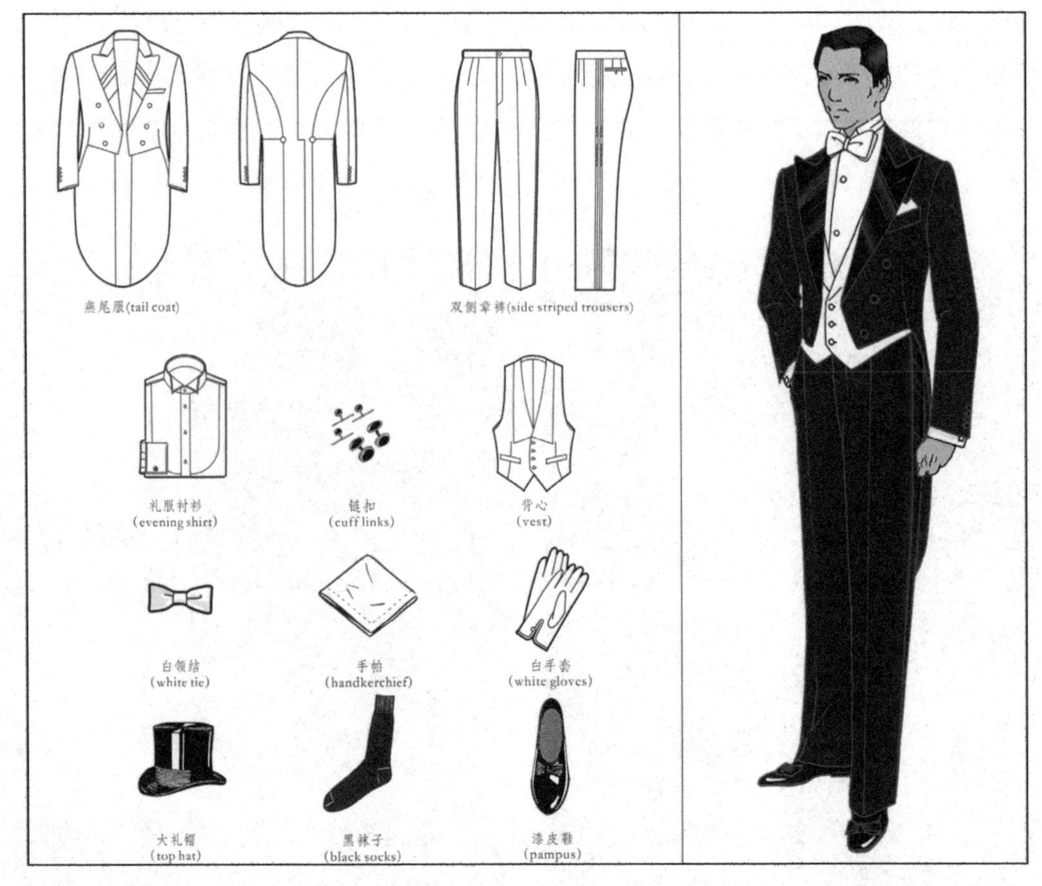

图 9-4 燕尾服的标准件

2. 燕尾服的裁剪

燕尾服的裁剪在礼服中最为复杂。后背裁片和晨礼服相同，复杂的部分是前身与后身相连接的侧身。这一部分是从前省到后刀背缝之间，这一区间要与燕尾服的侧摆部分连接，从而形成其独一无二的结构设计。另外，燕尾服在礼服中是唯一不系扣的敞式结构，故裁剪时前片较紧且搭门较小，使其成型后具有前襟似关似开的造型效果。这些被作为识别地道燕尾服重要的结构与工艺信息（图9–5）。

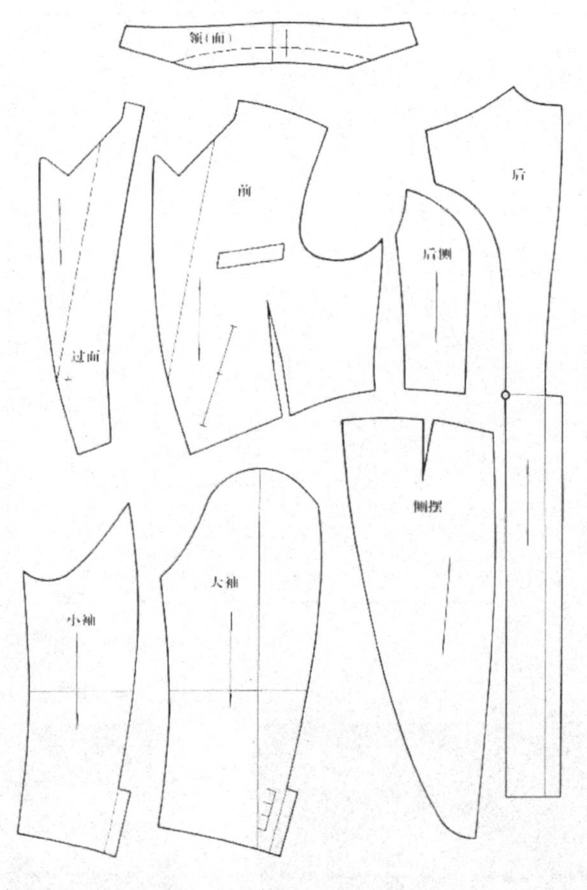

图9-5 燕尾服的标准裁片

3. 燕尾服背心

燕尾服背心为专用，它的裁剪分传统和现代改良两种结构样式，但无论是哪一种，它们都采用假领制作，这说明该背心的原始功能已经让位于礼仪象征了，即护胸保暖让位于掩饰内衣和腰部的隐私部分以示遵礼尚仪。传统的裁剪是有背裁剪，现代的裁剪为无背裁剪。有背裁剪其背心的基本功能有所保留，前身和后背要统一裁制，且前身要保留两侧口袋。无背裁剪几乎成为燕尾服表示隆重社交仪规的象征符号，背部裁片全部被略掉，和前身连接的部分是通过后颈部和腰部设计成带状结构，前身背心的口袋也被去掉外观更加规整，服装保留了覆盖腰部不宜暴露的部分提升礼仪功能（图9–6）。

4. 燕尾服的全手工制作

燕尾服的制作是全手工的，这就决定了它不可忽视的内部构造和工艺技术的传统。因此燕尾服和晨礼服一样采用定制是必需的，当然伦敦萨维尔街作为绅士服定制圣地，是最值得体验的地方。因为只有它还保持着这种传统（图9–7）。里料是以高级绸缎为总里，袖里用白色衬杉绫缎是其规范。袖筒在肋下内侧与袖窿相连处要附加两层三角垫布，以减轻腋下的摩擦，同时也兼顾了吸汗的作用。其他里部附属品（衬、牵条等）都要与外部面料风格相一致。为了使胸部产生漂亮的外观和自然的立体效果，要使用加入马尾毛的马尾衬，以增加弹性并产生容量感。驳领处（俗称驳头）采用八字形针纳缝。从背部到燕尾部分的衬布应采用宽幅锦平布或超薄毛衬，以不破坏整体的体积感（前后统一）。缝制的重点是丝缎驳领和上袖。这种全手工的传统工艺适用于所有高品质的礼服制作，如晨礼服、塔士多礼服、董事套装、黑色套装、三件西服套装等（图9–8）。

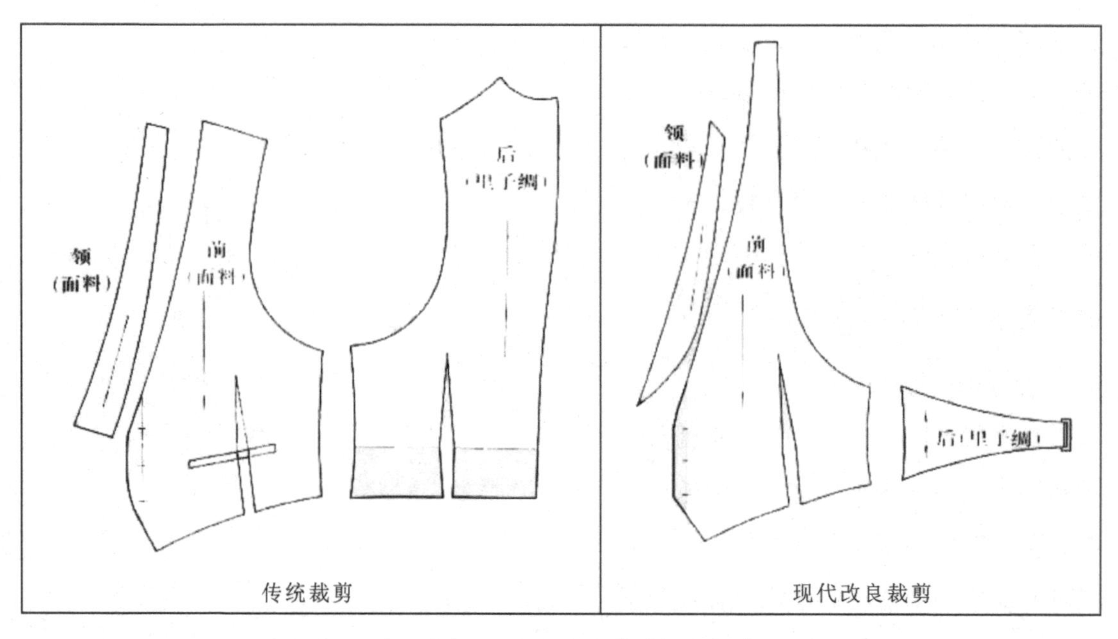

图 9-6 燕尾服背心的传统和现代改良裁片

(1) 萨维尔街

(2) 萨维尔街百年定制品牌亨利·普尔（本书作者为其合作伙伴）

图 9-7 绅士定制圣地——英国萨维尔街

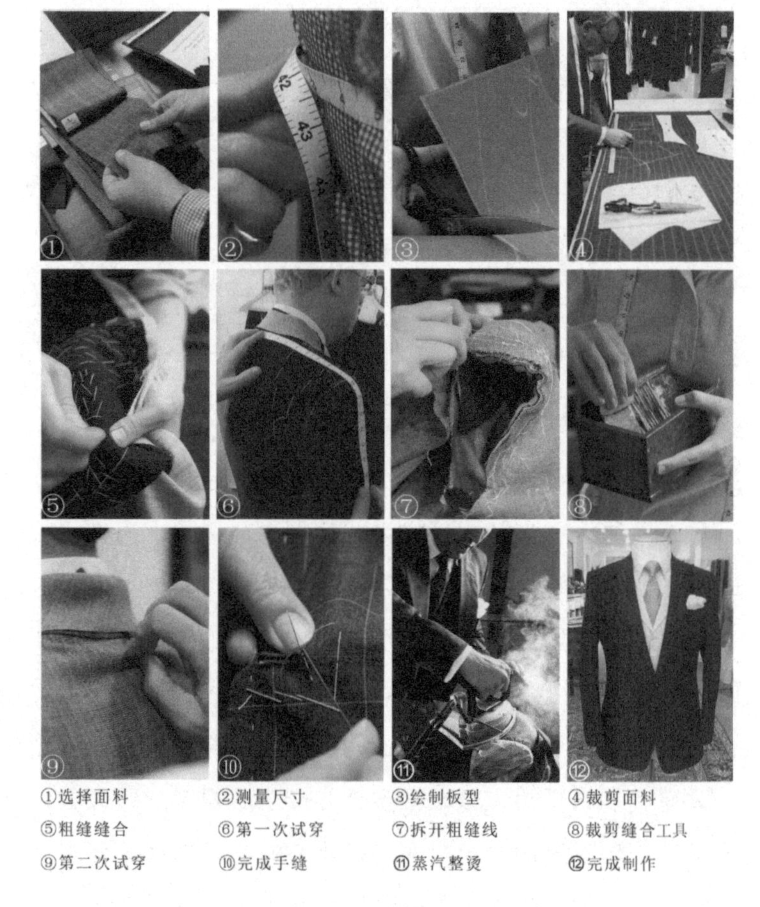

图 9-8 伦敦萨维尔街绅士服定制的手工制作流程

（三）燕尾服的细节

和晨礼服相比，燕尾服的装饰性是显而易见的，而且主要表现在它们的细节上。燕尾服的面料首选黑色，为了增加晚礼服的华丽感，驳领采用黑色的丝缎织物，使用深蓝色面料时，驳领应采用深蓝色丝缎。燕尾服常用的面料有礼服呢、驼丝锦等质地紧密的精纺毛织物，而且细致观察表面会织入或点或线的亮色织物，这是和日间礼服细微的差别。

燕尾服裤子采用与上衣同色、同质的面料。其裤裆较深是因为不使用皮带而使用吊带的缘故。裤子侧缝用丝缎嵌入两条侧章，而塔士多礼服仅有一条，据说这正好像与燕尾服白领结和塔士多礼服的黑领结相对应的考虑，但这一根据究竟出自哪里仍不得而知。在日本1940年出版的《礼仪》一书中有这样的描述：塔士多裤子虽然与绝对的礼服裤子（指燕尾服）相同，但是，侧章的宽度变窄且仅有一条。言外之意塔士多礼服和燕尾服的裤子在时间上没有什么区别，只是通过侧章的宽窄和数量区别两种晚礼服的等级形制。可见两条侧章成为燕尾服裤子所特有的识别符号，也是主流社交礼服级别可甄别的实物案例（图9–9）。

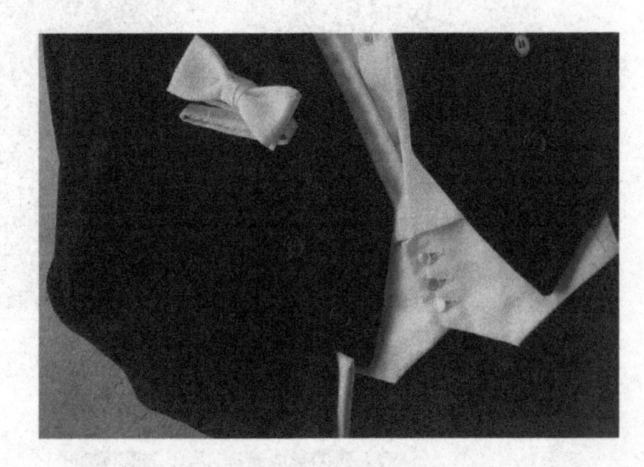

图9-9 燕尾服裤子特有的双侧章（白色背心下方）

燕尾服的主要配饰是白色领结和扣饰。领结采用麻质材料和特别的扎结方法，为了省去扎结过程有时采用成品领结，不过这总是不讲究的选择，因为打结过程是绅士礼服装扮体现优雅社交生活的重要组成部分。燕尾服的扣饰分外衣和内衣两个区域。外衣扣饰有前身左右各三粒装饰扣、后身腰部接缝交叉点设左右各一粒装饰扣、袖扣四粒或五粒，传统形式采用丝缎包裹的方法，现在流行特制的果木纽扣。衬衫上的纽扣以白色调为标准，它与白色领结相映生辉。由于衬衫胸部是暴露的，胸部三粒纽扣要与袖卡夫（袖头）上的链扣材质相同，材质通常采用贵金属钳入白色宝石或贝类。塔士多礼服衬衫是用贵金属钳入黑色宝石或贝类，这是与其黑色领结相搭配而考虑的。这几乎成为识别两种晚礼服的重要标志，也是绅士对社交级别修养的一种优雅显现。其他的饰品有怀表、白手套、白手巾，球柄手杖也是不能忽视的。用现在的眼光看，怀表和手杖可配也可不配，但配用时要用专用的，否则不用，腕表是不可以用的。球柄手杖可用，而不用勾柄手杖，因为这是燕尾服的专利，甚至手柄和杖身黑白材质的搭配都能反映着装者的礼服修养（图9–10）。

图 9-10 燕尾服配饰的细节

图 9-11 与燕尾服配套的漆皮鞋和手杖

燕尾服采用漆皮皮鞋，这也是所有正式晚礼服必须用的，也就是说，作为第一晚礼服的燕尾服和正式晚礼服的塔士多可以通用。漆皮鞋款式有两种，一是有丝结的圆口漆皮鞋，它富有装饰性；一是两接头漆皮鞋。一般前者为通用型，后者为变通型。与燕尾服配套的手杖是白金球柄黑体杖杆儿，这些细节可谓燕尾服的标配（图 9–11）。

三、燕尾服可以变通的穿法与设计

燕尾服的黄金搭配既是高贵身份的宣示，又是社交的最小风险，因此有身份的人（王室、贵族）、准绅士和社会精英都不能无视它的存在（图 9–12），在变通和设计问题上要谨慎行事是明智的。

图 9-12 燕尾服的黄金搭配

在礼服中，燕尾服可以变通的空间最小，这和它强调象征性和仪式感有关，表现在礼服上就有更多的禁忌。首先，它自身的搭配就有很多限制，如除白色领结以外不能选择领带，这种禁忌与表面上看好像是行使仪式上的精神需求，事实上它有很强的功能背景，因为扎上领带在胸前晃来晃去总是不雅观或不便于用餐。因此，即使在白天领结也会是豪华饭店服务生的标准配饰。燕尾服的上下装一般不采用搭配形式，而这在同一级别的晨礼服中是常见的。它自身的变通方法有一定的原则性，即在保持其完整性和时间性的基础上可进行有根据的设计，特别是回归传统的概念设计是有效而保险的。例如，可以借鉴传统燕尾服的合襟样式（双排扣搭门），当然这有可能变得古板，应充分利用现代的板型、工艺技术和材料科学地加以克服，如果加入运动套装西装（BLAZER）的动感元素（金属纽扣），赋予传统以新的活力。它和准燕尾服相比更具有古典韵味，也不失超越现时的前瞻性，表现出现代古典主义的风格（图 9–13）。

图 9-13 回归双门襟配金属纽扣表现出怀旧风格的燕尾服

借鉴低于燕尾服西服套装（Suit）元素的语言也是可以设计的，但要规避风险重要的是不要放弃燕尾服作为晚礼服社交的基本造型原则。例如，采用灰色三件套装格式，但要保持燕尾服的维多利亚裁剪结构，它仍然有新古典主义的味道。这其中的平驳领（非礼服常用的领型）和一粒袖扣（休闲西装多采用一粒袖扣）以及朴素的鼠灰色调（非礼服色调）并没有降低它的礼服级别和作用，而更显示出新生派绅士的创造力和想象力（图9–14）。

燕尾服的另一个变通渠道是和正式晚礼服塔士多、梅斯礼服的语言符号共用，如丝带领结、一条侧章的裤子和卡玛绉饰带这些在塔士多礼服中惯用的饰品，在燕尾服中也被解禁，但是，燕尾服黑白色搭配的惯例不能改变，要避免使用黑色领结，若用卡玛绉饰带，应用白色。这种变通有时尚绅士的暗示（图9–15）。

图9-14 借鉴西服套装（Suit）元素设计的燕尾服

图9-15 和塔士多、梅斯元素变通的概念燕尾服

燕尾服的领型也会借鉴美国版塔士多礼服的青果领款式，青果领型的燕尾服配白色卡玛绉饰带可以说是很美国化的燕尾服[1]，也标志着燕尾服简化的必然趋势，背心的简化选择最能说明这个问题。燕尾服的传统背心为方领或青果领三粒扣，领型只是流

[1] 戗驳领塔士多礼服配“U”领背心为英国风格；青果领塔士多上衣配卡玛绉饰带为美国风格。这种搭配风格反过来又影响到燕尾服

行或爱好的考虑，今天更流行方领背心（当今诺贝尔仪式上的绅士背心均为方领）。现代常用的无背式背心就是由此变化而来的，口袋也被省略掉。受此启发产生了类似卡玛绉饰带的腰式背心，使腰部三粒扣以上的部分全部去掉成为带式结构，因此，也可以认为这是燕尾服专用的卡玛绉饰带，这为直接使用塔士多礼服的卡玛绉饰带提供了可能，但需要换成白色。塔士多礼服的衬衫和黑领结客观上也可以和燕尾服搭配，但这绝对会产生“降级”或礼仪级别社交异化的暗示而带来社交风险（图 9–16）。

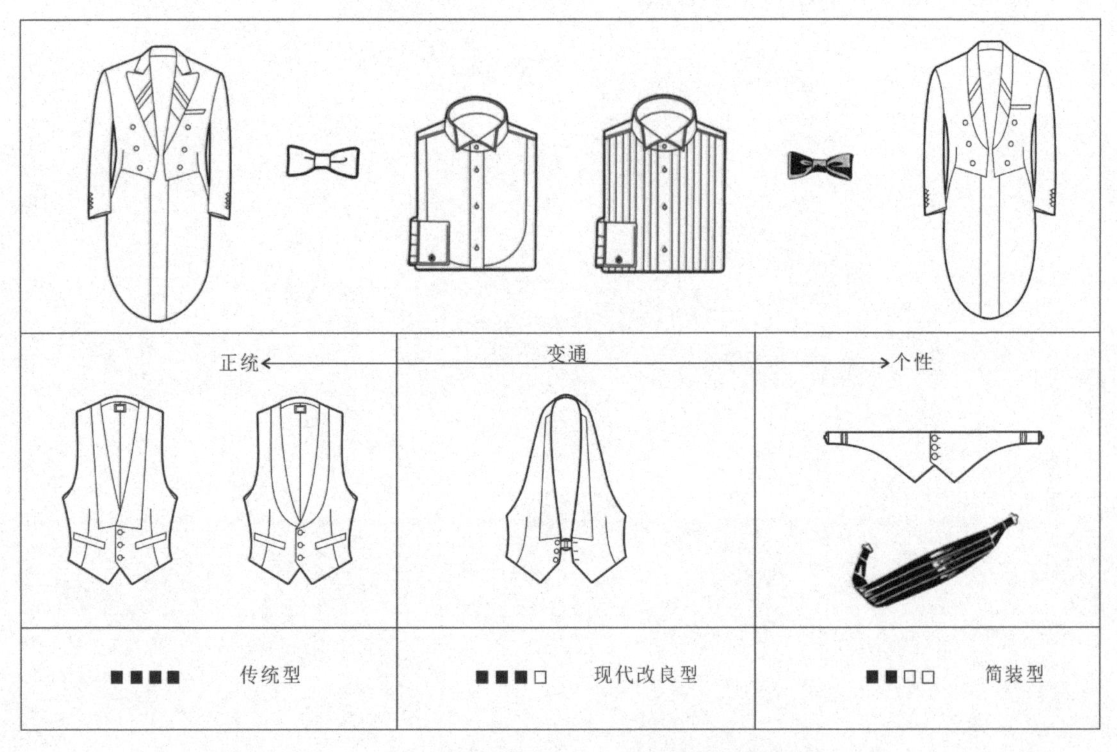

图 9-16 燕尾服和塔士多礼服元素变通的级别提示

现在燕尾服和晨礼服只用在比正式场合更高的“特定公式化社交”中，它们作为古典社交服制的载体，其中任何一个细节都保存着深厚的历史和文化信息而积淀为一种约成的社交语言。特定的外在形式总是负载和传达着某种特定的内在信息而不因为政见、身份背景和种族的不同被这个集团交流和传承着，逐渐确立有约束力的“规章”和“禁忌”，这种约束力的核心就是平等精神。所以诺贝尔章程规定：可以穿燕尾服也可以穿民族服装，而结果都选择了燕尾服，这足以说明，这种“约束力”不可抗拒的魅力。在国际着装规则（THE DRESS CODE）中构成古典社交服制的具体要求，如“IN WHITE TIE”（直译是系白领结）是指燕尾服，说明这样场合极其隆重且对时间和受邀人有严格的着装限制。燕尾服作为晚间第一礼服，由于特殊礼仪传统规范的制约，其构成形式、材质要求、配色、配服、配饰均有严格限定，被视为礼服格式化的典范，在礼仪规范和形制上具有很强的规定性，这种限定性表现为其组成元素都具有特定信息的传达功能和规定样式。服装的社交语言，所传达的符号性和程式化信息，形成了约定俗成的潜规则，被普遍认可和接受。礼仪规制正是这样一个主流文化经过历史长期发展而逐渐累积形成的一种社交密码系统，在这系统中，即便有轻微的改动也会显得很扎眼，因为在这个集团内部的“传达形态符号系统”中不变是硬道理。可见燕尾服和晨礼服在社交中追求不变的境界是有其深刻的社会伦理精神。因此，变通和设计会存在风险，而且级别越高风险越大。

第十章

礼服细节决定社交成败

男装礼服的发展是缓慢的，这和它保持了相当多的禁忌有关。犯忌在社交圈里可以说是“游戏规则”的缺失，没有了规则，游戏就会变得庸俗不堪，这就是礼服禁忌可以维系绅士风度的原因所在。而真正懂得礼服的艺术，要看会不会把“细节”用尽，但这不意味着循规蹈矩，而表明是否能驾驭礼服的“矜持”修养。

一、礼服的变通规则与禁忌

礼服的等级性是显而易见的，即使在同一级别的盛装场合，也会有多种多样的风格，同时，还要对聚会的情景、规格、规模、活动项目等要有大概的了解。以正式的社交邀请为例，谁在什么位置、大约多少人前往、都是一些什么背景的客人、谁是最重要的嘉宾、举行什么样的仪式、主人是谁、与主人的关系如何等，越是主要角色越重要，与主人的关系越密切就越谨慎。斟酌上述条件，大致就可以决定礼服格式了。一般来说，过分的便装化比过分的正装化出现的差错概率高，这是主流社交的基本原则。根据这个原则，礼服的变通技巧可以采用高一级别的语言符号向低一级别流动，反之，则不易被接受。塔士多礼服是由简化的燕尾服语言构成的；董事套装是由简化的晨礼服语言构成的，而将简化的礼服语言再返回到第一礼服中就显得不够讲究，如燕尾服使用塔士多礼服有胸褶的衬衫、无领背心等，相反塔士多礼服借用燕尾服的衬衫和背心就可以畅通无阻，这就是就高不就低的社交原则。第二个技巧是，不限制相邻等级礼服的语言流通，但必须在同一系统中组合才通畅。如燕尾服和晨礼服虽属同一级别但不属同一系统（昼、夜两个系统），它们的配服、配饰决不能交换使用。因为，这种组合完全打破了礼仪级别的基本原则，会造成社交时间的混乱而使判断失误，而且，礼服的级别越高，这种限制就越严格。同属准礼服的塔士多礼服和董事套装之间仍保持着这种戒律，如塔士多上衣配董事套装的条纹裤，董事套装上衣配有侧章的西裤；塔士多的卡玛绉饰带与董事套装的背心交换都是难以接受的。然而，燕尾服和塔士多礼服，晨礼服和董事套装之间虽有等级区别，但因处在同一时间系统，它们就可以变通使用配服、配饰。不过具有标志性的配饰和标准色仍要固守，如燕尾服的白色领结、背心和塔士多礼服的黑色领结、背心（图 10–1）。

作为标准礼服的黑色套装由于它的“中庸”性而表现出全天候的变通特点，使“上一级向下一级流动”和“相邻元素的互相流动”的变通技巧更加灵活，但时间的一致性仍要固守。首先它可以容纳相邻的塔士多礼服和董事套装的所有语言符号，但仍不能超越各自的时间语言系统。如黑色套装既使用塔士多的语言元素又吸纳董事套装的造型符号，像着黑色套装系黑色领结配黑灰相间的条纹裤是很糟糕的组合，这不仅丧失了礼服优雅高贵的全部意义，也是对成功社交形象的全部否定。因此，黑色套装自身的“中庸”性表明没有时间倾向，就是说它可以在白天也可以在晚间使用。当它选择时间性时，就可借用相邻的有时间性的礼服元素，而时间的“昼夜”系统不能混淆，

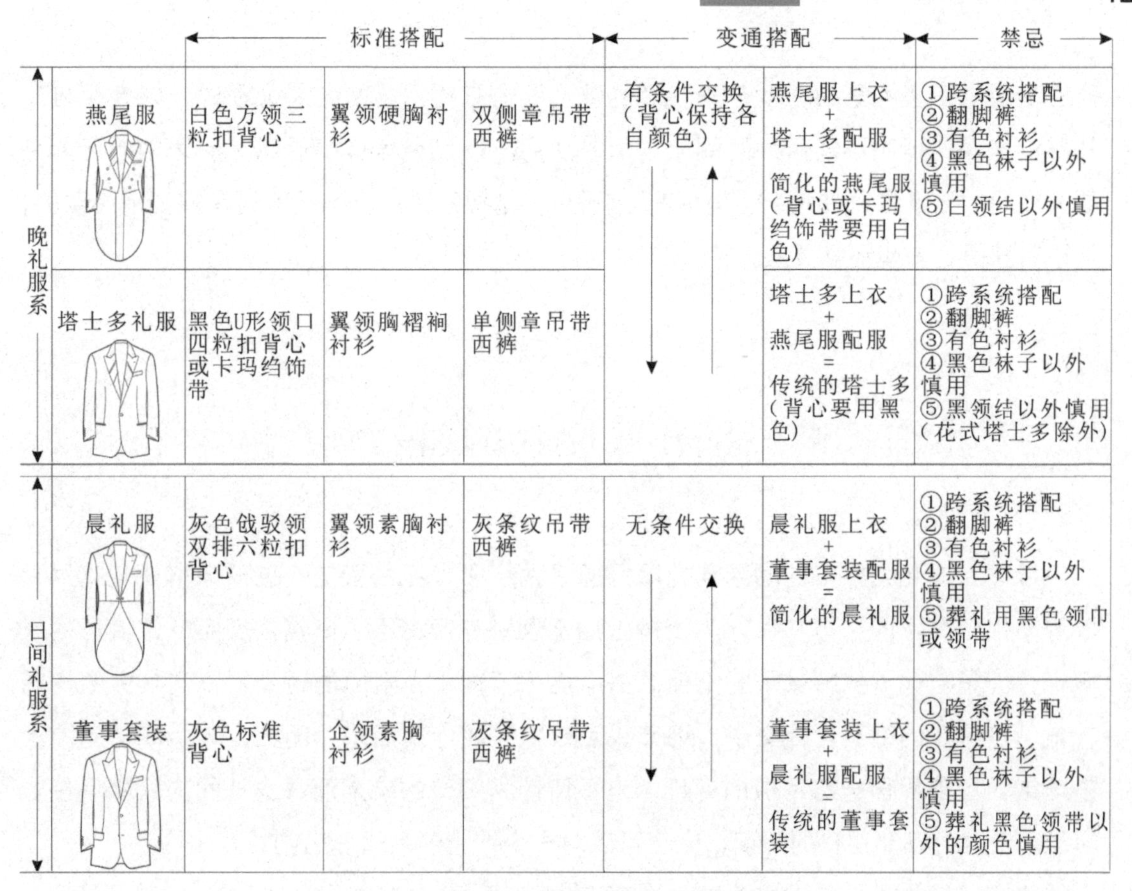

系别	礼服	标准搭配			变通搭配		禁忌
晚礼服系	燕尾服	白色方领三粒扣背心	翼领硬胸衬衫	双侧章吊带西裤	有条件交换（背心保持各自颜色）	燕尾服上衣 + 塔士多配服 = 简化的燕尾服（背心或卡玛绉饰带要用白色）	①跨系统搭配 ②翻脚裤 ③有色衬衫 ④黑色袜子以外慎用 ⑤白领结以外慎用
	塔士多礼服	黑色U形领口四粒扣背心或卡玛绉饰带	翼领胸褶裥衬衫	单侧章吊带西裤		塔士多上衣 + 燕尾服配服 = 传统的塔士多（背心要用黑色）	①跨系统搭配 ②翻脚裤 ③有色衬衫 ④黑色袜子以外慎用 ⑤黑领结以外慎用（花式塔士多除外）
日间礼服系	晨礼服	灰色戗驳领双排六粒扣背心	翼领素胸衬衫	灰条纹吊带西裤	无条件交换	晨礼服上衣 + 董事套装配服 = 简化的晨礼服	①跨系统搭配 ②翻脚裤 ③有色衬衫 ④黑色袜子以外慎用 ⑤葬礼用黑色领巾或领带
	董事套装	灰色标准背心	企领素胸衬衫	灰条纹吊带西裤		董事套装上衣 + 晨礼服配服 = 传统的董事套装	①跨系统搭配 ②翻脚裤 ③有色衬衫 ④黑色袜子以外慎用 ⑤葬礼黑色领带以外的颜色慎用

图 10-1 第一礼服和正式礼服的变通规则与禁忌

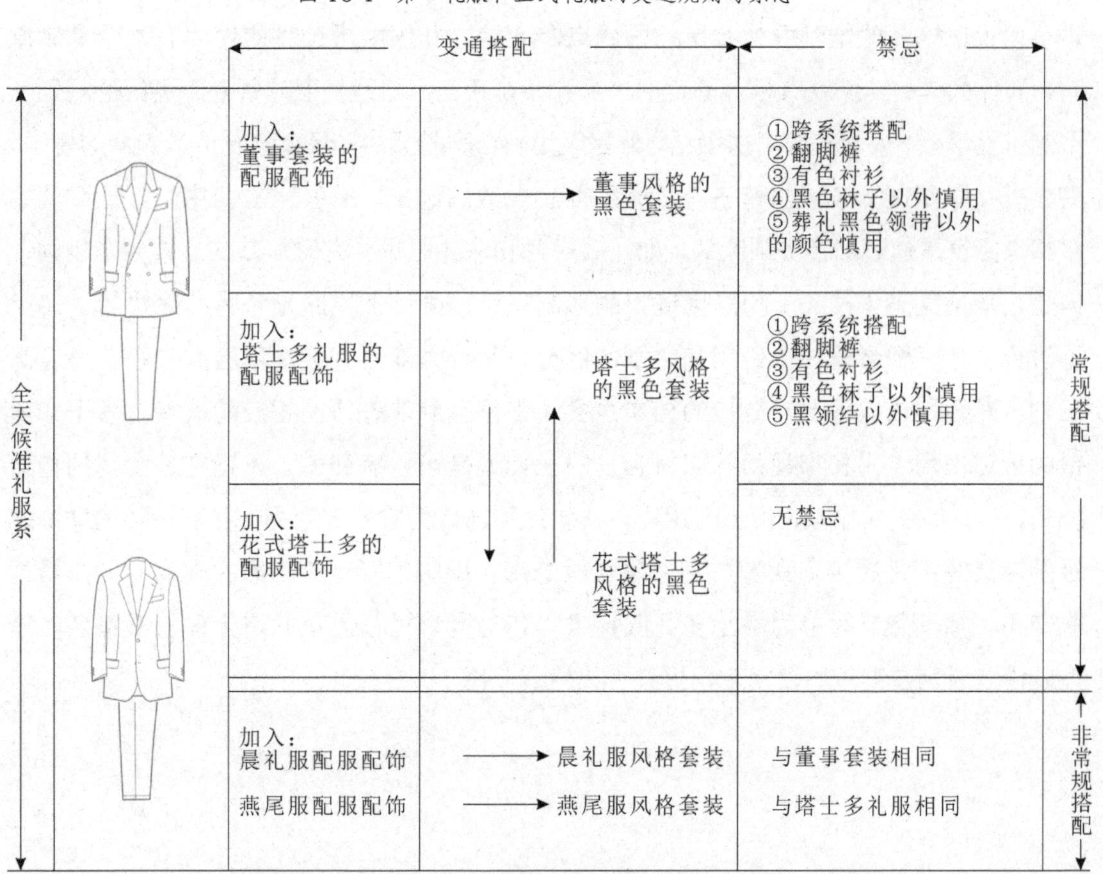

系别	变通搭配		禁忌	
全天候准礼服系	加入：董事套装的配服配饰	→ 董事风格的黑色套装	①跨系统搭配 ②翻脚裤 ③有色衬衫 ④黑色袜子以外慎用 ⑤葬礼黑色领带以外的颜色慎用	常规搭配
	加入：塔士多礼服的配服配饰	塔士多风格的黑色套装	①跨系统搭配 ②翻脚裤 ③有色衬衫 ④黑色袜子以外慎用 ⑤黑领结以外慎用	
	加入：花式塔士多的配服配饰	花式塔士多风格的黑色套装	无禁忌	
	加入：晨礼服配服配饰	→ 晨礼服风格套装	与董事套装相同	非常规搭配
	燕尾服配服配饰	→ 燕尾服风格套装	与塔士多礼服相同	

图 10-2 准礼服黑色套装的变通规则与禁忌

当它借用塔士多元素时，就产生晚装的味道；当它借用董事套装元素时，就产生日间礼服的格调，但决不能两种时间元素同时使用。在黑色套装中使用其他级别的元素只要有时间的暗示也是如此（图 10-2）。可见，掌握系统广泛的礼服语言规则是必要的，但没有获得之前也还需要交一些社交实践的“学费”。

二、小饰品细节是礼服成功的秘籍

以绅士文化为核心的国际化礼服经历了两个多世纪的积淀，已形成格式化格局，表现出相当稳定的形态和秩序。流行因素不仅对它产生不了影响，反而成为流行的风向标，伯恩哈德·罗特兹干脆把他的书命名为《绅士，永恒的时尚》，这其中的秘籍就是“矜持”的细节，社交中“细节决定成败”便由此而来。因此，一个成功的绅士宁可饱尝社交界保守与呆板的评价，也不能因为细节的疏漏而丧失“圈内”的信任。可见，通过对细节秘籍的解读，完全可以对一个绅士的品质作出判断。

小饰品是礼服的重要组成部分，从某种意义上讲，没有饰品的加入就没有礼服可言，也可以说，饰品的恰到好处，是礼服的点睛之笔。礼服中小饰品的使用有一个基本原则，即什么样的礼服就有相对固定的饰品和装饰手法。这是礼服“番制”通行的规则，不能张冠李戴，如晨礼服用白领结，燕尾服用阿斯科特领巾；董事套装用带侧章的裤子，塔士多礼服用斑马条纹的裤子等，这是彻底失败的选择，有失水准的搭配。礼服的等级和考究也是通过细节去判断的。如礼服衬衫和非礼服衬衫有时从款式上看完全相同，但是，从袖克夫（袖头）和采用链扣的形制就可以大体上判断是否为礼服衬衫、讲究不讲究。为了配合链扣的使用和级别的区分，又分为双层克夫、单层克夫和普通克夫三种，其级别依次降低，链扣的档次也会从奢侈品到非奢侈品相应的改变。领子和前襟的配饰采用专用扣饰视为礼服衬衫，领子如果是可以装卸的，无疑它是传统的构造样式，且只有正式礼服才能派上用场，必要的扣饰成为它的专属品。礼服衬衫的胸饰，级别越高装饰性越少，素胸衬衫由晨礼服专用、硬胸衬衫（U 字形的硬胸衬）由燕尾服专用、褶裥胸饰衬衫为塔士多礼服标准、花边胸饰衬衫为花式塔士多礼服特色。领型越传统级别越高，翼领比企领更具古典格调（图 10-3）。

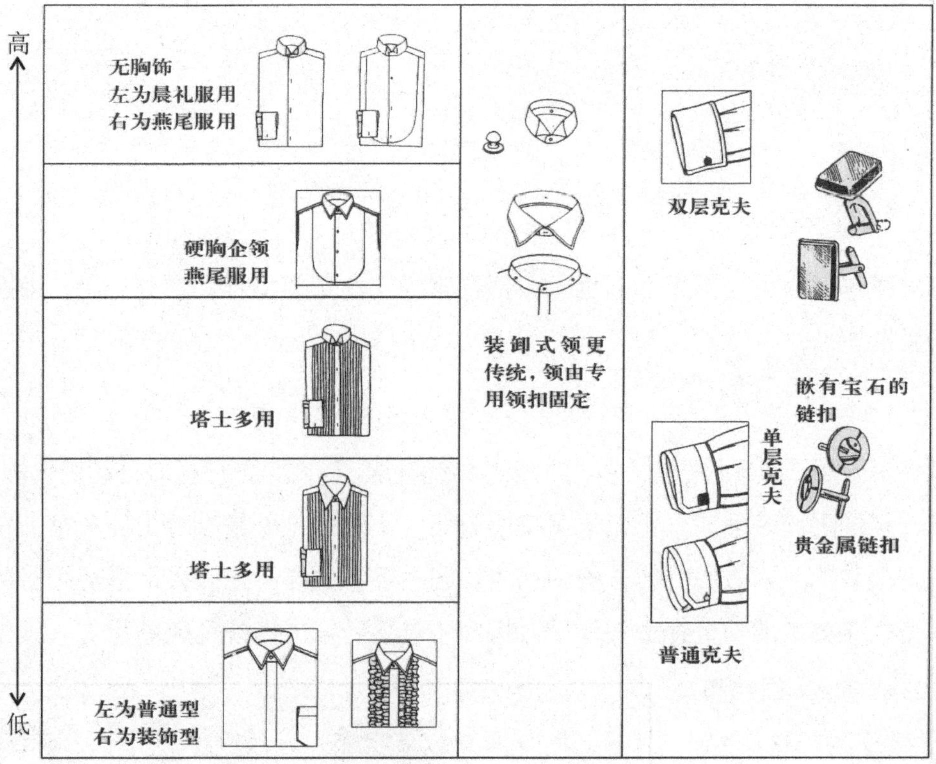

高

无胸饰
左为晨礼服用
右为燕尾服用

硬胸企领
燕尾服用

塔士多用

塔士多用

左为普通型
右为装饰型

低

装卸式领更传统，领由专用领扣固定

双层克夫

嵌有宝石的链扣

单层克夫

贵金属链扣

普通克夫

图 10-3 礼服衬衫利用细节元素规划其社交取向

绅士的“纯度”取决于饰品的纯度，社交级别越高纯度越高。“纯度”是指采用天然材质的程度和手工艺的含量。材质和手艺的“纯度机制”，都是为了降低饰品的“光辉”，这或许就是礼服细节的成功之谜。以礼服用扣饰品为例，其材质主要是宝石和贵金属，如黄金、白金、银、珍珠、玉石、绿松石、水晶、钻石以及白色、黑色的贝类。

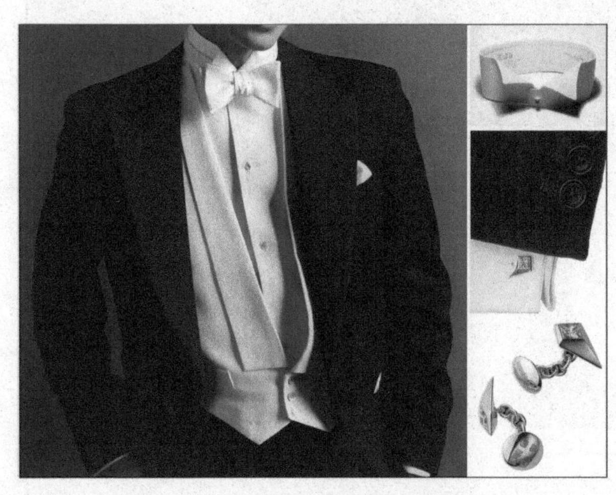

图 10-4 材质和手艺的“纯度机制”是为了降低饰品的“光辉”

不同的礼服对扣饰品的材质有不同的选择，一般像燕尾服、晨礼服和严肃风格的礼服，多采用白色材质，如珍珠、白金、银、白色蝶贝等。花式塔士多礼服（因含娱乐性）多采用有色材质，如各种宝石、金银、黑色蝶贝等。需要注意的是，除私人聚会的花式塔士多礼服以外，要尽量避免过分华丽，特别是人造饰品在高端的礼服中被禁用（图 10–4）。

三、礼服的领饰和饰巾

（一）领饰

领饰既是礼服的视觉中心，也是识别礼服级别的重要指标。它分三种，即领结、领巾和领带。

1. 领结

领结主要用于燕尾服、塔士多礼服等各种晚礼服。款式分方形蝴蝶结和菱形蝴蝶结，打结方法相同。简装形式也可以采用成品领结，不过，这不是准绅士的风格。从领结短小的造型我们可以看出它属于晚间元素，因为晚上的宴会比较多，搭配细长的领带很容易使领带的尖端部分掉进餐盘里，极为不雅，所以成为晚礼服的标志。领结大致可分为白领结、黑领结和花式领结三种，白领结与燕尾服搭配，成为燕尾服的代名词，黑领结与塔士多礼服搭配，是塔士多礼服的标准元素，花式领结往往与花式塔士多礼服搭配，有非正式或娱乐场合晚礼服的暗示。因此，主流社交的组织者为告知与会者的得体着装，请柬上往往会注明“请系白领结”或“请系黑领结”的字样，就是提示参与者的着装为燕尾服或塔士多礼服，如果没有按要求赴邀后果会很严重，甚至被拒之门外（图10-5）。

图10-5 领结的礼仪级别、系领结步骤及着装实例

2. 领巾

阿斯科特领巾（Ascot Tie）主要用于晨礼服或董事套装，它的标准结构是将中间部分折成若干褶裥车缝固定并烫熨平整，两端自然散开。成品在专用男装店有售，高端制品也会采用定制。打结方法分交叉法亦称蝉型巾和悬垂巾两种，最后要用专用的扣针固定。在礼服中领带与阿斯克领巾为白天的搭配元素，领带以银灰色礼仪级别最高，往往与晨礼服和董事套装搭配。阿斯克领巾产生于19世纪末的英国，名字来源于皇家赛马会（Royal Ascot），由此决定了它的贵族血统。其扎法类似领带但比领带要宽松，与礼服搭配扎在翼领衬衫的外面，用镶有宝石或金银球饰针进行固定。这些除了提示它是日间礼服外，也是地位和身份的象征。起初它主要用于日间正式场合，比如结婚仪式、典礼仪式等，后又推广到休闲社交中，成为日间非正式场合的绅士标签。其系扎的方法也由衬衫领的外面移到了里面，以暗示这是一种讲究的休闲风格（图10–6）。

图10-6 阿斯克领巾的饰针、系扎方法和着装实例

3. 领带

领带也表现出礼服的通用领饰，主要用于董事套装和黑色套装，当与晚礼服塔士多搭配时要选择有光泽的材质。领带对于衬衫领的适应性很大，这时由于衬衫领型有不同的变化，也丰富了领带的打结方法，主要分细结法、宽结法和中庸法。根据打结的形状，通常情况下，翼领采用细结法，这主要考虑翼领翻出的领角部分较小。宽角企领多采用宽结法，宽结法是19世纪末艺术家身份的象征，由英国温莎公爵所创，也称温莎结，表现出庄重、敦厚的风格，故它们的组合很有些训诂的传统遗风，因此，备受保守派政治家和正统绅士的青睐。中庸法领带作为任何一种领型都适用，可以说它是“万能”的打结方法。在礼服中固定领带也有专用扣针（与卡玛绉饰带相同），一般不用领带夹❶（图10–7）。

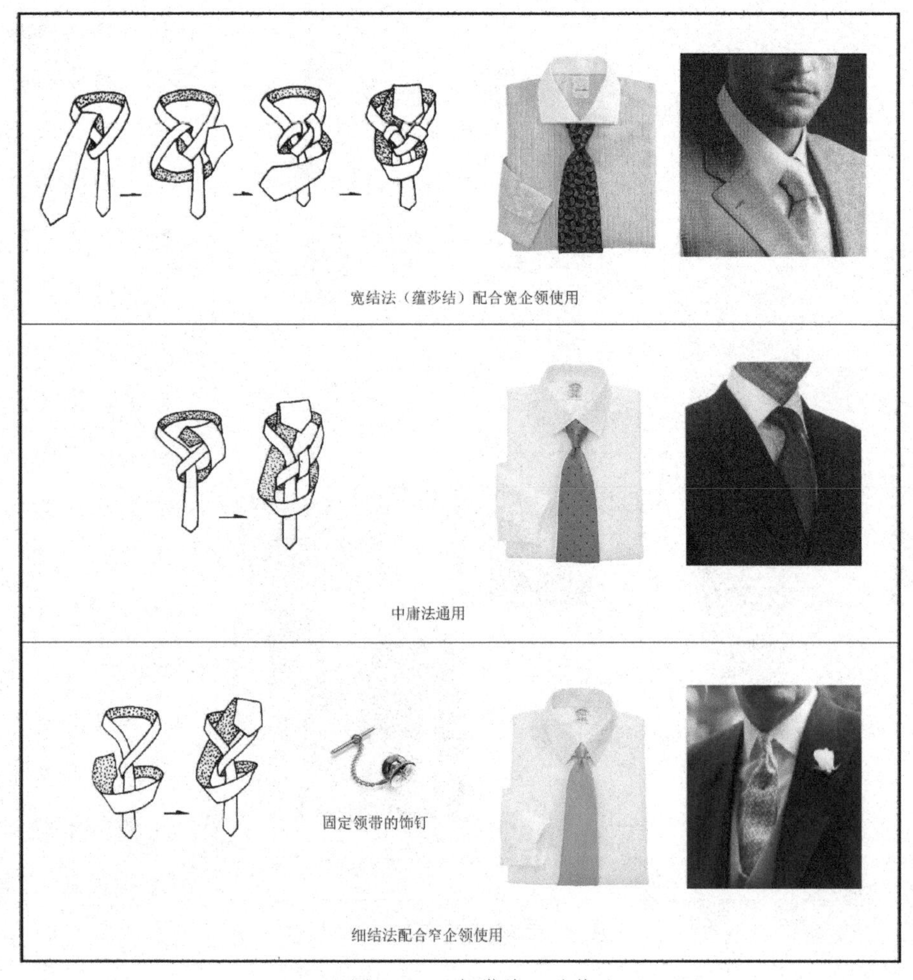

图10-7 领带的三种扎法

❶ 领带夹用在非礼服的领带中，如西装。

（二）饰巾

饰巾是与礼服左胸手巾袋配合使用的。一般它主要起装饰作用，在礼服中均以白色为首选，在花式塔士多和黑色套装中，随着领结、领带花色的改变而改变。在娱乐性礼服中，包括花式塔士多三个层次的礼服，领饰、背心（或卡玛绉饰带）和饰巾的配色形成三位一体的定式。饰巾在装饰手法上，可根据级别和娱乐、严肃的程度以及穿衣人的性格爱好加以变通。装饰形式分为平行巾、三角巾、两山巾、三山巾和自由巾。平行巾为最一般形式，也是最严肃的一种；三角巾也属此类为标准型；两山巾和三山巾为华丽型，在礼服中应用普遍；自由巾又分自然型和圆形两种，多用于娱乐型礼服和个性化搭配。它们各自的折叠方法都不相同，自由巾多随意而作（图 10–8）。

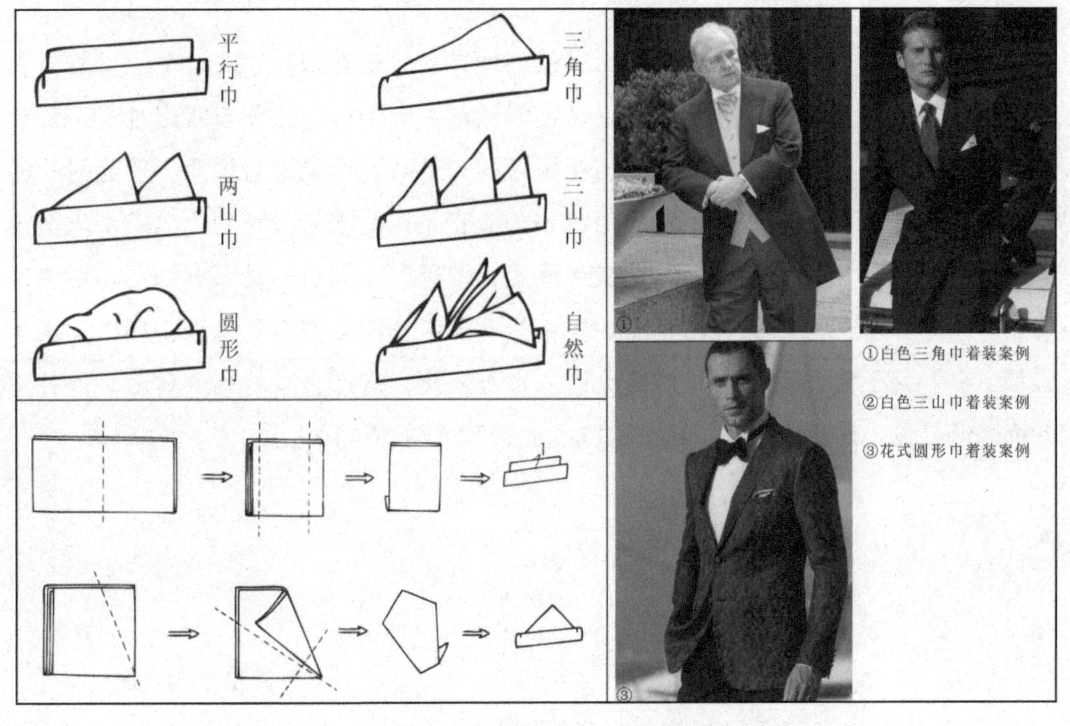

图 10-8 饰巾的六种形式及常见的两种折叠方法

四、礼服衬衫

礼服衬衫根据适用时间的不同，分为日间礼服衬衫和晚礼服衬衫；根据隆重和讲究的程度，领型分为翼领和企领，袖卡夫分为双层卡夫和单层卡夫衫。日间礼服衬衫由于穿着时暴露较少，款式造型简洁，胸前没有任何装饰物，故称素胸衬衫；晚礼服衬衫穿着时暴露较多，胸前有U型硬衬胸挡或竖向褶裥装饰。尽管白衬衫在礼服中为必选，但领口和袖口为白色，衣身为浅蓝色的牧师衬衫也不失为一种很有个性或社交取向的选择，因为它是美国精神（冒险精神）[1]的经典，与晨礼服、董事套装和黑色套装搭配是一种崇尚美国文化的个性社交取向，值得注意的是它只用在日间礼服搭配，不与晚礼服组合。翼领衬衫是礼服衬衫的古典版，有“崇英”的暗示。衬衫袖卡夫有单层和双层之分，双层袖卡夫为法国式，因为它繁复而显隆重而正式。它们都需要与贵金属制作的链扣配合使用，礼仪级别上双层总是高于单层卡夫。礼服衬衫胸前的纽扣多用宝石、贵金属制品，燕尾服强调白色基调，塔士多礼服则是黑色基调。另外，选择国际品牌的衬衫或定制很重要，因为它可以保证领口和袖口部位露出外衣在2cm以上，这是绅士服装高贵品质的重要指标（图10–9）。

双层袖卡夫和卡夫链扣是彰显绅士品位的地方，也是礼服衬衫的标志。尽管卡夫链扣体积小，但会提高整体着装形象。在礼服衬衫中卡夫链扣必须与双层袖卡夫配合使用，当然根据礼服级别的降低也可与礼服衬衫的单层袖卡夫配合使用。普通衬衫的单层袖卡夫由于结构的改变而不能使用链扣，故它不在礼服衬衫范围之内。卡夫链扣是将两端扣饰通过中间的连接柱状或链条固定，使用时才与双层袖卡夫结合，不使用时卸下，这也是男人首饰的突出特点。各种造型的卡夫链扣都有如马型、狗型、鱼型贵金属、各种宝石制作而成，其价格比衬衫本身还贵，当然也有朴素的材质，但并不因此而降低品位，这或许就是男人驾驭饰品的智慧（图10–10）。

五、礼服背心与卡玛绉饰带

背心（Vest）大约产生于17世纪，当时它与外衣究斯特克组合使用，有袖有领，衣长略短，穿着时扣子多被系上，不系外衣纽扣成为习惯。这种习惯，甚至到今天还在沿袭着，从燕尾服、晨礼服到塔士多礼服、梅斯礼服、董事套装都是如此。这或许就是从古老的习惯变成今天社交规制最有力的证据。到了18世纪，究斯特科被禁止使用华丽面料和过分装饰，于是穿在里面的背心便成为装饰重点，常采用织锦缎等华丽

---

[1] 牧师衬衫是20世纪初，美国蓝领阶层梦想进入白领阶层，崇尚上层社会生活的一种嫁接式的模仿而创造的白领、白袖头搭配蓝色衣身的“牧师格式”。后来在时尚界盛行并成为一种激进的范式，反过来又影响到上流社会。这对传统的绅士看来是有风险的但又充满了个性的魅力。

图 10-9 晚礼服衬衫和日间礼服衬衫细节的风格取向

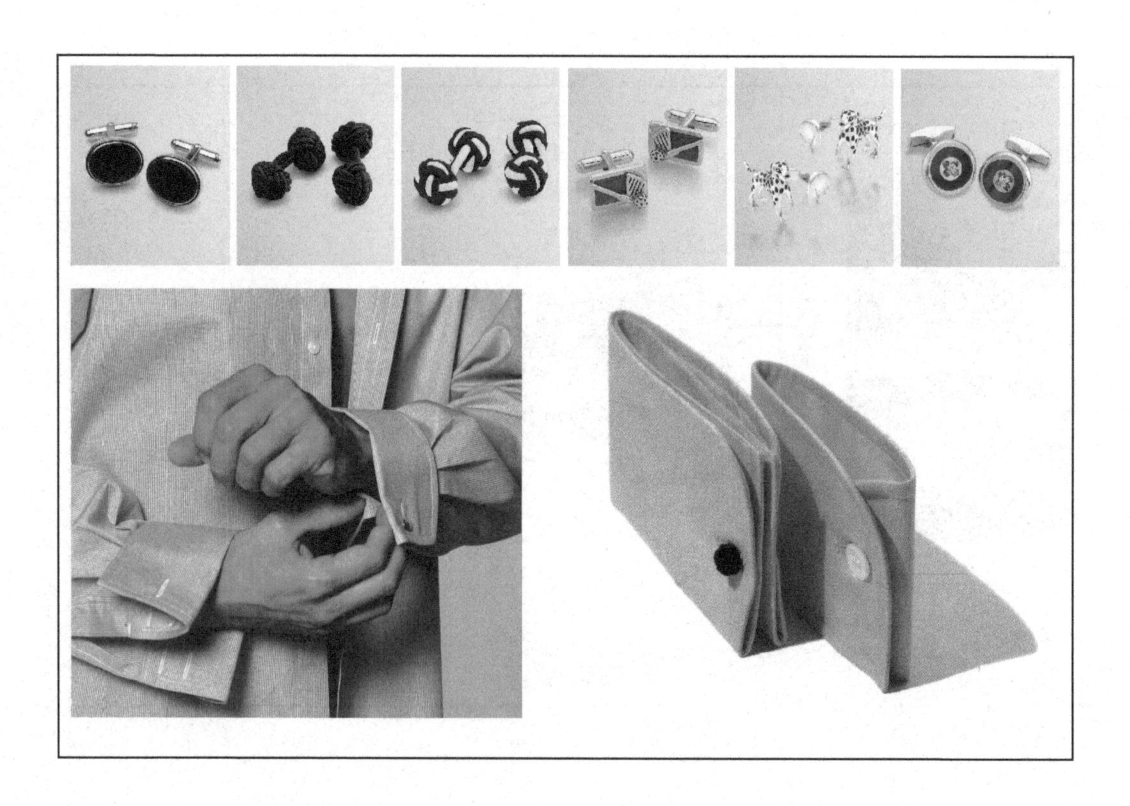

面料。然而处于经济考虑，贵族们便把背心露在外面的前片用华丽面料而看不见的后片用里子绸来制作，这样既节俭又穿脱自如（里子绸的滑爽所致）。后来演绎成保护隐私（使腰带不暴露）升格为考究的符号。这种习惯在主流社交界一直延续至今，有“崇英”的暗示。当然，今天的背心用途更为广泛，只有在西服套装中常采用同质同色的面料来制作上衣、背心和裤子，称为三件套，可以说它是究斯特科时代的活化石。2010年英格兰征战世界杯时队服，一色的三件套西服套装，体现出英国人的绅士品质，而灰色三件套的阿斯克特晨礼服揭开了这个谜底。因此背心总是有“崇英”的社交取向（图10-11）。

图10-11 2010世界杯英格兰队的灰色三件套西服套装队服总是和阿斯克特晨礼服如影随形

现代意义上的背心可以称得上是个大家族。具体到礼服背心就有明显的规则要求：从时间上划分为日间礼服背心和晚间礼服背心；从款式上又有单排扣和双排扣的区别；从风格上又有传统版和现代版的表现。晨礼服和燕尾服的礼服背心都属传统版，有领背心是它们的一大特点。燕尾服礼服背心领子开得很深，便于露出穿在里面华丽的衬衫胸饰，背心底边要露出燕尾服正面底边的一小部分，从外观上显得更有层次感。晨礼服礼服背心相对保守，为单排扣或双排扣的高开领款式。

卡玛绉饰带是背心的简化形式，是晚礼服塔士多标志性配饰。它来源于印度男子的腰封，当时英属印度殖民地里的英国士官们参加晚宴穿着背心太热，于是他们借用印度男子的腰封来代替背心，既能遮盖住裤腰部位不失礼节又避免了炎热带来的不适。而这个传统是被美国人发扬光大的，它与塔士多和梅斯搭配成为美国风格的晚礼服。董事套装和黑色套装的背心被视为标准版背心，为单排六粒扣四个口袋。在董事套装中，背心的颜色沿袭了晨礼服的习惯，采用灰色系是明智的，而且不能与卡玛绉饰带交换使用。因为它们代表着礼服不同的时间系统。三件套西装的背心和上衣、裤子是一致的，它可以和卡玛绉饰带（多为花式卡玛绉饰带）交换使用，是因为三件套西装为全天候的准礼服，即中性礼服，当它与卡玛绉饰带搭配时，意味着它变成了非正式的晚礼服，而且这种搭配适用于黑色套装以下的所有西装，此称娱乐版花式塔士多。可见礼服中细节的礼仪级别知识也是一个准绅士必备的功课（图 10-12）。

六、不容忽视的礼服细节

在礼服社交中惯常的细节是不会被忽视的，往往是那些认为不可能出错的地方易出问题，如礼服的纽扣、表、手杖、帽子、裤子吊带等。

（一）礼服上衣的纽扣

礼服中纽扣的形制有微妙的差别，但它传递的信息很重要，如时间信息、身份信息等。燕尾服和塔士多礼服纽扣的材质和加工方法是相同的，不过选择时有气氛和风格上的区别，传统或华丽风格的设计，纽扣一般用与包覆驳领的绢丝缎相同的面料包裹，当然包括袖子上的所有纽扣都要包裹，作为梅斯礼服在内的其他晚礼服也习惯于包扣处理。晚礼服背心纽扣用此方法也是常见的，其目的主要是为增加晚装的华丽气氛，因此日间礼服不会使用。作为晚礼服，为了强调它的严肃性也可以不用包扣的手法而

图 10-12 从背心的细节识别礼服的级别和时间

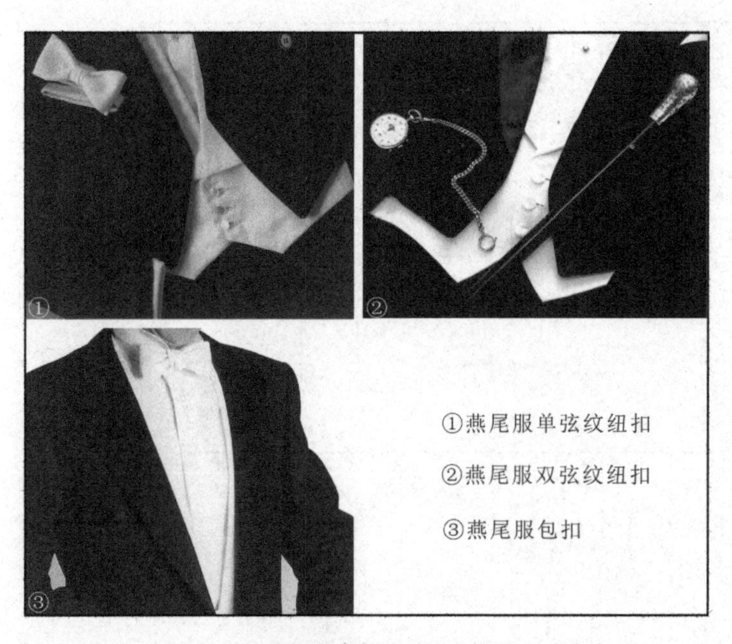

图 10-13 燕尾服中的单弦纹、双弦纹和包扣

用天然的果木纽扣，这也是现代晚礼服简化的一个趋势。细心绅士还注意到果木纽扣上的单道凸起的弦纹和双道凸起的弦纹是有精致的考虑，双弦纹总是有“讲究”含义的。单弦纹纽扣、双弦纹纽扣和传统包扣在燕尾服中出现表现出它们不同的品格（图10–13）。

纽扣的数量在礼服中也是很程式化的。燕尾服是不合襟结构，门襟也就不设纽扣，但有六个装饰扣，这显然是双排扣外套的残留，从功能语言变成了格式语言；晨礼服是可以合襟的，所以门襟纽扣被保留下来，但只有一粒没有任何装饰扣。通过第一礼服纽扣数量的比较，我们可以发现非常有价值的东西：燕尾服的装饰纽扣多于晨礼服的功用纽扣，说明前者的娱乐性因素大于后者，后者的严肃性大于前者，这就是晨礼服可以成为葬礼服而燕尾服则不能的重要原因。

正式礼服也有这种表现，塔士多礼服前门襟为一粒纽扣，通常是和两边双嵌线口袋配合的；董事套装的门襟扣为两粒是配合两边加装袋盖的口袋设计。显然，这是娱乐性礼服和公务性礼服的区别。在礼服中袖扣是有其共通性的。一般是有四粒和五粒扣的选择，这要取决于手臂的长短，所以欧洲人多用五粒，亚洲人多用四粒。少于三粒扣时（一粒或两粒）则表现出前卫、个性、叛逆的趣味，如果我们在西装这个系统中梳理出从正式礼服、标准礼服到普通西装纽扣分布规律的话可以得出这样一个程式：礼仪的级别越高，礼服的门襟扣越少，袖扣越多；越接近休闲西装也就是礼仪级别越低，上衣的门襟扣越多袖扣越少。这是一个关于礼服纽扣社交规则的真实案例（图 10–14）。

（二）礼服中的表

在礼服中佩戴什么表是最容易被忽视的，因为，礼服佩戴什么表在现代人看来最不需要思考的问题，那就是平时戴什么表就戴什么表。然而这是有社交风险的，且身份越显赫风险越大。有一个基本原则是不变的，就是英国名绅柴斯特菲尔德对他儿子

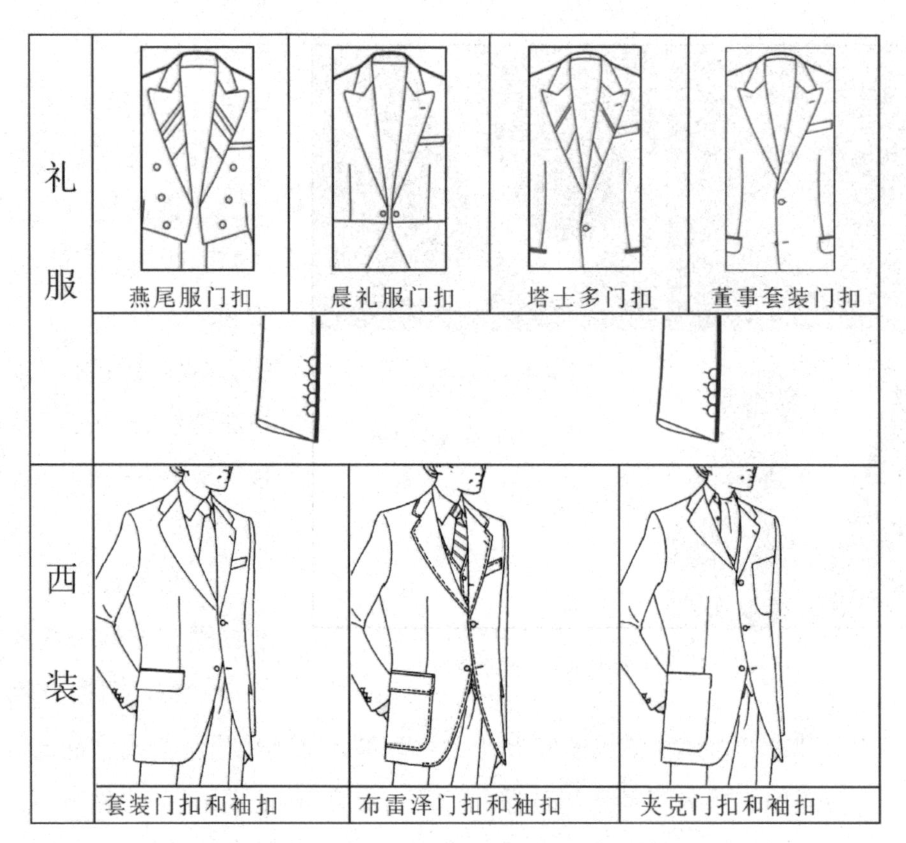

图 10-14 礼服和西装纽扣的关系

的忠告“不要摆弄你的怀表”。按今天的价值观就是，经典大于时尚，简约大于奢华，公务大于娱乐。

戴表的技巧是宁可不用但不能用错，这里有一个细节是不能忽略的，这就是在礼服中，正式礼服以上的级别是忌戴腕表的。因此，怀表就成为第一礼服特别的标志，这其中有身份、地位的象征，更重要的是，它体现着某种文化和历史的学养，这个传统的深刻性和真实信息就是燕尾服的那个时代还不可能有手表，而“时间”又说明男人“务实”的品格，怀表就是这种品质的表征，如果配上腕表就传递了一种完全乱的文化信息。这种惯例无论接受或不接受，穿盛装戴手表是不够得体的。因此，不习惯戴怀表，宁可不戴也不要戴错。那么怀表的装戴方法就不是可有可无的了。

怀表是骨灰级绅士的饰物，它的装戴方式也是骨灰级的。一般根据礼服的不同，怀表的装戴方法也不尽相同。

燕尾服的怀表要装进裤子右侧腰部专为怀表设计的小暗口袋中，引出表链穿过腰头中的纽孔，然后用表链卡挡住。当然也可以用背心下边的口袋装戴怀表。

用背心装戴怀表的方法多用于晨礼服，董事套装等日间礼服。表链要长些，表链卡靠近中间。把怀表放入背心腰部右边的口袋中，引出表链，穿过相邻的背心纽孔，

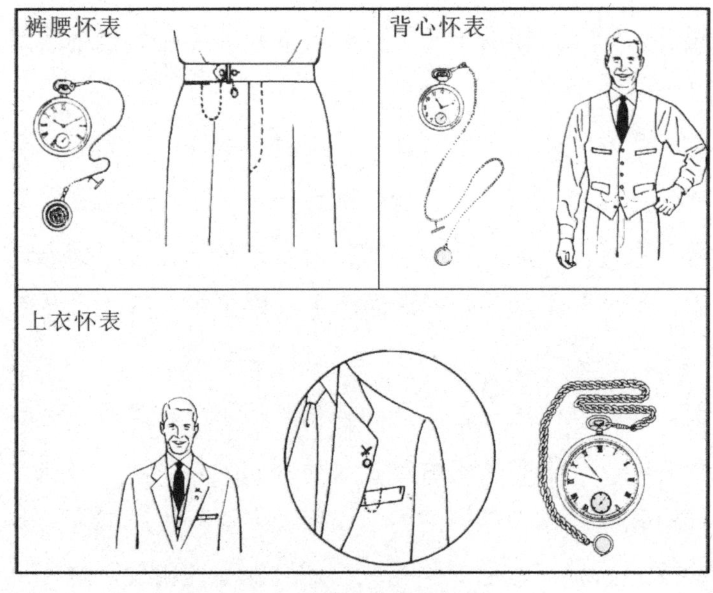

图 10-15 怀表的三种装戴方法

并使中间的链卡卡住，多出来的表链端环放入左边的口袋中。

用上衣左胸袋装戴怀表的方法多用在三件套西装和黑色套装中，为准礼服以下的装戴方法。先将怀表放入左胸袋中，把表链穿过左边驳领上端的纽孔用链卡挡住，链环作为装饰，胸饰的产生就是由此而来（图 10–15）。

（三）礼帽和手套

礼帽和手套在现代礼服中似乎是过时的配饰，其实认识一种文化现象，不应该以流行或不流行作为尺度，恰恰相反要看它所承载的信息是否足够全面和可靠，尽管它不流行。因此，这些“器”可以不用但不能不知。

图 10-16 伦敦著名的礼帽店和手工设备

在礼服中，礼帽同样有它的级别性和对应性。目前在礼服中定型并仍在使用的有大礼帽、圆顶礼帽和软呢帽三种。大礼帽作为第一礼帽主要和燕尾服、晨礼服搭配。它不仅是这两种礼服的专属品，甚至是不是产自伦敦的绅士帽店也会影响一种绅士品位的判断，因为只有这样的帽店才拥有这种规范技术和流程的指引（图 10–16）。大礼帽最早出现于 19 世纪初，帽冠呈高耸圆筒状，帽檐窄而两侧向上翻卷，一般高度有 5.75 英寸（约 15cm）、7 英寸（约 18cm）、7.5 英寸（约 19cm）三个规格。最初以海狸毛皮制作而产生一种特殊的光泽，现以丝绒类仿制的多起来，品质也下降很多。大礼帽一般不和其他礼服相配，因此，随着第一礼服的公式化，大礼帽也就成为燕尾服和晨礼服指定的配饰。

圆顶礼帽被视为仅次于大礼帽的次礼帽。帽冠呈圆顶，帽檐窄两侧向上微翘，用毛毡制作，通常为黑色。1850 年由英国帽业家（William Bowler）所创，最初在伦敦实业家中流行，由于它比大礼帽有很好的降风阻功能一时作为正式骑马装束的标志性帽子，这一传统保留至今。因此，圆顶礼帽成为包括董事套装、塔士多礼服和黑色套装这些常规礼服最合适也是最传统的组合。

软呢帽是礼帽的一个大家族，也是当今应用最广泛的礼帽，但不与塔士多、董事套装这些正式礼服搭配。与黑色套装、三件套装组合是它最最好的去处。软呢帽顶呈一字纵向凹陷，帽檐两侧微卷，用软呢制作。最初由德国汉堡的上流人士所戴，又称汉堡帽。1870 年开始用于白天的公务、商务场合，通常配合常礼服面貌出现，也称小礼服帽。20 世纪时，由于英国首相安东尼·艾登（Anthony Eden）对此作为心爱之物而在官员和实业家中流行，这也是它成为今天公务、商务社交礼帽首选的原因。今天汉堡帽成为准礼服黑色套装全天候的礼帽，颜色以黑、灰色为首选颜色，级别要低于圆顶礼帽（图 10-17）。

图 10-17 大礼帽、圆顶礼帽和软呢帽的礼仪级别及着装实例

礼帽的使用方法通常与手套配合进行。以汉堡帽为例，戴帽时最主要的是不要破坏头型。左手持帽前檐，右手抓住帽顶，从前额向后推着戴上，右手再转向后檐向下轻拉使帽子落实，如图 10-18①所示。脱帽时也是从前向后顺发型脱掉。

戴手套应在戴帽之后进行。方法是，保持手套口向外翻折的状态，将手指穿入然后翻下套口，将手腕处的子母扣扣实，如图 10-18 ②所示。脱手套时，先解开子母扣将套口向上翻折至约手掌二分之一处，再脱下手套放入帽穴中，如图 9-18 ③和④所示。

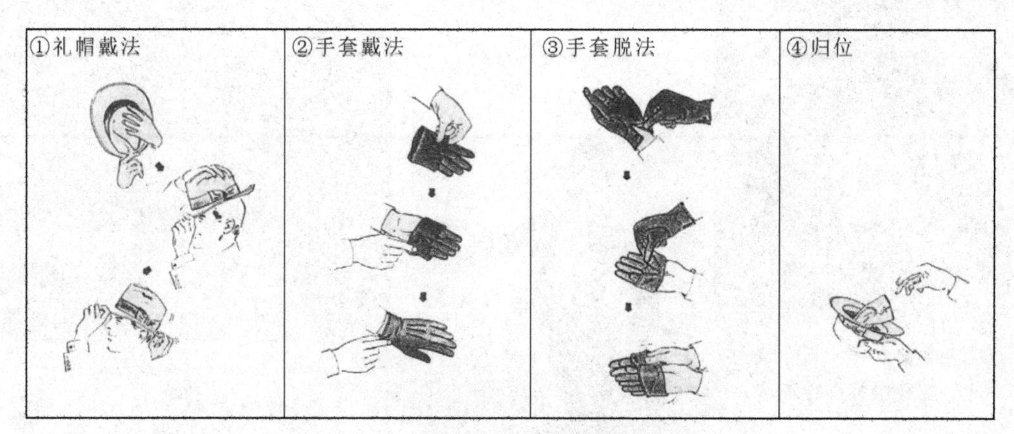

图 10-18　礼帽和手套的穿戴方法

（四）手杖的秘语

手杖即便是准贵族或绅士也很少去用它，但它的信息很密集且富有玄机。手杖分为钩柄手杖和球柄手杖，钩柄手杖只与晨礼服相配，其造型源于伞的手柄，渗透着伦敦贵族文化。伦敦是一个多雨的城市，贵族出门时往往携带一把雨伞，后来演变为手杖，成为晨礼服的黄金搭配（图 10-19）。燕尾服手杖为球柄手杖，球柄多用贵金属或名贵牙角材料制成，在夜间凸显奢华之气，以此来显示财富，它是法国传统贵族夜生活的经典道具，而成为国际主流社交的密码之一。仅从这一点就可以判断是不是好莱坞大牌电影，因为在这里不能容忍一个够档次的电影作品在上流社会的服装中有瑕疵，特别是像手杖这些在集团中存在深藏秘语的小道具（图 10-20）。单看手杖有各种款式的手柄，但用错了问题就有点严重，因此手杖最好的来源仍是伦敦古老的绅士用品专营店（图 10-21）。

（五）礼服的裤子、吊带、鞋子和袜子

礼服的吊带、鞋子和袜子都是因为相对应礼服裤子的形制决定了它们的一切，这也是准绅士不可或缺的功课。

礼服裤子的搭配程式性很强，燕尾服搭配有双侧章与上衣同质同色的裤子；晨礼服搭配黑灰条相间的裤子；塔士多礼服搭配单侧章裤子。可见带侧章的裤子用于晚上，黑灰条相间的裤子用于白天，不能混淆。董事套装既可搭配黑灰条相间的裤子也可搭配与上衣同质同色的裤子。黑色套装具有通用性特点，与有侧章的裤子搭配用于晚上，

图 10-19 勾柄手杖源于雨伞成为晨礼服标志性道具

图 10-20 球柄手杖为燕尾服标志性道具

图 10-21 手杖细节有含意源自伦敦古老的绅士品专营店

与黑灰条相间的裤子搭配用于白天，当然也可以与同质同色的裤子搭配为全天候礼服。

通常情况礼服裤子是没有系腰带装置的，而必须用吊带（Suspender）替代腰带来固定裤子，这样腰部就变得轻盈更适合配装背心或卡玛绉饰带。吊带的颜色是根据主服的色调确定的，通常与领饰颜色一致，因此燕尾服吊带为白色，晨礼服和董事套装为灰色，塔士多礼服为黑色，花式塔士多的吊带也是花式吊带。值得注意的是吊带的构造形式有品质的分别：传统的吊带卡头是皮质的与裤子上的纽扣系接，带子是专门织造的丝织品，无弹性通过调节卡调整长短。简易的吊带是有弹性的，卡头也从皮质换成了金属夹子。最糟糕的是在礼服中不穿背心（或卡玛绉饰带）直接露出吊带或穿着腰带的裤子又配吊带（图 10–22）。

判断一个男人是否拥有成功者的修养，从鞋和袜子的细节观察最有效。基本的规制应该是与礼服搭配的鞋和袜几乎全是黑色，这是因为，它们要与裤子的颜色形成最小的反差，成为社交最不引起注意的地方（最糟糕的是坐下来看到白色的袜子）。可见黑色袜子与鞋子礼仪级别是最高的，灰色袜子礼仪级别次之，使用白色和有花纹的袜子为禁忌。黑色漆皮鞋与燕尾服和塔士多礼服相配只用于晚上；黑色牛津鞋与晨礼服、董事套装、黑色套装搭配用于白天（图 10–23）。

吊带的细节、皮质更讲究

吊带的禁忌

腰带不能和吊带同时使用

简易吊带作为礼服元素不恰当更不能暴露，故礼服背心至关重要

图 10-22 吊带的使用细节与禁忌

双侧章晚礼服裤与燕尾服搭配，配黑色漆皮鞋和黑色长筒袜

单侧章晚礼服裤与塔士多搭配，配黑色漆皮鞋和黑色长筒袜

黑灰条礼服裤与日间礼服搭配，配黑色牛津鞋和黑色长筒袜

图 10-23 礼服裤子、皮鞋和袜子的搭配原则

源于欧美等发达国家着装的规则不仅成为成功社交着装的指引，同时也成为判断人们着装品位的依据。基于对国际着装规则（THE DRESS CODE）的研究，可以把着装状态从整体搭配到细节把控等各方面综合起来划分为四种礼服品质：优雅、得体、适当和禁忌。“优雅”是指穿着的考究，注重服装传统、细节和服装与个人条件的完美结合，整体给人一种高贵气质与绅士风度；“得体”指着装讲究个性，注重服装细节，整体搭配符合国际着装规则的基本规律；“适当”指对着装不是很讲究，不在乎服装的细节，符合国际着装规则的基本要求但处于禁忌的边缘；“禁忌”指违背着装规则，并缺乏着装的基本修养，给他人带来不适感。对于“得体”与“适当”之间的区别可以这样来理解，“得体”是仅次于“优雅”的一种状态，“适当”则是离禁忌较近的状态。这两种状态之间没有明确的界限，只能靠人为把握，在划分不明确的时候它们往往归为一类。对于四种着装状态的理解和学习要掌握一个基本判断：在确定一个礼服类型的前提下，越接近它的黄金组合越优雅，越远离黄金组合掉入禁忌的风险越大。重要的是不要放弃规则从着装的整体搭配、细节入手，按时间、场合和目的的不同，整体把握，灵活运用。

学习礼服的细节知识，根据自己的习惯创造某种方法是完全可能的，但礼服的穿戴不同于便装，它是通过某种特定的秩序，体现特定的礼节和优雅。礼节是礼服的核心，礼服的全部因素，包括组合要素（配服、配饰、颜色）和行为要素（穿戴方法和程式），它们是构成礼仪的细胞，细节决定成败，总是从“矜持”的社交而来。从这个意义上讲，礼服的细节及作用和主体服装同等重要，且能够驾驭细节的人，就把控了服饰着装成功的局势，成功的特质是优雅和内敛而只有细节才能标榜它们（图 10-24）。

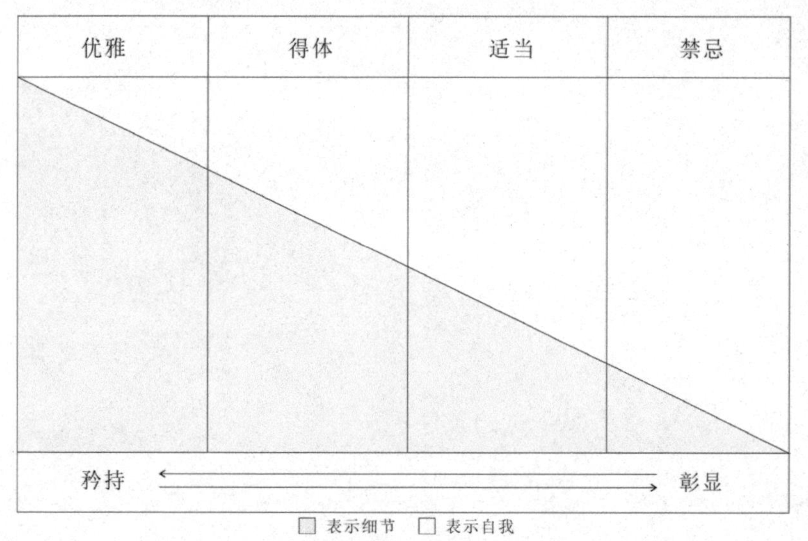

图 10-24 驾驭礼服细节的基本判断

第十一章

礼服外套的最佳选择

根据国际着装规则（THE DRESS CODE）外套划分为礼服外套、常服外套和休闲外套三种，这三种外套又有各自的经典款式，礼服外套统称为柴斯特外套，分为传统版、标准版和出行版；常服外套有波鲁外套、巴尔玛肯外套和堑壕外套；休闲外套有达夫尔外套、巴布尔外套等（图 11-1）。事实上根据主流的社交实践，礼服外套和常服外套的界限并不明显，而且，它们有转化的机制。从现代主流社交的格局来看，柴斯特外套和巴尔玛肯外套成为了礼服外套的主流，但正统的礼服外套仍是“柴斯特菲尔德家族”。

图 11-1 从正式到休闲绅士外套的全家福

一、第一礼服外套——柴斯特菲尔德

（一）柴斯特外套成为历史重大社交的见证物

柴斯特外套100多年来之所以成为主流社交第一礼服外套的地位，是因为它具有浓厚的英国贵族血统和成体系的礼服外套构架。它本身的三个版本就构成了冬季正式社交的全部，成为准绅士礼服知识不可或缺的组成部分。

柴斯特菲尔德外套（Chesterfield Coat）最早出现在19世纪中叶的英国，因一个叫柴斯特·菲尔德的伯爵首穿此款而得名。柴斯特·菲尔德在英国历史上是著名的绅士，也是现代绅士规则的缔造者之一，因此由他命名的柴斯特外套也就成了绅士的标签。由于柴斯特外套讲究的裁剪、修身的造型、内敛含蓄的服装语言、天然而高贵的面料，加之贵族的纯正血统，使得柴斯特外套成为所有外套中级别最高的礼服外套，可谓“外套贵族”。任何一位标榜绅士的人物都不能无视柴斯特外套的存在。在形制上它罕见的稳定性，没有一种经典的绅士服可以与之媲美，表现出拥有它不可抗拒的魅力。在历史中几乎任何一次重大社交事件，它都成为一个稳定的见证物。第二次世界大战中英国首相丘吉尔的柴斯特外套；1972年冬美国总统尼克松访华时的灰色柴斯特外套；30年后美国总统布什重温这一刻时的柴斯特外套；我国老一辈领导人在重大的社交实践中并没有忽视这个细节，1979年冬邓小平访美宣示中国改革开放的重大行动时也穿的是柴斯特外套，2009年和2013年冬美国总统奥巴马两任就职典礼时，都是穿着柴斯特外套。可见柴斯特外套不仅仅是那种不可抗拒的英国贵族血统和承载悠久历史信息的“外套贵族”，它还宣示着一种伟大社交实践成果的见证物被载入史册。因此，柴斯特外套已经超出了作为一般礼服外套的意义，它更像一种标榜人类文明、进步和历史的文化符号。就社交而言，一个成功人士能驾驭它绝对具有指标意义。

（二）柴斯特外套的三个经典版本

柴斯特外套作为礼服外套，它严密的系统构架也是独一无二的。传统版、标准版和出行版它们不仅有各自的款式、颜色和搭配的造型语言系统，还传达着微妙的社交取向，同时它们之间还存在着转化机制，也就是说它们各自的元素可以打通、交换借用不悖。柴斯特外套真可谓礼服外套的“小宇宙”。当然标准版一定是柴斯特外套的主流，也是礼服外套的首选（图11-2）。

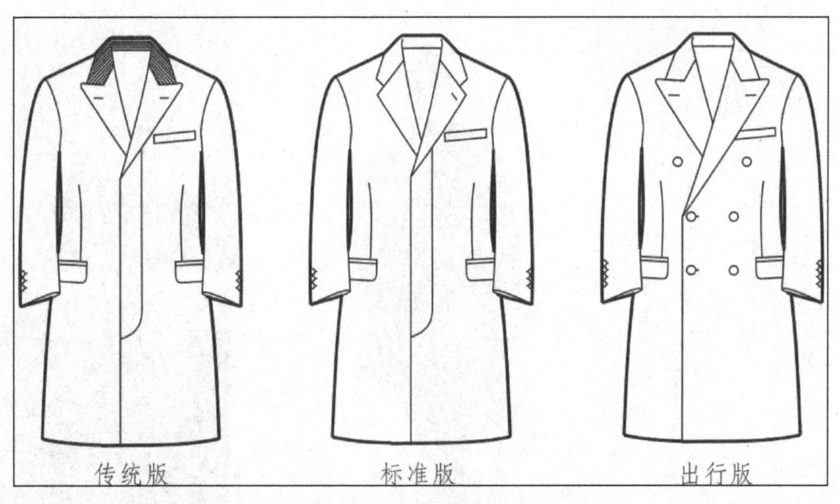

图 11-2 柴斯特外套的三个经典版本

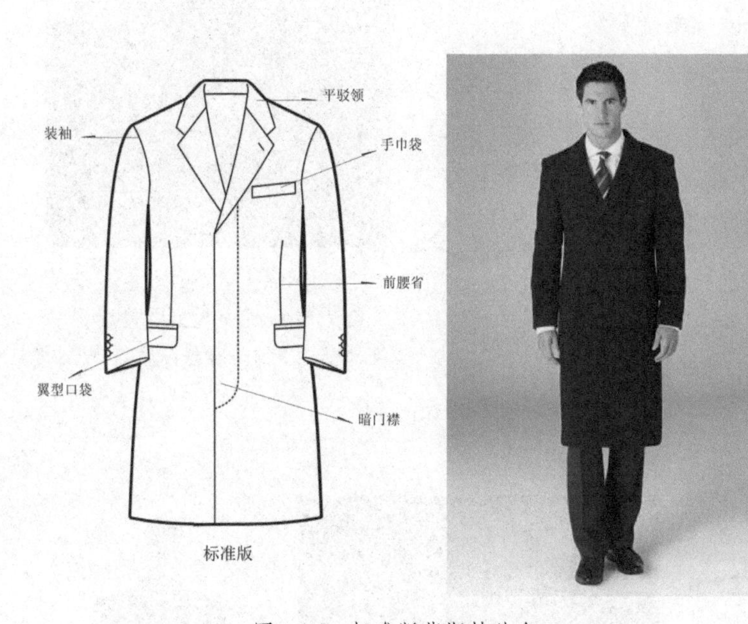

图 11-3 标准版柴斯特外套

标准版柴斯特外套的标准款式为单排扣平驳领暗门襟，两侧有夹袋盖的双嵌线口袋，左胸有一手巾袋，腰部收省，后中缝收腰且设开衩，袖扣三粒。标准色根据社交取向或风格有黑色（或深蓝色）和深灰的选择。当然作为礼服外套，选择黑色最无社交风险（图 11–3）。

传统版的柴斯特外套的标准款式为单排扣戗驳领暗门襟，两侧有夹袋盖的双嵌线口袋，左胸有一手巾袋，腰部收省，后中缝收腰且设开衩，袖扣三粒，黑色是它的标准色。传统版柴斯特外套的翻领为黑色天鹅绒，这也是它的标志性特征。由于在 19 世纪后半叶备受英国王子阿尔伯特的推崇而成为当时绅士的标准外套，因此它又称为阿尔伯特版外套（图 11–4）。这个传统到现在并没有退出主流社交界，反而成为高贵绅士的密符，这个高雅元素也会在其他两个版本的柴斯特外套中穿行，有趣的是这个元素所到之处，就会提高它的身价和改善它的血统（图 11–5）。不过在没有弄明白它的身世之前，不要贸然使用，因为它有深厚和显赫的家族背景。

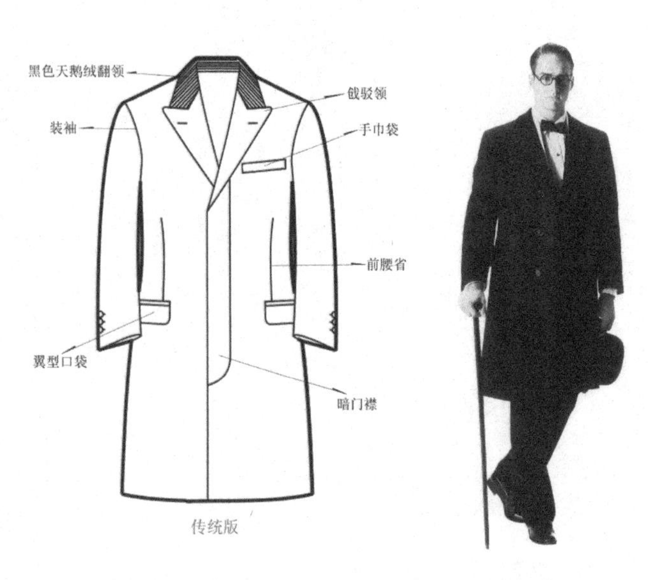

图 11-4 传统版（阿尔伯特版）柴斯特外套

图 11-5 黑色天鹅绒领在柴斯特外套中暗示高贵（上图美国副总统拜登，下图为奢侈品牌广告）

出行版的柴斯特外套的标准款式为双排六粒扣戗驳领，它的形制很像传统版双排扣黑色套装的放大型。标准色为驼色，当使用黑色、深蓝色时有升格的暗示(图 11–6) 。总体上柴斯特外套的面料多采用海力斯、开司米羊绒、驼绒等精纺厚质面料。

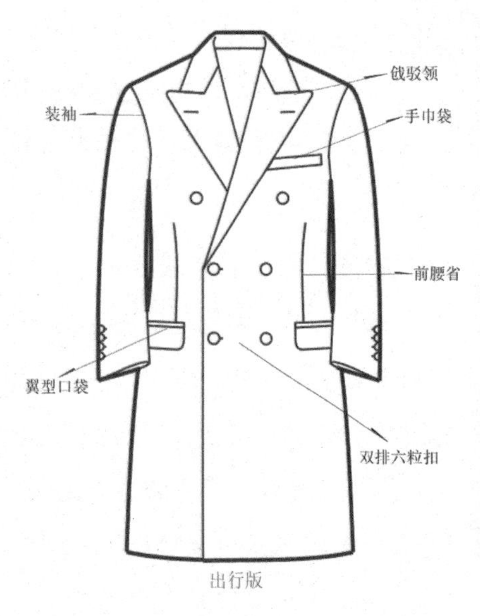

图 11-6 出行版柴斯特外套

（三）柴斯特外套的两种板型与卡巴特休闲风格

柴斯特外套裁剪讲究，可以说它的前身福瑞克外套的维多利亚裁剪代表着近代绅士外套的结构特征；柴斯特外套有六开身和四开身的裁剪则标志着现当代绅士外套的结构风格。柴斯特外套裁剪通过开身收省来达到修身目的，整体廓型呈 X 造型，也是现代传统礼服外套结构的标志。六开身是柴斯特外套强调 X 造型的必要手段，是它的传统板型，因此有的文献称它为有腰身外套的说法就是由此而来。六开身板型是在弗瑞克外套“维多利亚结构”基础上通过简化形成的，被誉为“最优化板型”，即前两片、侧两片和后两片。这种板型在 19 世纪末确立之后一直到今天，始终是男装裁剪的经典结构，在礼服和礼服外套中仍是主导板型。随着生活方式的不断休闲化，过分的合体和收腰慢慢地被宽松和直身的服装造型所取代，也就出现了适应这种造型的小收腰或不收腰的四开身板型。值得注意的是，它们构成的原理不是孤立的，具有传承性，四开身是在六开身板型的基础上发展而来（图 11-7、图 11-8）。

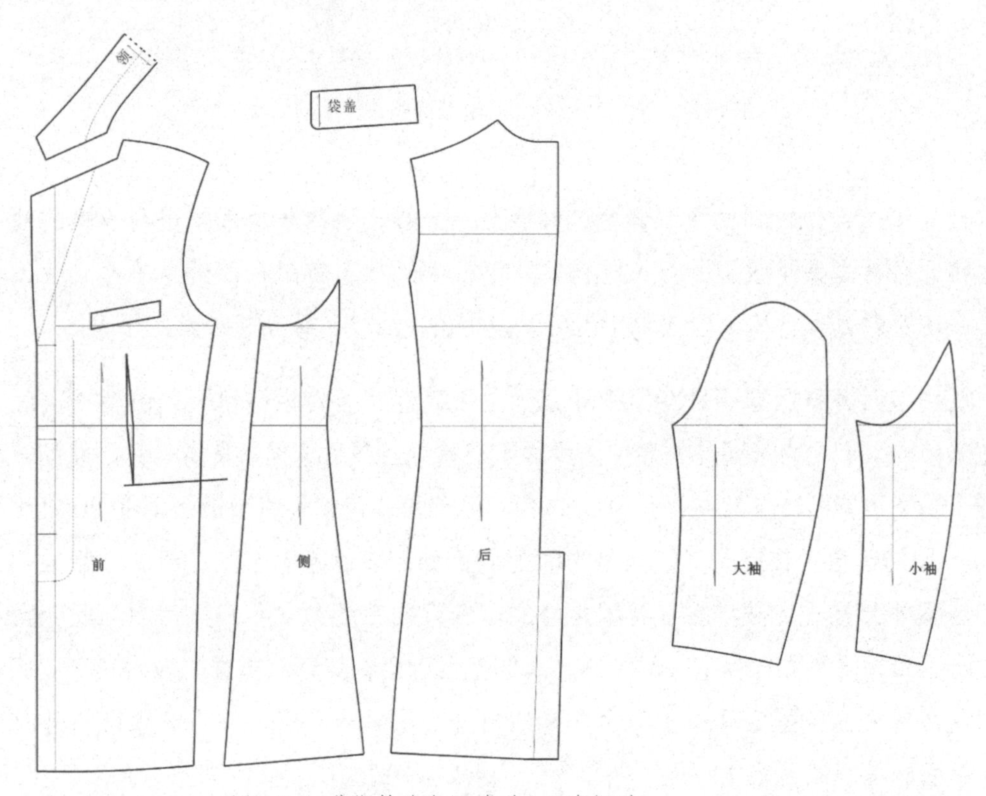

图 11-7 柴斯特外套 X 造型六开身板型

当代柴斯特外套和传统相比，箱型风格的外套成为主流，四开身板型便受到重视，也成为男装整体外套的基本板型。但柴斯特外套毕竟是礼服外套，适当的收腰，精致的结构，讲究的裁剪也是必然的，这与它使用的高品质面料有关。因此，柴斯特外套

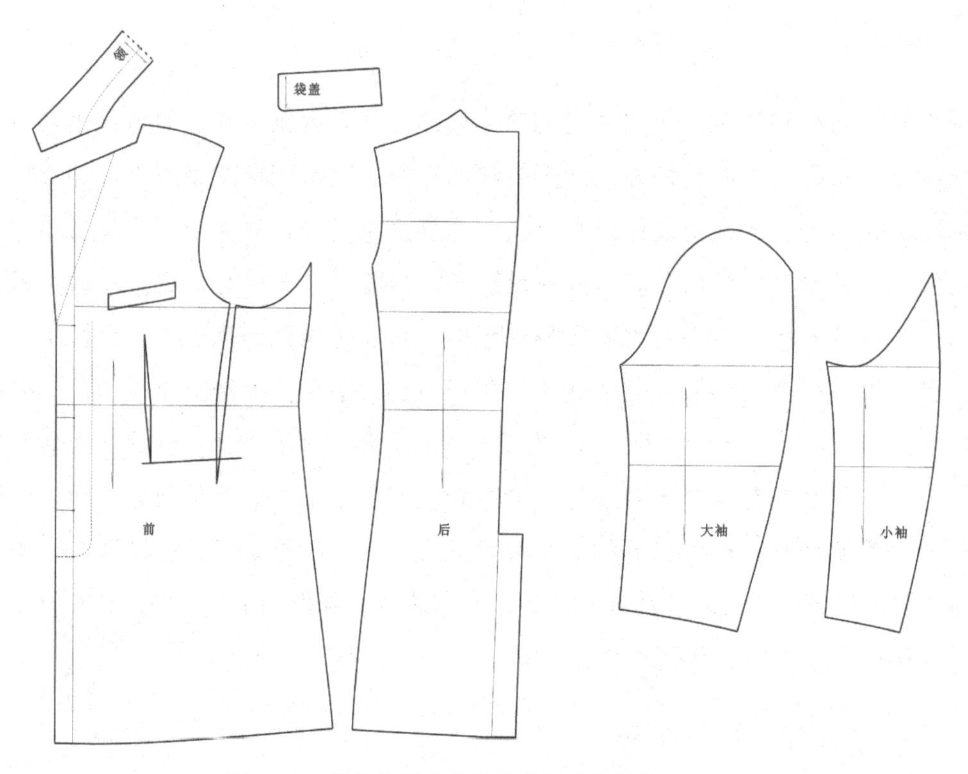

图 11-8 柴斯特外套小 X 造型四开身板型

在六开身和四开身之间就产生一个过渡板型。一般来讲六开身板型是有收腰的曲线结构；四开身板型是不收腰的直线结构。所谓的中间状态就是在四开身的基础上作收腰处理，在外观上有小 X 造型效果，这可以说是当代最流行柴斯特外套的板型。

直线型四开身板型不是柴斯特外套的主流裁剪，因为它不利于 X 造型的实现。19 世纪末被绅士们视为柴斯特外套休闲版的卡巴特外套❶的结构是直身外套的原型，因此 H 型（箱型）柴斯特外套并不是今天才有，巴宝莉公司和阿库阿斯公司在 20 世纪初推出的 H 型外套已经很完备了，只是当时那些贵族们普遍崇尚收腰合身的礼服准则，那时直身型外套是一定被排除在礼服之外的。今天的生活方式和审美习惯与此完全不同了，舒适和方便成为当今审美的特质，人们不会以牺牲舒适和方便去表现美了。因此，卡巴特风格的直线型四开身板型也在柴斯特外套中大行其道，这说明柴斯特外套已走向从礼服到常服的多元化时代（图 11–9、图 11–10）。

❶卡巴特外套，在历史上可以说是柴斯特外套的休闲版，是因为在标准柴斯特外套中加入了乐登外套的“绗缝”元素。乐登外套则是有西班牙贵族血统的狩猎外套，当它的元素加入柴斯特外套中，便有了休闲的意味但又很讲究，而产生了“卡巴特外套”这个专用名词，当然它的裁剪也是四开身直线型。这种“密符”在现代绅士服中仍在传播着但很隐秘。

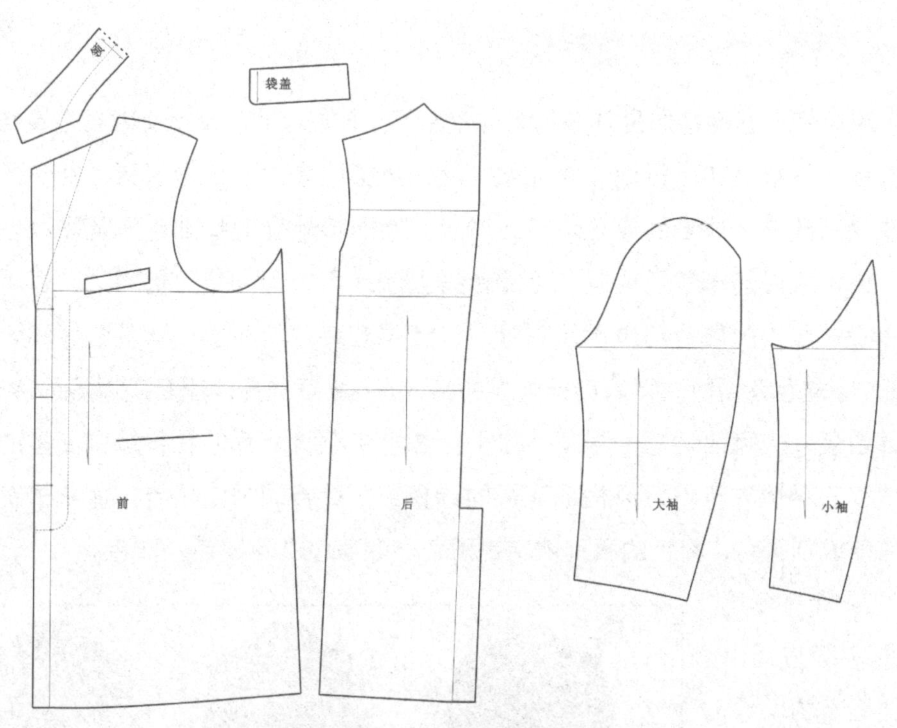

图11-9 柴斯特外套H造型的四开身板型

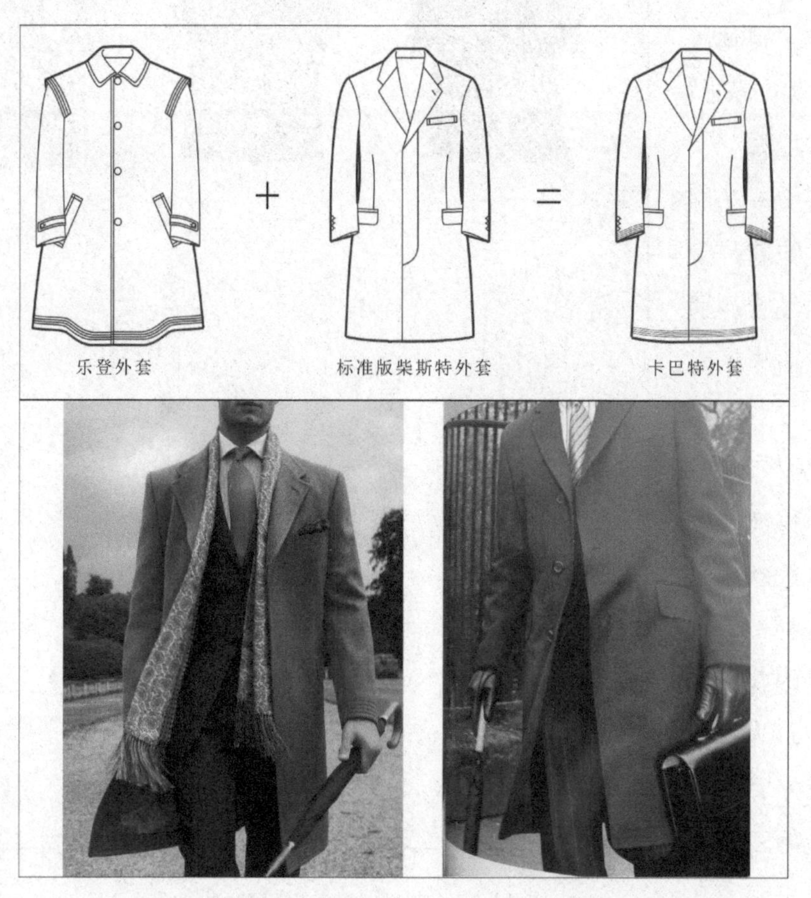

图11-10 卡巴特风格的柴斯特外套有休闲外套的暗示

（四）柴斯特外套的社交技巧

今天柴斯特外套的格局是从 20 世纪初继承下来的，用今天社交眼光来看柴斯特外套的标准版、传统版和出行版作为礼服社交，风格因素大于等级因素，礼仪的级别因主服的改变而改变，外套的颜色也与此对应。柴斯特外套的标准色作礼服时选择黑色或深蓝，作常服时选择灰色或驼色（驼色是主流外套的标志色可通用）。适用的主服有塔士多晚礼服（配白色丝巾更显高贵）、董事套装日间礼服、黑色套装和西服套装全天候礼服。驼色柴斯特外套有出行外套的暗示，主服可选择西服套装以下的休闲西装，如布雷泽西装、夹克西装等（图 11-11）。总之柴斯特外套的礼仪级别更多的不注重它的版式（三种版式可作为风格或流行的选择），更强调规范用色，通常情况下颜色越接近黑色级别越高，颜色的级别依次是黑色、深蓝色、深灰色、驼色。

在柴斯特外套选择主服的实际应用上还是有些细节的考虑，这是准绅士追求社交四级（优雅、得体、适当和禁忌）中“优雅”品质的必备功课。

当与塔士多礼服组合时，意味着是晚间最正式的场合，通常情况下在请柬上有着装提示。这些场合包括正式晚宴、晚会（舞会）、仪式、观剧等。配白色丝巾是这种组合的标配，因此任何围巾的搭配都会使这种优雅大打折扣。柴斯特外套款式虽然可以选择三种版式之一，但只有黑色

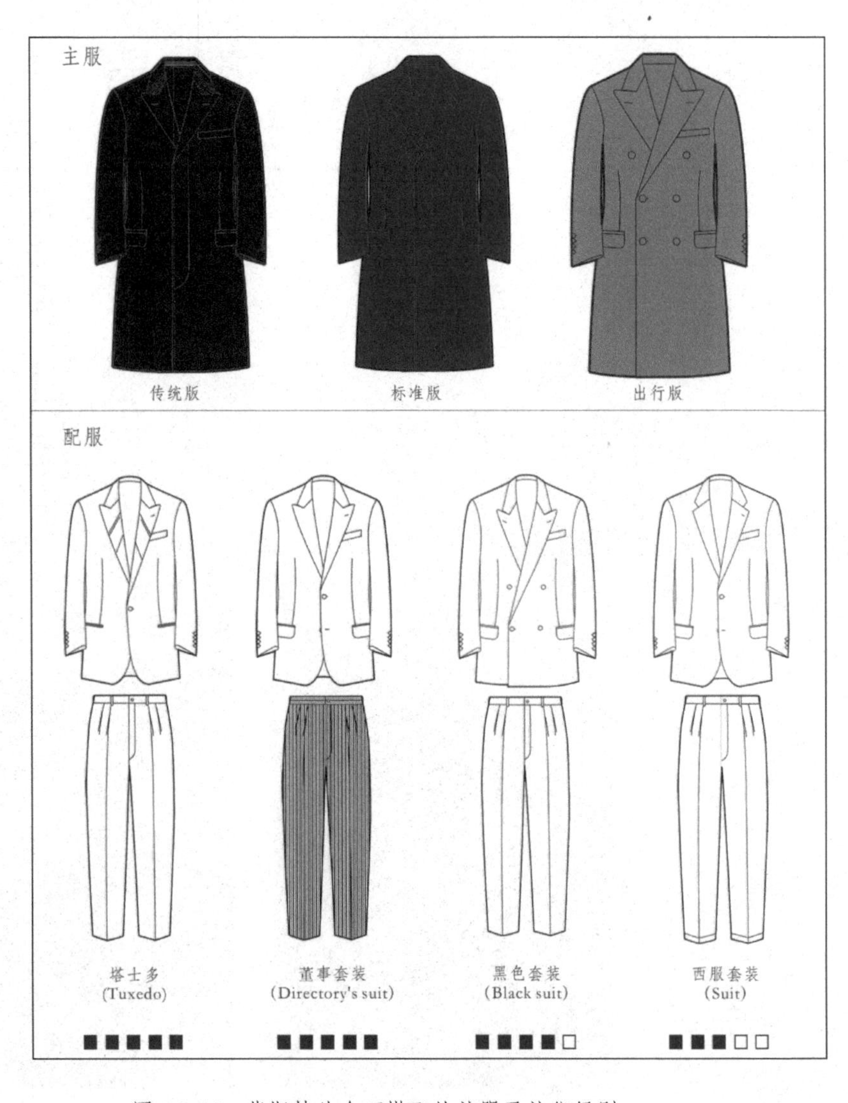

图 11-11 柴斯特外套可搭配的礼服及礼仪级别

图 11-12 柴斯特外套和正式日间礼服（董事套装）组合范例

是最无风险的，配有黑色天鹅绒更能表现高贵的身份和优雅气质。特别要注意变异的款式和颜色要慎用，如插肩袖驼色等，但深蓝可以选择。

和董事套装组合时便成为日间礼服外套，可用于日间正式场合，如白天的婚礼、葬礼、仪式、观剧等，这时白色丝巾不是必配的（图 11–12）。

柴斯特外套与黑色套装、西服套装组合时便成为准礼服外套，搭配机制变得灵活而有秩序。可以选择上述两种正式礼服搭配的柴斯特外套，也可以选择深灰色或驼色的柴斯特外套。这是因为黑色套装和西服套装属标准礼服范围，礼仪级别相对正式礼服要低，且无时间限制，据此不仅色彩使用的范围宽泛，外套构成的细节也有个性化倾向，如从有袋盖平插袋变成复合式贴袋。这个细节说明用 POLO 外套（马球外套）取代了柴斯特外套的出行版，这是一种充满历史感优雅休闲生活和个性意味浓厚的出行外套选择。需要注意的是，选择改变，其变化的元素必须流传有序，否则这会过多地丧失历史感，这与绅士信守传统的精神相悖（图 11–13）。

图 11-13 柴斯特外套（出行版）和黑色套装、西装套装组合范例

从主流社交的惯例来看，柴斯特外套虽说最适宜的配服是塔士多礼服（Tuxedo Suit），但并不像塔士多礼服那样只能在晚间的正式场合使用，也可用在白天的正式场合，当然和白天的正式礼服董事套装（Director Suit）搭配使用是很得体的，与黑色套装（Dark Suit 全天候礼服）、西服套装（Suit 上下成套配搭的西装）组合也没有任何禁忌。这说明它相对礼服使用的范围更加宽泛，是没有昼夜区分的全天候礼服外套。柴斯特外套作为正式场合外套的首选，它构成的全部元素就是最高礼仪的标志，它的这些品格是其他外套中不具备的社交番制。

二、巴尔玛肯外套——历久弥新的绅士符号

在礼服外套中特别要提到的是巴尔玛肯外套，虽然它本身属于常服外套，但它简约而实用的风格越来越被国际化社交精英们喜爱。根据不完全统计，在当今主流社交的礼服外套中，巴尔玛肯外套使用率最高，大有取代柴斯特外套的趋势。这也有力地证明了便服取代礼服演进的一个基本规律，其中背后的推手就是实用。

（一）巴尔玛肯成为国际礼服外套的理由

巴尔玛肯外套（Balmacan Coat）源于苏格兰巴尔玛肯地区的一种绅士雨衣外套。在日常生活中应用极为广泛，不受场合、年龄、职业、性别的限制，具有“万能外套”“全天候外套”和“风衣外套”的称谓。巴尔玛肯（Balmacan）又有可开关领的意思，因此也称可开关领外套。由此可见它表现出强烈的功能主义和务实精神，造型风格又极尽简洁，这些也正是现代绅士的品格而成为国际主流社交的精英们选择率最高的外套。

就当代的社交特点而言，巴尔玛肯作为全天候外套适应的社交空间最大而不谋而合，即一款走天下，这其中有几个原因。第一，巴尔玛肯外套在礼仪的级别上刚好处在中间，故有中性外套的说法，故升格为礼服外套只是时间问题。第二，它产生的时间是 1858 年，比礼服外套柴斯特稍晚，不过也经过了一个半世纪的锤炼，且不乏英国贵族血统，就其古老的历史与文化背景，和柴斯特这种礼服外套可以平起平坐。第三，它又是休闲化的，因为防风雨是它的本色，它完全可以和堑壕外套、POLO 外套这些个性化的休闲外套和平共处，称它万能外套是由此而来，这是现代绅士轻松社交的最佳选择。第四，巴尔玛肯在国际社会是最受推崇的外套，它几乎和西装外套（Suit）一样被社交界视为最具国际化的服装，如果说柴斯特外套在国际社交中还表现出曲高和

寡的话，巴尔玛肯外套便呈如花似锦之势。第五，从功能上看，它虽然是以风雨衣的面貌存在的，为了弥补防寒的缺陷，早在1932年就开发了可拆装防寒内袒的巴尔玛肯外套，到了冬季可装上防寒内袒，其他季节可以不装。这种多功能设计到20世纪50年代更加成熟，今天作为高品质的巴尔玛肯外套这种全天候的构造是它的重要特征之一，而且在面料上不局限卡其色斜纹布，柴斯特外套常用的高品质羊绒也被广泛使用，而使巴尔玛肯升级为正式礼服成为可能。第六，在结构上如果柴斯特外套作为装袖外套代表的话，巴尔玛肯便成为名副其实插肩袖外套的代表，它的良好功能和流线造型显示出时代的活力，著名的堑壕外套的形成和发展就是在巴尔玛肯的基础上一步一步走到今天的（1914年至今），并成就了一个风雨外套的帝国，而它自身并没有因后来者的日异壮大慢慢退出历史舞台，它的古典韵味、简约风范和务实精神似乎更加魅力无穷。这是它迅速成为绅士主流礼服外套需要迫切解开的谜。

（二）巴尔玛肯外套的标志性元素及板型

1. 巴尔玛肯外套的标志性元素

巴尔玛肯外套极具功能和简练的元素几乎成为绅士外套的标志：单排扣暗门襟、插肩袖、袖口有袖襻、中间有封纽的斜插袋，巴尔玛领角有关领时的纽孔。巴尔玛肯外套从披风演变而来，经过两次大战的锤炼，每个元素都达到了极简设计并与良好的功能相结合。比如巴尔玛领可以立起来防风雨，并且有暗扣系合；暗门襟，不仅彰显含蓄的品格，更是蕴含了防雨、防风的智慧；插肩袖的流线型设计具有穿着舒适、运动自如的功效，更是防止雨水渗入的巧妙设计；斜插袋本身具有使用的方便性，中间加装一粒封纽增加了其安全性和避水功效；袖口调节襻可根据天气的不同调节松紧；内部有两个口袋用来储物（图11-14）。可见，这些标志性元素从第二次世界大战以来的积淀与历练，成为“去之不得，添之不得的经典”，它们与其说是恰如其分的“实用器”，不如说是历久弥新的绅士秘符。在现代绅士看来，这些要素可以不用但不能消失，因为它们承载了太多的历史与人文信息，以此永久铭记，这或许就是“穿出文化的特质”，也只有在绅士服中才能体现这种务实主义的男权思想，也是它之所以成为经典的所在（图11-15）。标准面料虽然从第二次世界大战而来，土黄色的棉华达呢始终没有动摇它的经典地位，但由于现代它在主流社交以放射性扩散的态势，而不拒绝任何面料，如果采用黑色或深蓝色羊绒呢料设计便升格为礼服外套，采用驼色羊绒可作为出行外套。相反如果用朴素的水洗布面料也会产生休闲风格（图11-16）。

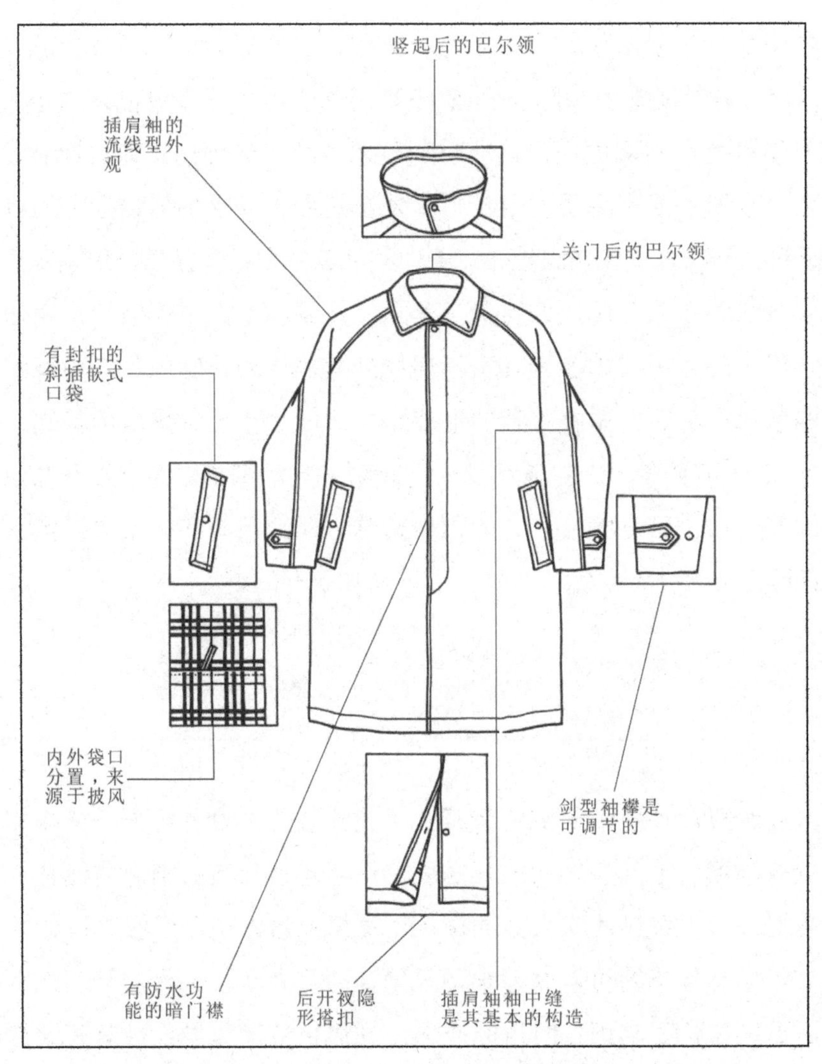

图 11-14 巴尔玛肯外套的标志性元素

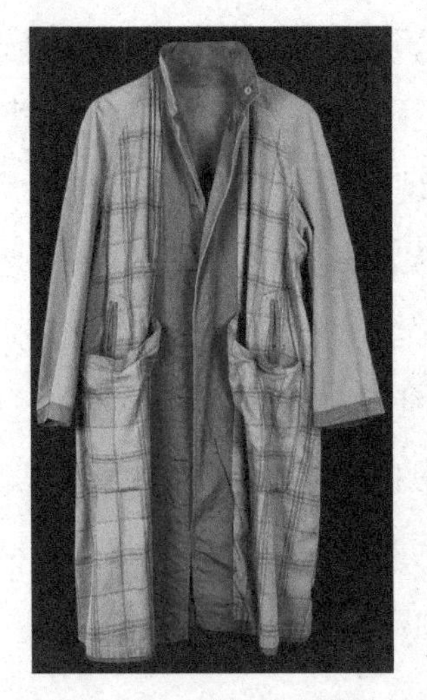
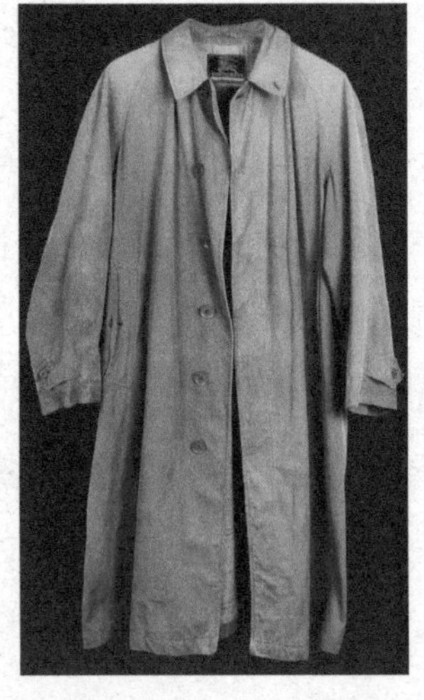

图 11-15 第二次世界大战时期被定型的巴尔玛肯外套

图 11-16 羊绒和黑色巴尔玛肯便升格为礼服外套

2. 巴尔玛肯外套的板型

当代的巴尔玛肯外套是从古老的英国披肩外套发展而来，从今天巴尔玛肯外套的板型结构仍能发现它的影子，如宽摆直线简化的四开身结构、插肩式袖型、暗门襟等，这些也都迎合了现代绅士轻松社交的生活方式。历史中无论是披风还是披肩大衣，由于阔摆的原因在结构线的处理上都不可能采用收腰的形式，直线裁剪的生命力到今天才真正发挥出来。这一传统被巴尔玛肯外套继承着并发扬光大，当然在结构线的分配上仍具有外套板型的普遍特征，即四开身直线型。这种结构随着巴尔玛肯成为炙手可热的绅士外套的时候，礼服外套坚守了一个多世纪收紧腰身的六开身裁剪被彻底颠覆了。

巴尔玛肯外套板型的另一个特点就是它的插肩袖结构，这也是礼服外套不能容忍的，但历史让它容忍了，因为插肩袖的舒适性让装袖望尘莫及，何况它在礼服外套中并不缺乏实践，且在高档外套面料中有尚佳表现。插肩袖裁剪分两个类型，即大小袖三片式和前后两片式。前者为三缝袖结构适合较合体的袖型；后者为两缝袖结构适合较宽松的袖型。但它们有一个共同特点，无论是三缝袖还是两缝袖，袖中缝的结构线是永远保留的，从结构的合理性来看，正是这条线的造型机理才会形成整个插肩袖充满流线型而内涵丰富的独特韵味，无中线的插肩袖只能在很宽松的运动类服装结构中实现（如针织运动衫），因此巴尔玛肯有中缝插肩袖板型最具外套功能的典型性也在与此（图 11–17）。

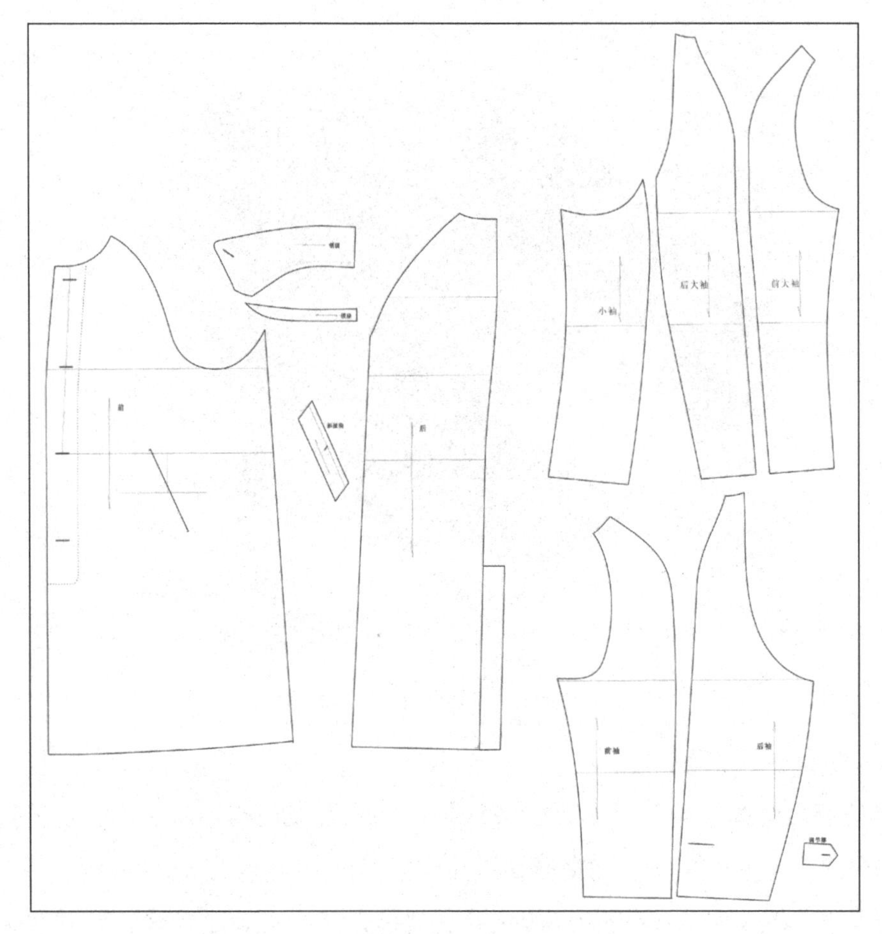

图 11-17　巴尔玛肯外套的标准板型

（三）巴尔玛肯外套公务、商务的社交技巧

全天候外套巴尔玛肯既可作为礼服外套又可当成常服外套。在礼服外套的范畴而言，柴斯特外套更强调有仪式感的正式场合；巴尔玛肯外套更适合公务商务的正式社交。从这个意义上讲，它不适合做正式礼服外套，而作为准礼服外套或出行外套最恰当，特别是公务、商务社交。这也就决定了它最适宜搭配的主服应该是黑色套装、西服套装、运动西装和休闲西装，当然它的命运是随着主服命运的改变而改变的（图 11–18）。外套是绅士的重要标志之一，正式场合的社交更是如此，尽管休闲化的趋势已不可阻挡，但我们不能想象一个重要的商务出访，从飞机上走下来的 CEO 穿着防寒服，而不论什么风格的巴尔玛肯外套，会让这样的商务出访成功了一半。换句话说，属于常服外套的巴尔玛肯具有晋升礼服外套的潜质，并在社交实践中得到检验，而防寒服完全不具备。巴尔玛肯外套能够成为礼服外套的潜质和绅士们的钟爱是情理之中的，因为还没有哪种服装有如此多的理由（前述的六个理由）。当巴尔玛肯拥为礼服外套的时候，

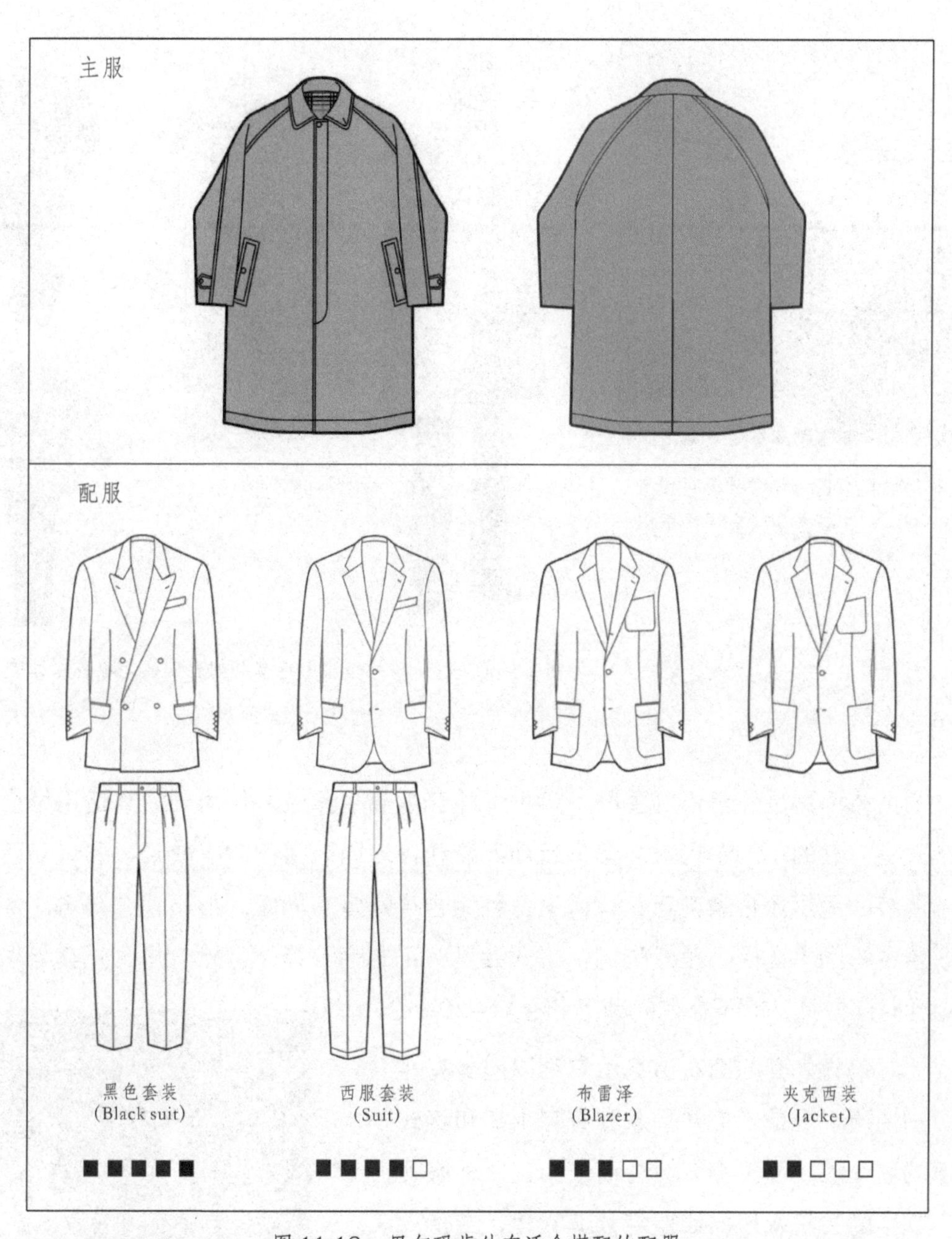

图 11-18 巴尔玛肯外套适合搭配的配服

它的一切构成元素就跟着升级，土黄色既然是它的标准色，礼服外套也不拒绝它与黑色、深蓝色和平共处（图 11-19）。

巴尔玛肯外套本身属中性外套，与西服套装（Suit）有相似的特点。虽然它和所有的西装（从礼服到休闲西装）组合都不存在问题，但只有在和准礼服搭配时，才适用于正式的公务、商务，只有对两者进行综合考虑，才能正确把握。巴尔玛肯外套的适用场合是根据主服的适用场合来定，这是一个基本原则。考虑到外套的原始功能是起到防寒保暖的作用，穿上外套说明一个人要离开，脱下外套说明已经到达目的地，其

图 11-19 标准巴尔玛肯外套可以胜任礼服外套（美国驻中国大使）

图 11-20 巴尔玛外套与黑色套装组合便成为准礼服外套

社交的主体仍然是外套里的主服，可见，外套内部主体服装作为判断其适用场合的基本条件是可靠的。巴尔玛肯外套与运动西装和休闲西装搭配时，就要按照运动西装和休闲西装的适用场合来判定，说明这两种组合虽然没有问题，但不适合公务、商务正式场合中的国事访问、正式访问、正式会见、正式会议等，当巴尔玛肯外套与黑色套装组合时这些社交就不存在问题了(图 11–20)。

巴尔玛肯外套的雨衣出身使它难以向最高礼仪级别冲顶。但是，这并不意味着它不能和正式礼服的塔士多、董事套装组合而成为正式礼服外套。其中的玄机就是向柴斯特外套靠拢，或加入柴斯特外套的礼服元素。如采用黑色、深蓝色、深灰色羊绒面料，将插肩袖变成装袖等。总之，它必须设法和高于自己的柴斯特外套联姻才会提升自身的级别，当这种级别足以和正式礼服匹配的时候，它与塔士多礼服组合就是正当防卫了(图 11–21)。当然它与正统的柴斯特外套相比仍存在风险。这或许就是主流社交绅士文化挥之不去的“血统论”吧。

图 11-21 加入柴斯特外套元素的巴尔玛肯可与塔士多礼服的组合

第十二章

中山装

中国是个礼仪之邦，文明古国，它的服制体系几千年来靠着儒道思想维系着一个根深蒂固的“宗族伦理系统”。无论是宫廷、官宦、士绅还是平民百姓的服饰，他们都严格遵循着“君君、臣臣、父父、子子”这个充满封建色彩服饰规制。唐宋以来的舆服制，并不是严格意义上的法律，但触犯后果的道德舆论比法律更强烈和深远，甚至一生被钉在道德的耻辱柱上。然而这个强大的封建服制在清末民初一夜之间土崩瓦解。有学者认为：这是我们迎来的中国第二次礼崩乐坏，我们的使命和责任就是要建设新时代的中国礼乐体系。我们站在十字路口，不可能回到旧的“封建服制”。所以回到汉服唐装是荒唐的，一下子全盘国际化（实为西化）这要看文化的接受度，中山装的出现便是一个伟大的实践，而且被国际社会接纳了，重要的是它必须与国际主流社交规制结合才有出路。

一、中山装的演变

礼服的国际“番制”无疑是以西方文明为母体形成的，当然形成这种格局是很复杂的，这要由历史学家去研究。但从惯例的自身而言，它应有足够的宽容性，因此诺贝尔章程规定，可以穿燕尾服，也可以着民族服装，这样才能在国际社会被广泛认可。因此，世界性礼服，对任何一个地区和国家的礼服都不排斥，和平共处。被誉为“华服”的中山装也不例外。

国际礼服的惯例是有地域性的。地域性有以下两种解释。第一，在惯例的范围内加以变用，如晚间正式礼服有英式塔士多和美式塔士多；日间正式礼服有双排扣董事套装和单排扣董事套装；标准礼服有黑色套装和西服套装等。也可用一种民族服装应对所有的国际化礼服，这些都没有超越礼服的基本语言法则，只是强调了原则下的个性和地域风格。第二，在一些民族习惯和地域宗教很强的国家和地区，还没有接受或完全接受这种惯例，为尊重民族习惯，对未接受礼服惯例的国家可由同等的国有民族礼服或国服代替。它们主要表现在宗教国家和发展中国家，如阿拉伯大袍、印度的尼赫鲁制服（印度国服）、中国的中山装等。

可见中山装作为我国男士的第一礼服仍没有过时。在我国对礼服的国际惯例尚未被普遍接受的情况下，中山装就可以适宜补缺，重要的是“孤独”的中山装必须纳入到系统的国际服规制架构中才成体系。

我国封建的礼服秩序在民国初年就被打破，而礼服的国际惯例由于连绵的战乱尚不能像日本明治维新那样系统的研究和借鉴。民国初年的洋务派也只是照葫芦画瓢而已。从一定意义上讲，中山装是礼服国际惯例民族化的产物，而成为革命派的象征。新中国成立后由于受前苏联的影响，特别是受具有军装特点的斯大林制服的影响，定型为箱型口袋的“毛式”中山装，一时成为中国的第一国服。

改革开放以来，国家有了长期稳定的环境和经济的不断发展繁荣，同时，世界时装文化的大举涌入，一方面中山装被边缘化已成事实，但世界性服装语言的系统理论和服装规则（TPO 知识系统）的研究又十分薄弱。另一方面，还存在着深厚的民粹背景下和真正高规格的民间经济、文化的国际交往还不高的情况下，礼服的世界性惯例和知识系统还需要一个长时间的认识过程。就我们目前的认识水平，以西装（Suit 不是真正意义上的礼服）为代表的“礼服”，经过 20 多年的不断实践，黑色套装作为礼服不仅被接受了，而且进入了成熟期，至少人们懂得了宴会、告别仪式等正式场合男士要穿黑色西装，尽管这种黑色西装还不能作为正式礼服。而作为正式晚礼服以上的燕尾服、塔士多礼服也只限在歌唱家、音乐会等艺术家中使用，尽管很多情况下还不够规范，甚至干脆认为它们是戏服。对于晨礼服、董事套装就不知道是何物了。从目前我国社会主流的经济实力看，与其说是没有能力接受国际主流社会的规则与知识系统，不如说“还不知道怎么去接受”，而接受的“西装”只是它的冰山一角，或者只接近了礼服的边缘。这意味着中山装并没有退出历史舞台，它仍能在国际主流社交中大显身手，甚至在重大的国际社交中发挥不可替代的作用。这一点国际的重视程度远远要高于国内，在国际专门的男装词典中就有“中山装为中国的毛服、国服”的词条；在阐述世界时尚的历史中，“毛服”视为 20 世纪 60 年代时装的重要标志；在国际交往的正式场合（盛大晚宴），国际社会视中国官员的中山装为最高礼服。在国内还没有一个中山装的系统理论体系和社交指南，在实践中政府重视程度高于民间，在民间中山装甚至没有西装的级别高，而在社交规制中它可以与燕尾服、晨礼服平起平坐。在正式场合中乱穿衣的现象成为集体无意识，如夹克西装和塔士多同时在主持人中出现、穿晨礼服露着腰带、穿燕尾服系领带等。当这种服装国际规制尚未建立的群雄逐鹿时候，特别需要重温中山装的辉煌。

1971 年我国代表团出席联合国大会，当我国代表团着清一色的深蓝中山装出席大会时，这情形成为当时联合国大会的一道亮丽的风景。因为，中山装的形制在当时的主流社交和理论界早已定论（1966 年世界时装思潮之一），它比起西装来更加传统和庄重，它既源于西方古典的礼服传统，又是当时公认的中国国服（图 12–1）。

图 12-1 1971 年中国代表团的中山装成为当时联合国大会一道亮丽的风景

此后十余年的改革开放，西装大规模涌入，形成了西装和中山装的并存期，但在政府官员中仍以中山装为主。值得注意的是中山装的颜色有了微妙的变化，黑色和灰色中山装在社交中被格式化了，似乎正式场合用黑色中山装、一般场合用灰色中山装成为我国应对国际礼服惯例的一个智慧步骤，这一情形在国家领导人的重大国际交往的晚宴中看得很清楚，这其中有级别和时间的暗示，是与国际惯例接轨而本土化的成功实践。这种不违反国际惯例的国家规制一直沿用到今天，这很值得做理论上的建构。

二、中山装应对国际主流社交的智慧

中山装作为民族化礼服具有全天候特性，并且适用于国际规则要求的所有正式社交场合，包括重大的国家典礼、盛大晚宴等，但凡在重大的国际社交请柬中规定的礼服，不习惯或不便使用的都可以郑重地选择中山装，如燕尾服、晨礼服、塔士多礼服等。最成功的案例是 1979 年作为国家领导人的邓小平访问美国的重大社交，不习惯穿西装的邓小平，要应对各种类型的正式场合，其中包括正式晚宴、谈判和记者招待会，这与习惯于穿西装的外交官相比难度更大，更需要智慧。当时任美国总统的卡特为邓小平举办的盛大晚宴上，邓小平用黑色中山装成功地应对了卡特的塔士多礼服（请柬的规定）。在白天与卡特总统的正式谈判，仍然以黑色中山装应对卡特的黑色套装，可谓以不变应万变的社交技巧。当邓小平举办记者招待会时，为区别于晚宴的时间和级别，选择了灰色的中山装，这可以说是周总理之后树立中山装国际形象又一次大智慧。这之后中山装也成为国家领导人应对国际重大社交的着装惯例。

随着国际交往的进一步深入和广泛，国家公务员又出现了礼服危机。习惯于穿西装的国家官员已很普遍，而中山装在有的人看来似乎是一种保守派的象征。西装在国际社会一般的场合还可以应对，但在正式场合有塔士多礼服、燕尾服、晨礼服等的着装要求时，西装就显得等级不够（Suit 用于常规的公务、商务活动）。在礼服规制还没有与国际全面接轨的情况下，黑色中山装作为正式礼服仍是最合适的选择。这其中有以下几个原因。首先，中山装无论从政治的、传统的、民族的等方面来说都有新中国的象征意义；其次，在功能上它不存在时间概念，与国际礼服对应时适应面宽。故它完全可以和国际上社交“番制”的第一礼服、正式礼服平起平坐，国际社会也是这样认可的。可以说中山装是被时代又推向了前台，焕发了青春，这是一种“市场规则”的需要，也是一个特殊的过渡期。一方面中山装作为正式礼服也仅限于国家官员中，在我国民间或工商界的社交中却少有使用，而国际化程度更高，如果有也是自我的表达，多有民粹之嫌，表达看来接受国际礼服惯例仅是时间问题。另一方面中山装含有民族色彩，在世界政治、文化、经济的冲刷下，会变得越来越狭隘。因此，随着时间的推进和进一步的国际交往、实践，礼服的国际规则会逐渐被接受，但过渡期礼服的缺位一定是由中山装来补。

根据上述分析，可以确定在国际主流社交中运用中山装的一个原则建议：黑色中山装可以作为正式晚礼服，与包括燕尾服和塔士多礼服在内的盛装对应；灰色中山装（包括黑色）可以与包括晨礼服和董事套装的日间礼服对应；黑色套装（包括西服套装）作为标准礼服已被国人普遍接受而成为通用礼服（图12–2）。

因此，在国际交往中如有对晚礼服和日间礼服的特别要求，穿中山装是得体的选择，黑色比灰色更庄重、级别也高。当然穿中山装我们自己就会否定的，因为当我们身临其境时，那种强大的仪式气氛，你的服装有丝毫的不同之处都不可容忍。这种伦理精神中山装还是不足够与此抗衡。可见，中山装和世界性礼服，在我们看来是时代发展过程中一个不可超越的阶段。

图12-2 世界性礼服与中山装在国际社交中的对应关系

三、中山装的“格致”命题使它成为世界语言

中山装是地道的舶来品，它的形制可以说比现代主流社会社交礼仪级别钦定的所有礼服都要古老，可以说是现代礼服的活化石，因为它与中世纪欧洲贵族的究斯克特外套一脉相承，最终被古代的军服所利用。中山装的关门企领和箱式贴袋的特点，说明它是由20世纪初国际通行的军服演变而来的。中山装的诞生可以说是革命性的，辛亥革命以后，为了革除带有封建色彩的长袍马褂，需要推广一种新的服饰。孙中山先生主张既有中国特色又符合世界潮流，提出了国服的革新要求，特请黄隆生设计。黄隆生是旅居越南的爱国人士，也是很有名气的裁缝师，1902年，孙中山应当时安南(越南)总督韬美氏的邀请，前往河内访问。黄隆生很仰慕孙中山，闻讯拜访，并加入了兴中会，后成为安南兴中会分会的负责人。黄隆生受命新装设计后，设计了几种款式，亲自缝制后专程送到广西孙中山处，孙中山一下就看中了其中的一种，立即试穿，当时在场的人都说很好，孙中山也十分满意。孙中山便在各种公开场合穿这种新式服装，中山装的名字由此诞生。

初期中山装的纽扣是十一个，后来简化成七个和五粒扣，这是符合历史事实的，因为借鉴于欧洲传统的军服，当时紧密排列的纽扣是军事时代的历史反映，军服纽扣多有两种考虑，一是提高封闭性，二是在军队中有“凝聚”的视觉效果。四个口袋两个大袋为箱式，最初是为了携物多而方便，后来成为军队区别官服和士服的级别元素。这种形制在今天的军服中仍在传承着，很自然被革命者借鉴成为一种“革命”的象征。这种情形也发生在印度，印度的尼赫鲁制服可以说与中山装的命运如出一辙（图12-3）。

图12-3 早期的中山装均为七粒扣（孙中山先生）

七扣中山装和五扣中山装在裁剪设计上也有区别。七扣中山装可以说是直接从西装的三缝结构演变而来的；五扣中山装又从三缝结构变成了两缝结构（去掉后中缝）。这可以说是中山装革命性的改变（因为在西装的裁剪中是不存在没有后中缝结构的），也是确立中山装民族化的标志。中山装的整体廓形外观为箱型，这与它的两缝结构有关，即两个后侧缝。从这一点上看，基本可认定中山装仍保持了西服的结构系统。三缝（四开身）结构和五缝（六开身）结构是西服的基本裁剪设计，中山装是在三缝结构的基

础上将后中缝去掉，使后身衣片成为整体而减少了收腰的机会，形成了独特的两缝结构（三开身）“箱式造型”。这一独特的结构特点甚至成为中山装的“行规”，而以此作为国际服装界识别中山装的重要依据。

为什么中山装会从西装的四开身变成三开身？虽然理论界还没有形成统一的共识，但有两点是值得研究的。第一，从造型学来讲，西洋的服装结构是以合体、收腰为基本造型特点，多片分割既是造型的需要，又是结构的必然。而中山装虽由此发展而来，但箱式造型是中国传统文化更能接受的形制，长袍马褂就是这种形制的集大成者，因此，中山装的结构减少分片，整体造型就是“长袍马褂”在中山装的投驻，这符合中国人抑扬内修的道德愿望。第二，中山装的“整合性”是变西洋的“分析”为中华“一统”传统哲学思想的反映。它的核心是天人合一，天人合一的基础是“敬物”，敬物的行为准则就是要善待自然之物和创造之物。因此，中山装无中缝裁剪的真实动机是最大限度的节俭和不破坏布料，甚至以牺牲塑造形体为代价，问题是“塑造形体”刚好违背了“天人合一”。可见中山装三开身的结构实在是中国人的创造，重要的是我们并没有深入挖掘她所蕴含的古老而伟大的格物致知命题。由于孙中山时期的中山装保留了洋装三缝结构的特点，也就形成了今天中山装结构的两种基本裁剪形式，即西洋的三缝结构（四开身）和中国的两缝结构（三开身），但主流一定是后者，这使得现代西装的五缝结构（六开身）在中山装身上趋之若鹜（图 12-4）。

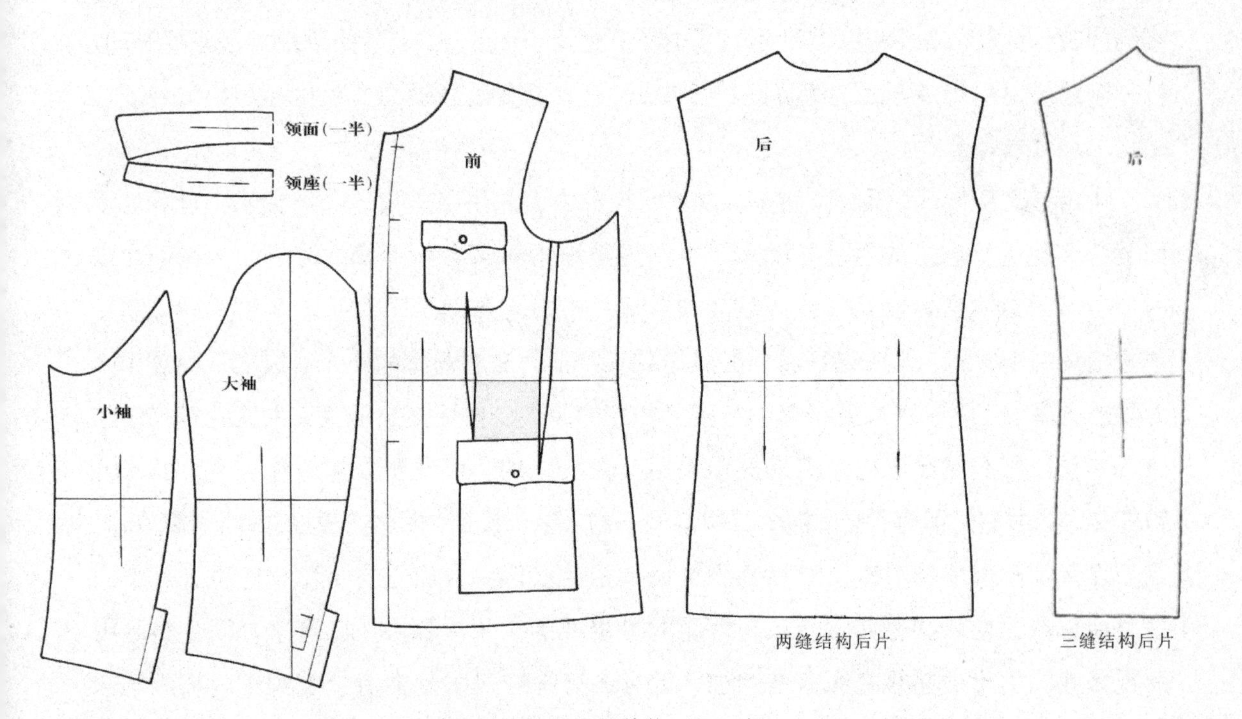

图 12-4 中山装主流的两缝结构（三开身）

中山装的裤子也有被同构的味道。配合中山装箱式造型的特点，裤子筒状明显，采用后口袋加装袋盖的对称设计，裤口用翻脚形式。这既可以认为是一种精心设计，也可以视为一种传统中庸思想的渗透，尽量使平稳的造型语言在中山装中达到愔愔的释放，这也许不符合国际礼服的造型原则和规律，但它秉承的平等精神使国际主流社交变得多元而和谐，中山装便是其中的重要一员（图 12–5）。

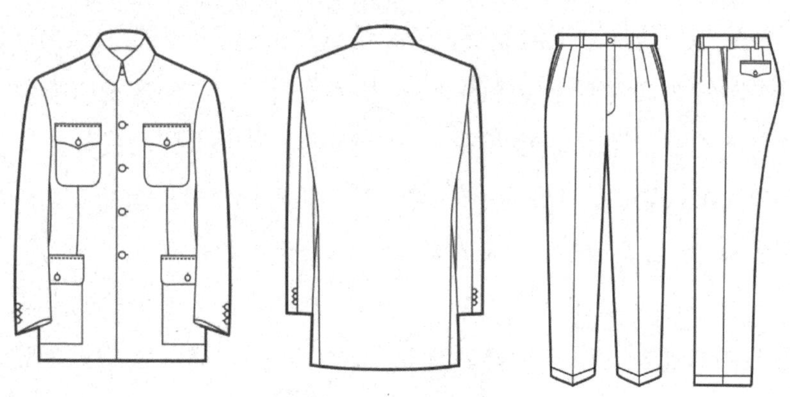

图 12-5 中山装的民族性表现为整体造型平稳且内涵丰富

对世界性礼服语言继承最彻底的是中山装颜色的使用。没有任何纹理的黑色、深蓝色和灰色几乎成为它的专用色，而这三种以外的任何一种颜色都很难让人接受。配服的一致性也是如此，上下装同质同色，内穿白色衬衫，脚穿三接头皮鞋等，它们搭配的专一性甚至超出了世界性礼服。在着配服上，中山装内穿衬衫还有一些比西装困难的问题。因为中山装和标准衬衫的领型都是企领，而且，中山装的风纪扣是不解开的，衬衫领还要沿中山装领上边缘露出约 3mm，这就需要改企领为立领衬衫和中山装领的结构、尺寸非常合适。

中山装之所以成为国服，是在 20 世纪初孙中山先生引进代表欧洲文明（世界主流而强势文化的标志）的西装并融入了中国传统理念和革命精神设计而成的，在孙中山的倡导下得以推广，以至于成为革命的象征。中山装虽然源于西装，但更多地体现了中国传统的中庸思想与和谐精神，其典型款式特征为左右对称的四个有袋盖的贴袋（来源于西方军服），这种原属于可容纳更多物品的装置变得更具象征意义的文化符号了；企领与单排扣相结合既内敛又庄严；采用三开身结构，保证了衣片的整一性；共有九粒纽扣，其中前门襟有五粒，四个口袋各有一粒，整个设计体现出一种东方的均衡美学，这与西装那敞开的领口、不对称的胸袋设计相比显得更为庄重与平稳，这也许是中山装之所以成为中华国服而没有选择西服的最主要的文化诠释。由此看来，现今将中山装视为我国男士的超级礼服有些勉强，但它的确是应对国际主流社交的正式礼服场合充满智慧的选择。

参考文献

[1] 妇人画报社书籍编辑部. THE DRESS CODE[M]. 日本：妇人画报社，1996.

[2] 監修・堀洋一. 男装服饰百科 [M]. 日本：妇人画报社，1996.

[3] 妇人画报社书籍编辑部. FORMAL WEAR[M]. 日本：妇人画报社，1986.

[4] 妇人画报社书籍编辑部. SUIT[M]. 日本：妇人画报社，1985.

[5] 妇人画报社书籍编辑部. BLAZER[M]. 日本：妇人画报社，1985.

[6] 岡部隆男. JACKET[M]. 日本：妇人画报社，1995.

[7] くろすとしゆき监修. The Shirt. 日本：妇人画报社，1986.

[8] Bernhard Roetzel.Gentleman[M]. Germany:Konemann， 1999.

[9] Alan Flusser. Clothes And The Man[M]. United States: Villard Books，1987.

[10] James Sherwood. Savile Row[M]. UK:Thames & Hudson.2010.

[11] Alan Flusser. Style And The Man[M]. United States: Hapercollins，1996.

[12] Alan Flusser.Dressing The Man[M]. United States: Hapercollins，2002.

[13] James Bassil. The Style Bible[M]. United States: Collins Living，2007.

[14] Carson Kressley. Off The Cuff[M]. USA :Penguin Group.Inc，2005.

[15] Cally Blackman. One Hundred Years Of Menswear[M]. UK:Laurence King Publishing Ltd，2009

[16]Kim Johnson Gross Jeff Stone. Clothes[M]. New York: Alfred A. Knopf，1993.

[17]Kim Johnson Gross Jeff Stone. Dress Smart Men[M]. New York: Grand Central Pub，2002.

[18]Kim Johnson Gross Jeff Stone.Men’s Wardrobe[M].UK: Thames and Hudson Ltd.，1998.

[19]Tony Glenville. Top To Toe[M]. UK: Apple Press，2007.

[20]Birgit Engel. The 24-Hour Dress Code For Men[M].UK: Feierabend Verlag, Ohg， 2004.

[21] 刘瑞璞. 服装纸样设计原理与应用男装编 [M]. 北京：中国纺织出版社，2008.

[22] 刘瑞璞. 男装语言与国际惯例——礼服 [M]. 北京：中国纺织出版社，2002.

[23] 刘瑞璞，常卫民，王永刚. 国际化职业装设计与实务 [M]. 北京：中国纺织出版社，2010.

附录

20 世纪 90 年代初在日本出版的一本权威《男士服饰事典》中，在大部分章节的末尾都会介绍一两个著名的绅士，他们或多或少都为绅士文化的建设与发展做出过贡献，他们的着装曾引领过一次次时尚的潮流甚至社交革命。或许正是他们成为今天主流社交着装规则，也就是国际着装规则（THE DRESS CODE）这个庞大系统的创始者。将这些有关绅士的简要信息进行搜集并加以整理，再现风靡一时的绅士帝国，通过解读这些优雅的历史碎片，对于我们理解礼服发展演变的真实内涵和现实价值是有很大帮助的。故整理出附录一绅士史考证、附录二绅士称谓与花花公子、附录三绅士族谱。另，为方便绅士礼服定制系统梳理了附录四绅士礼服定制方案和附录五礼服定制方案与流程，以提供权威的绅士礼服定制指引。

附录一　绅士史考证

美国著名的《韦氏在线大辞典》（Merriam-Webster Online）中，对于“绅士”一词作出了四种解释，即指“出身高贵的男士”“拥有田产的贵族男士”“出身高贵又有骑士风度的男士”“无需为生活劳碌奔波的男士”。事实上，这四种解释和我们的认知似乎都有一定的距离。它与现代英语中的很多词汇一样，“绅士”一词也源自拉丁语，而拉丁语的拼写是“gentilis”，意指属于某一家族的男士，这和“韦氏”中的解释没有什么不同。可见，多少个世纪以来，英语中的“绅士”一词及其定义已经发生了很大的改变。

20世纪初，英国历史学家乔治·斯蒂威尔曾指出，英语中的“绅士”概念最早出现于1413年。当时，国王亨利五世（1387–1422年）颁布了这样一道法规：在上诉或控告的过程中，都需要陈述被告的财产和地位。这也就意味着，需要有一个新词汇来代表在骑士和男爵家庭中的年轻成员，以区别于那些有头衔的兄弟姐妹们。那么，财产和地位是界定绅士的关键因素，是最早形成的社会共识。

与此同时，“绅士”一词首次出现在文学作品中。在诗人杰弗里·乔叟最为著名的《坎特伯雷故事集》中，有一则于1386年从法文翻译过来的道德故事“梅里白的故事”（Meliboeus）。从这则故事中，我们可以知道绅士一词的最初含义是以维持好名声视为重要的人：“一个为留下好名声而勤奋做事的人，毫无疑问可以被称作是绅士”。几年以后，在乔叟的另外一本译自法文的作品《玫瑰的浪漫》（The Romance of the Rose）中，我们可以发现另一个有趣的定义：“他是一个绅士(gentil)，因为他长期像绅士（gentilman）那样行事”。这时发现绅士除了财产和地位，有了特定的行为。那么如何标榜它，古老的方式就是“族徽”。这一时期，我们能比较准确地知道绅士的数量，因为地位显赫的绅士必须佩戴盾形徽章以证明其血统。因此，绅士可以说是由贵族文化为主导推进的。

亨利八世时期（1491年到1547年在位，他以拥有六位妻子而在英国著名），允许四类男士佩戴盾徽，他们分别是“peers”，即贵族，包括公爵、侯爵、伯爵、子爵、男爵；“knights”即骑士，介绍他们时，可以用“Sir”称呼；“esquires”即先生，他们人数众多，原本是骑士的助手，先辈往往也是骑士；“gentlemen”即绅士。不过，容易引起混乱的是，“gentlemen”（绅士）也可以用来指称上述所有四类人，也就是我们所说的上层人士和贵族。他们几乎都很富有，其中大部分人都想方设法获取新的社会财富。当亨利国王与罗马教廷决裂时，原本属于教会的土地被没收，成为国王的财产。新兴阶层通过购买这些原本属于教会的土地很快就变得受人尊敬，地位相对较低的绅士抓住这一机会提高他们的历史地位，商业中产阶层也意识到他们可以借此成为一个有领地的绅士。虽然这些人无法成为有世袭爵位的贵族，但只要他们通过购买土地证明了自己是受人尊重的名门望族，有着优良的家族传承，就能标榜自己是绅士了。这样看来，从 15 世纪末 16 世纪初这个代表上流社会的绅士阶层就很完备了，它的社会构成就是贵族、骑士和先生。

到了 16 世纪，绅士的定义中开始包含一些新的因素，如土地、财富及个人追求，更接近于现代的、非军事的绅士概念。一方面，一批新涌现的知识阶层人士被看做绅士，他们从事法律或宗教工作，曾经就读于剑桥大学或牛津大学，甚至在经济高速发展的年代成为成功的商人；另一方面，关于绅士不该做什么的意识形态也开始逐渐扩散到这个阶层中。按照当代作家约翰•布朗特的说法，那就是“他们不应该去耕田、养牲畜，也不应该做买卖”。耕田、养牲畜、做买卖是当时人们的主要谋生手段，可见，所谓新英国绅士的一个基本特征就是，他们不工作，也不应该工作。这种意识形态，就是绅士的家族世袭性使他们有更多的时间去建构他们高雅的社交规制与伦理。

到了 18 世纪，绅士的含义又有了新的变化。1710 年，爱尔兰作家、政治家理查德•斯蒂尔在当时著名的 Tatler 杂志上撰文写道：“朝臣、商人以及学者都应该有权拥有绅士称号，绅士的称号从来不是取决于一个人所处的环境，而是取决于他的行为。”这可以看做是 19 世纪绅士的内涵：绅士是有职业的人，他们应该服务于城市和国家，成为对社会有更大贡献的榜样，按今天的话说就是推动社会文明的“正能量”。

17 世纪的内战标志着英国从封建主义向资本主义的转变，从中世纪晚期过渡到现代早期。随着查理斯二世的登基，英国的君主制复活，传统官方势力又重新夺回了控制权，其中的大部分人在 18 世纪成为了贵族阶层，被描绘为农业资本主义时期的准资产阶级精英。这些新的社会精英的出现，使得英国进入了“上流社会”（polite society）的国家，这在一定程度上弥合了内战所引发的社会创伤和破坏力。在上流社会，不同等级的人之间能够没有约束地进行对话。无论是商人与贵族之间，还是小店店主与乡村绅士之间，都不存在先前几个世纪因为政治地位与宗教信仰不同所造成的障碍。“上流社会”代表了比 17 世纪更为伟大的社会凝聚力，所带来的是对社会文明的巨大推动。在这一转变过程中，“上流社会”及其机构在接下来的稳定的两百年里得到了发展，以中产阶层为主体的绅士开始扮演关键角色，如构建平等、信任、务实的社会秩序[1]。

1832 年，英国国会提出了一项旨在扩大投票权、重新分配议会席位的改革法案，在其后将近 150 年的时间里，这一法案第一次对规定选举特权的法规提出了挑战。用著名历史学家大卫·坎纳迪内（David Cannadine）的话来说，就是这项法案确立了“中产阶层已经代替了贵族阶层，成为国家的统治阶级，确定无疑地、稳定地控制了 19 世纪的经济、政治以及意识形态，正如土地所有者在 18 世纪所拥有的统治权一样”。

19 世纪以后，人们已经不再根据血统、所佩戴的徽章来界定一个人是否是绅士，而是根据他的行为举止，一个必须强调“仪式感”的优雅阶层诞生了。因此贵族、骑士、先生还要加上优雅的举止才能称其为绅士，而后者几乎可以表达一切，这与今天的界定非常相近。绅士的这个新定义很快风靡全球，它鲜明地反映了 19 世纪英国，即人们常说的维多利亚时代的价值观。维多利亚女王 1837 年至 1901 年在位，六七十年间大英帝国臻至极盛：工业发展、经济进步，而新兴的绅士阶层扮演着日益重要的角色。从文学作品、电影和美术作品中，我们都可以看到身着黑色大礼服、头戴大礼帽、手拎一把雨伞的绅士形象。

19 世纪后半期，英国绅士逐渐开始走向衰落。

以上就是绅士的发展史，从中我们可以看出：绅士的概念已经深深植根于英国人的内心，它也可以解释过去数百年来英国文化的力量与适应能力。其实，在诸如衣着打扮、休闲活动等外在因素下，还蕴藏着丰富的价值观体系。这种价值观体系源自中世纪的骑士文化，又经过了 19 世纪煊赫一时的工业革命，让大英帝国真正造就了一个现代意义上的绅士文化。

---

[1] 以中产阶层为主体的绅士阶层：在我国的社会发展中就始终没有建立起以中产阶层为主体的绅士阶层，长期的社会动荡与种族社会人群结构的不健全有关。改革开放以后，大学从精英教育转变为大众教育，是计划培养这个阶层的重要步骤，但一个绅士阶层的养成不是一蹴而就的，最重要的是现代伦理科学和道德精神的养成，这是几代人不懈努力才能实现的。

附录二 绅士称谓与花花公子

花花公子（Dandy）也被称为“beau”或“gallant”，是最能诠释这种形象的词，指注重外表、行为举止，娱乐休闲亦显优雅并自我欣赏的男士。在《牛津英语辞典》（Oxford English Dictionary）里，花花公子（Dandy）一词被定义为“一个过度讲究服饰和优雅的男士”，而它的同义词“beau”和“gallant”则一般用来嘲笑那些对于着装、谈吐、举止等方面过分苛刻要求自己达到完美形象（good form）的男士。

关于花花公子（Dandy）这个词的来源说法不一，在18世纪70年代，被解释为“对穿着或者外观过分讲究”的男士，“Dandy”一词多被用来形容人们的行为。最早出现于18世纪美国独立战争之前的几年里，当时有一首诗歌类的合唱曲目《胜利之歌》（Yankee Doodle），歌中嘲笑那些出生于美国的殖民者的贫困和无教养，暗示出与拥有一匹良马或者金丝编织服装的欧洲人相比，仅仅拥有一匹小马和一些羽毛装饰物服装的普通美国人显得如此贫乏。大约在1780年，一首苏格兰边界的民谣也提到了“Dandy”这个词，但是可能没有接近于上下文内容的含义。原来，“Dandy”的完整形式可能是“Jack-a-Dandy”，这是拿破仑战争时期的一个流行词。在当时的俚语中，“Dandy”与“Fop”存在着一定的区别，前者的服装比后者更加优雅和严肃，但是现在两个词基本通用，都表示“花花公子”的意思。

花花公子（Dandy）一词以文字的形式在文学作品中最早出现在约翰·普雷沃斯特（John C.Prevost）1957年出版的《1817~1839年间法国的花花公子》（Le Dandysme en France，1817—1839）一书中，当时书中主要介绍的花花公子是雅典杰出的政治家和演说家亚西比德（Alcibiades）。然而历史上真正现代意义上的“花花公子作派”早在18世纪90年代革命时期的伦敦和巴黎就已经开始初见端倪了。尤其在18世纪末到19世纪初的英国，“花花公子作派”十分盛行，那些自称为dandy的人尽管有些只是来自于中产阶级的家庭，却也在极力模仿着一种贵族式的生活方式。

在18世纪，穿着反政治的服装已经成为了英国人的一大特色。鉴于这些内涵，“花花公子作派”可以被看做是对日益崛起的平均主义原则的政治抗议，往往包括对封建制度或者工业化以前的价值观的顽固职守，如“完美绅士”或“自主贵族”。花花公子们需要观众，苏珊·施密德（Susann Schmid）观察研究英国作家奥斯卡·王尔德（Oscar Wilde）和诗人拜伦勋爵（Lord Byron）成功的交际生活，发现他俩无论是作为作家还是作为制造八卦和丑闻的公子哥，他们在公共场合都完美地扮演了花花公子的角色。

民众对“花花公子作派”的发展一直保有一定的怀疑态度。有部分人肯定它的存在，小说家乔治·梅雷迪斯（George Meredith）曾经将“花花公子作派”的代名词“玩世不恭”（Cynicism）赞美为一种“理智的纨绔主义”（Intellectual Dandyism）；18 世纪末以花花公子为题材的著名文学作品之一《腥红色的繁笺花》（Scarlet Pimpernel 附图 2–1），书中描写的背景正处在法国大革命时期，那时巴黎人民推翻君主立宪派统治，法国贵族作为统治特权阶级的第二等级（仅次于天主教教士组成的第一等级），一步步被资产阶级、农民和城市平民组成的第三等级推向绝路，被困在巴黎的法国贵族们无处藏身，但是年轻的英国绅士同盟鼓励他们跨越英吉利海峡逃跑，他们用繁笺花作为沿途的标记，利用他们的机智逃离了这场灾难。也有一些人对此持相反的态度，托马斯·卡莱尔（Thomas Carlyle）在《衣裳哲学》（Sartor Resartus，附图 2–2）一书中写道：“花花公子不过是一些穿着上讲究的男士”。19 世纪法国著名的批判现实主义作家奥诺雷·德·巴尔扎克（Honoré de Balzac），1835 年在《人间喜剧》之一的《金眼姑娘》（La fille aux yeux d'or 附图 2–3）一书中介绍了起初完全不为世俗所动的亨利·马萨（Henri de Marsay），开始时算得上是个完美的花花公子，但是后来对爱情的痴迷使他陷入了愤怒和充满杀气的嫉妒之中。

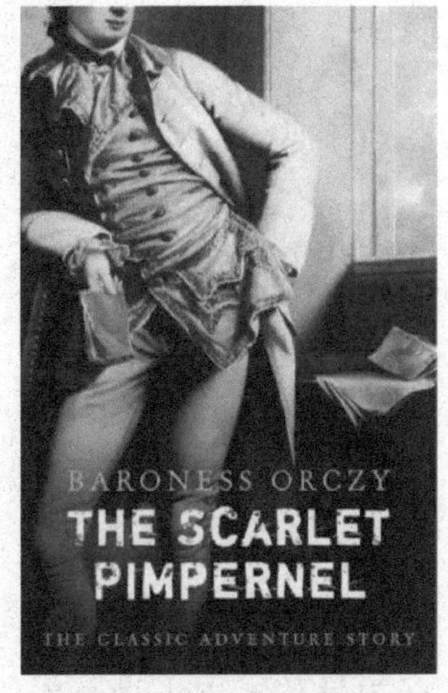

附图 2-1 腥红色的繁笺花（Scarlet Pimpernel）

附图 2-2 衣裳哲学（Sartor Resartus）

发展到“花花公子作派”的形而上学阶段，19 世纪上半叶的巴黎诗人查尔斯·波德莱尔（Charles Baudelaire）将花花公子定义为“一些将美学提升到生活宗教高度的男士，他们的存在仅仅是为了指责中产阶级的公民。‘花花公子作派’从某种意义上说已经接近于‘精神’（spirituality）和‘淡泊主义’（stoicism，来自于斯多葛派哲学，认为人不应为情感所动，应把各种事情当做神意或不可避免的自然法则的结果来坦然接受），他们唯一存在的形式就是作为美的意念根植于人的思想当中，去满足他们的激情、感觉和思想”。与那些轻率的人观点不同，查尔斯·波德莱尔眼中的“花花公子”并不仅仅乐于追求着装和物质上的优雅，而对于一位完美的花花公子来说，这些东西仅仅是一种贵族优越性的象征。

附图 2-3 金眼姑娘（La fille aux yeux d'or）

英国社会典型的花花公子就是乔治·布莱恩·布鲁梅尔（George Bryan Brummell），在 18 世纪 90 年代中期，花花公子布鲁梅尔成为了早期“名人”的化身，也被称为是“简洁诙谐的衣服架子”。除此之外，乔治·戈登·拜伦（George Gordon Byron）在穿戴方面也有同样很显著的造诣。另一个同时代的花花公子就是阿尔弗雷德·纪尧姆·加布里埃尔·奥赛（Alfred Guillaume Gabriel d'Orsay）伯爵，他和拜伦是很好的朋友，而且一起跻身于当时伦敦上层社会的圈子里，成为18世纪末19世纪初英国炙手可热的风流绅士，今天的社交服制甚至还能感觉到他们的影响，如“浆硬过的衬衫领”。

到了19世纪中叶，作为男性时尚柔和调色板的英国花花公子，在服饰方面表现出微微的风雅：精纺羊毛、倾斜的口袋盖和外套翻边、考究的手套颜色、具有一定光泽的鞋子等。他们对于装扮自己并不需煞费苦心，这种优雅的“花花公子作派”一直被认为是英国男士骨子里所特有的。

在20世纪，花花公子一词通常是一个带有诙谐和讽刺意味的形容词，表示“精美的”（fine）和“伟大的”（great）。当它以名词的形式出现时，指的是一位整洁体面、穿着考究的男士，但是也会偶尔指那些自大的人。

花花公子在法国的开端与法国大革命的政治有密切关系，花花公子时代的初级阶段表现在上流社会富有的青年身上，他们为了区别于不穿套裤的穷苦人，穿上了带有政治等级的贵族风格服装。在花花公子时代的全盛时期，布鲁梅尔创造的时尚和礼节风潮盛行，他的很多穿衣习惯被大众模仿，尤其在法国得到了空前的发展，在那里，有些花花公子也有时会因革新而出名，敢于创造自我个性的男士从根本上讲突破了过去的传统。有着精心设计的服装和悠闲的生活方式，放荡不羁的法国花花公子们试图传达对资产阶级社会优越性的蔑视。在19世纪末期，这种穿着花哨的花花公子作风对法国文学的象征主义产生了很大的影响。

波德莱尔（Baudelaire）对花花公子作派有着很浓厚的兴趣，并且曾经写下令人印象深刻的一段话：“作为一个有抱负的花花公子必须时刻保持优雅，培养自我的审美水平，必须始终渴望得到人们的崇敬，必须时刻注重自己的形象”。其他的一些法国知识分子也对漫步在巴黎大街小巷的花花公子们感兴趣，朱尔斯·阿梅代·巴贝独瑞维衣（Jules Am é d é e Barbey d'Aurevilly）写的一篇短文《解剖花花公子作派》（The Anatomy of Dandyism）用了很大的篇幅去研究布鲁梅尔的花花公子生活。

文学界的一些花花公子，像奥斯卡·王尔德（Oscar Wilde）、蒙罗陛下（H.H.Munro）、沃德豪斯（P.G.Wodehouse）和罗纳德·费尔班克（Nonald Firbank）等，这些作家花花公子们具有颠覆性的作派融入了他们的著作（或者自传）中。

诗人阿尔杰农·查尔斯·斯温伯恩（Algernon Charles Swinburne）和奥斯卡·王尔德（Oscar Wilde），美国画家詹姆斯·麦克尼尔·惠斯勒（James McNeill Whistler），西班牙画家萨尔瓦多·达利（Salvador Dal í）、乔利斯－卡尔·胡思曼斯（Joris-Karl Huysmans）和马克斯·比尔博姆（Max Beerbohm）都是第一次世界大战前的著名花花公子。在意大利，加布里埃莱·邓南遮（Gabriele d'Annunzio）和卡洛·布加迪（Carlo Bugatti）是19世纪末典型的花花公子。19世纪末，美国的花花公子被称为dude，伊万德·贝利·沃尔（Evander Berry Wall）就被起了个绰号叫“花花公子国王”（King of the Dudes）。

乔治·瓦尔登（George Walden）在文章《谁是花花公子》（Who’s Dandy?）中称诺埃尔·考沃德（Noël Coward）、安迪·沃霍尔（Andy Warhol）和昆汀·克瑞斯普（Quentin Crisp）是时髦的花花公子。沃德豪斯小说中的人物珀史密斯（Psmith）无论是外在还是精神上被认为是一个花花公子。沃德豪斯写的关于吉夫斯小说中的叙述者伯蒂·伍斯特（Bertie Wooster）不遗余力想成为一位花花公子，最终却被吉夫斯破坏掉了他的所有计划。阿加莎·克里斯蒂(Agatha Christie)笔下的大侦探波洛(Poirot)也被认为是花花公子。艺术家塞巴斯蒂·安霍斯利（Sebastian Horsley）在他的自传中将自己描述为“底层社会的花花公子”（附图2-4）。

在20世纪90年代末的日本，花花公子作派成为了一种时尚的亚文化，直到现在，dandyism这个术语仍被用来指那些年长的、穿着考究的男士，一般特指四五十岁的成熟男士。英国的历史学家托马斯·卡莱尔（Thomas Carlyle）在《衣裳哲学》一书中的一篇文章《花花公子们》中这样解释道：“花花公子（dandy）指的是与服装息息相关的人，他们的职业、工作和生活都存在于服装之中。他们的灵魂、精神、财产和外表都英勇的奉献给了体面的着装。所以换句话可以这样说，别人穿装是为了活着，而他们活着是为了装扮”。奥斯卡·王尔德（Oscar Wilde）曾经说过：“一个人要么成为艺术品，要么穿上艺术品”。法国小说家阿尔伯特·加缪（Albert Camus）这样说道：“花花公子创造出了属于他们自己的审美方法，但这是一个否定的审美”。据波德莱尔所说，花花公子的口号是“生死都不能离开镜子”。这确实是一个有趣的口号。从职业的角度出发，花花公子是被反对的，他们只能存于人们的蔑视当中。因此，他必须自己掌握自己的命运。花花公子集结他们的力量用和平的方式创建他们的帝国。他们一直都是演员，像那些没有生活规律的人一样肆意挥霍。但是这类演员暗示着一种社会现象，花花公子只能扮演反对自己的角色。他只能通过肯定别人的脸色来表达自己的存在。其他人都是他们的镜子，一面随时都会变阴暗的镜子。令人叹服的是他们的职责，超出了完美限度的职责。他们在事情的边缘永远是不完整的，他们通过不断否定自己的价值观而强迫别人去接受自己。

附图 2-4 冥界公子（Dandy in the Underworld）

附录三　绅士族谱

罗伯特·菲尔丁（Robert Feilding，1651–1712）

附图 3-5　罗伯特·菲尔丁
(Robert Feilding)

罗伯特·菲尔丁出身于查尔斯二世宫廷中的登比家族，从年轻时候开始就被称为美男子，因此在宫廷中有“英俊菲尔丁（Handsome Feilding）”“花花公子菲尔丁（Beau Feilding）”等绰号，是英国首屈一指的盛装大师（附图 3–5）。和“Bow Wilson”以及“Bow Hewitt”等一样，都被冠以 Bow（追求虚荣者）这个混名。

1685 年查尔斯二世国王去世后，菲尔丁成为了詹姆斯二世国王和罗马天主教的忠实拥护者，从国王到爱尔兰的军队指挥官都信任他，而他作为一个军人也做了适当的工作。1689 年，菲尔丁随詹姆斯在爱尔兰已经成为了基尔肯尼郡的国会议员。光荣革命之后，詹姆斯被迫退位，菲尔丁追随被放逐的昔日国王到了法国巴黎。在重返英国之前，菲尔丁于 1696 年以詹姆斯二世党人的身份被囚禁，第二年出狱后便开始了他的糜烂生活。但是不管怎样，他作为英格兰首屈一指的盛装大师，也就是说作为“Bow Feilding”一派这一点已经被他的传记作家所认同。

关于他华丽的一生可以从与他同时代的英国小说家乔纳森·斯威夫特（Jonathan Swift）所撰写的菲尔丁自传中了解到。此外，《闲话报》（The Talter）的创办者理查德·斯蒂尔（Richard Steele）也曾记录过菲尔丁的性格以及早期的生活，为后人了解菲尔丁留下了宝贵的资料。

理查德·纳什（Richard Nash，1674–1762）

理查德·纳什是 18 世纪英国著名的花花公子，引领了当时的时尚潮流（附图 3–6）。他作为时尚先锋制定了各种各样的服装规则，建立了当时的“时尚潮流馆”，是替代罗伯特·菲尔丁（Robert Feilding）而出现的。这个花花公子作为布鲁梅尔（Brummell）

的先驱者之一，于1674年出生于英国西南部威尔士地区格拉蒙下州的斯温西市（Swansea），先后求学于卡马森文法学校（Carmarthen grammar school）以及牛津大学（Oxford）的基督学院（Jesus College）。

他与菲尔丁相同，以喜好放荡而得名，而且被传对赌博有着不同寻常的热情。1705年，他从伦敦移居到了萨默赛特州（Somerset）的疗养地巴斯（Bath），并被威廉三世任命为当地的司仪。但是没过多久他就得到了有着巴斯当地国王意味的"巴斯之王"的称呼，并作为当地的统治者有着绝对的权威。在纳什的管理之下，巴斯成为了19世纪英国最时尚的地方。值得注意的是，在那里至今有一家以纳什的名字命名的酒馆，同时在大楼的外面陈列了一块纪念纳什的荣誉牌匾。纳什既是祭祀部门的创立者，也是18世纪初期花花公子的典型。特别是灰色的礼帽和刺绣上衣成为了当时人们的话题（附图3–7）。

附图 3-6 理查德·纳什（Richard Nash）

纳什长时间君临于英国社交界，并作为时尚领袖制定了各种各样的礼仪做法和服装规则，最终以纳什馆（Bow•Nash）而留名于历史。纳什的死在当时引起了极大的轰动，1762年著名的作家奥利弗·戈德史密斯专门为他写了一本书名为《理查德·纳什的一生》。

附图 3-7 戴着灰色礼帽的纳什

附图 3-8 菲利普·多玛·斯坦诺普（Philip Dormer Stanhope）

附图 3-8 穿着柴斯特外套的六世柴斯特菲尔德伯爵（George Stanhope）

柴斯特菲尔德伯爵四世（Fourth Earl of Chesterfield，1694–1773）

伯爵的全名是菲利普·多玛·斯旦诺普（Philip Dormer Stanhope），而 Chesterfield（柴斯特菲尔德）是伯爵的贵族封号。他是英国的政治家、文学家，他给其子所写的书信，其实就是一本“绅士物语”，以《柴斯特菲尔德书信集》的方式出版。他与贺拉斯·沃波尔（Bow Nash、Horace Walpole）等几乎同时代的风流雅士成为英国历史上名声显赫的绅士被大家所熟知，而柴斯特菲尔德四世则是绅士历史中里程碑式的人物（附图 3–8）。

柴斯特菲尔德伯爵是当时绅士礼仪礼法的权威人士。他倡导作为一个绅士，举止优雅和外表得体规范的重要性，而且身体力行。他临终时的一个小插曲充分地体现了这一点，他的一个叫 DeRose 的友人来向他告别的时候，柴斯特菲尔德不顾自己的身体，仍然像往常一样很有礼貌地说“请 DeRose 坐下，这才是真正的绅士”。

今天的第一礼服外套柴斯特菲尔德外套（Chesterfield Coat），是来自于他的教子菲利普·斯坦霍普（Philip Stanhope）的儿子乔治·斯坦霍普（George Stanhope），也就是后来的柴斯特菲尔德第六代。第六代柴斯特菲尔德是奥赛（D'ORSAY）伯爵的好友，也是当时（1830 年代）的时尚先锋，由此可见柴斯特外套成为 1830 年代绅士标志性的服装之一，这种规制至今仍未改变（附图 3–9）。

乔治·华盛顿（George Washington，1732–1799）

乔治·华盛顿被选为美国第一任总统是在独立战争结束 8 年后的 1789 年。说到 1789 年大家就会想到法国大革命，而美国在这个革命之年也制定了新的合众国宪法，而正是在这个新的宪法下华盛顿就任了最初的美国总统（附图 3–10）。

在殖民地弗吉尼亚州，这个未来的大统领于 1732 年出生在一个农场主家庭。他本是英国血统，在他曾祖父那一代开始移居到了新大陆弗吉尼亚。年轻时候的华盛顿首先自学了测量技师，然后遵照父亲死后的遗言，从兄长劳伦斯（Lawrence）那里继承了弗农山（Mount Vernon）的土地，也就决定了他的乡绅出身。

附图 3-10　乔治·华盛顿（George Washington）

华盛顿坚强、勇敢、渴望战斗，是一个天生的领袖。在 1752 年英法两国因争夺殖民地而大战的时候，他参加了英国军队并屡立战功，且统帅了弗吉尼亚战役，晋升为上校。从这时候起华盛顿便成为一名保有著名乡绅背景且领导能力出众的军人。他是一个与军装很相配的绅士，年轻英俊，有着身高 6 英尺 3 英寸标致身材的青年将帅。在青年时代，法兰西式的宫廷服装正盛极一时。撒上发粉的鬓发、刺绣装饰品、丝绸袜子、丝绸的半截裤子，以及用天鹅绒、锦缎所缝制的长马甲和上衣等，总之是由华丽的服装统治着社交界。但是华盛顿却不为这种华丽所动，他认为尽可能的保守清爽的服装才是最高雅的（附图 3–11）。在独立战争时期他倡导“礼貌和清爽才是区分绅士修养的第一目标”。

附图 3-11　华盛顿清爽英勇的绅士装扮

乔治·华盛顿作为美国人已经走到了那个布鲁梅尔（Brummell）所确立的高雅绅士（Dandism）的伟大实践者的行列。

理查德·谢里丹（Richard Sheridan，1751–1816）

他是 18 世纪末英国的戏剧作家、诗人、政治家，也是那个时代著名的绅士。在纳什和柴斯特菲尔德去世之后的伦敦社交界，像他这样富有机智、妙语连珠，并继承了良好绅士基因的风流雅士，可以说是非常少见了（附图 3–12）。和他相匹敌同时代的绅士还有乔治·塞尔温（George Selwyn）和查尔斯·詹姆斯·福克斯（Charles James Fox）。

附图 3-12　理查德·谢里丹（Richard Sheridan）

他所创造的一个标志性的绅士风尚，不仅被当时的时

附图 3-13　谢里丹（左）的经典绅士装扮是今天西服套装（Suit）的鼻祖

尚绅士效仿，甚至一直影响到今天的社交界。即仿古绿（淡黄色带些绿）的天鹅绒制的上衣在今天的吸烟服（花式塔士多）中还能看到它的影子，纯白色的亚麻衬衫就是今天燕尾服衬衫的鼻祖，蒲公英色缎子质地面料上精心刺绣有多色花朵式样的短上衣，再加上淡绿色的半长裤、丝制白色长袜及带有扣型装饰品的黑色浅口无带皮鞋（pumps 是今天浅口漆皮鞋的前身），这种装扮可以说是 18 世纪年轻绅士的典范。除此之外还有黄褐色（drab）天鹅绒大衣、尺寸较短的丝绸马甲，以及香槟色缎纹鹿皮绒制的半长裤，创造了 18 世纪 80 年代前半叶的最流行式样，在当时产生了许多的模仿者。今天的燕尾服、晨礼服、塔士多礼服（花式塔士多）似乎都携带了它们的信息（附图 3–13）。

谢里丹是布鲁梅尔之前最著名的绅士之一，他所创立的“纯白色亚麻衬衫”“黄褐色天鹅绒大衣”等这些绅士标志性的服装不仅对后来大名鼎鼎的绅士布鲁梅尔所创建的绅士规范产生影响，直到今天这种标志性的服装也几乎成为现代准绅士的标签。“白领”如果用古老而权威的诠释就是“纯白色亚麻衬衫”。

乔治・布莱恩・布鲁梅尔（George Bryan Brummell， 1778–1840）

附图 3-14　乔治・布莱恩・布鲁梅尔

他有着“伟大的绅士”“时尚之王”“高雅品位的权威者”等各种有关绅士品格的称号和头衔，是史上最棒的时尚美男子，是身负绅士哲学（dandyism）的一代名绅（附图 3–14）。布鲁梅尔于 1778 年 5 月 7 日出生于伦敦，他的父亲是当时英国首相雷德里克（Frederick North）的秘书（1770–1782 年 3 月，任职长达 12 年）。布鲁梅尔曾就读于伊顿公学（Eton，伦敦最著名的贵族学校），其后升入牛津大学。他在 21 岁的时候，从父亲那里继承了 3 万英镑的遗产，并开始初涉伦敦的社交界，也意味着开始了那种日复一日炫耀时尚和赌博玩乐的社交生活，他当时作为社交的统治者而君临于英国的上流社会。

在关于对欧洲中世纪之后著名的绅士布鲁梅尔记叙的文献当中说到，社交派对则是他生活中最重要的部分，他曾经声称："如果没有了派对，我的这些装束将失去光彩"。据他的管家称，在派对前，布鲁梅尔对于自己造型的准备时间长达 5 小时之久，如果领结不能一次性系好，就会被直接扔掉，并且每次派对的服装也不会重复穿着，因为他认为"这样就像是吸走了服装的生命一样"。当时的人们曾这样称赞道："每次出现在社交场合，他的装扮都完美到无懈可击"。

但是不幸降临了，他于 1816 年因为赌博而破产，并逃亡到法国的加莱。在经过了 14 年的加莱生活之后，他又作为英国领事而移居到了法国北部的科恩。不久又因为经济的困窘和中风而病倒了，1840 年 3 月，他在科恩救济穷人的医院中度过了其悲惨的最后时光。他的一生的确是既华丽又悲惨，这或许就是人们对他纨绔式的生活方式感兴趣的原因所在。重要的是布鲁梅尔的这种绅士哲学至今还仍然在绅士文化中作为金科玉律被继承着，布鲁梅尔也被誉为绅士族谱中的教父。

他对当代绅士社交所产生的巨大贡献就是建立了正式晚礼服、日间礼服和非正式便装的社交规制，也可以说这就是现代社交礼仪级别的雏形，其最具代表性的服装有燕尾服、正式日间礼服和轻便服。

燕尾服（Evening costume）来自具有将军背景的骑士文化，将其标榜为绅士的"正式和晚间"的礼服确实是个创举，布鲁梅尔就是其中的推手。今天的燕尾服形制就是从他一步步走来。蓝色的开司米上衣、白色凹凸纹细布制的马甲配金色表链、上了薄浆的纯白色领带（领带的前身）、黑色紧绷的细长裤（就像现在类似于紧身裤的代替物，也有从小腿开始到裤脚为止，用纽扣固定的马裤样式）。白色的丝质袜子配低跟黑色漆皮浅口皮鞋处有白色鞋罩。这些几乎和今天的燕尾服如出一辙（附图 3-15）。

附图 3-15　穿着燕尾服的布鲁梅尔

正式日间礼服（Day formal costume）为黑色或者深蓝色的真丝云纹绸外衣配淡黄

附图 3-16 穿着轻便服的布鲁梅尔

色的马甲、白色的领带、白色的紧身裤、真丝的条纹袜、黑色的小牛皮浅口无带皮鞋。在今天的晨礼服中也能捕捉到它的影子，如晨礼服配浅黄色的背心、银白色领带仍被视为古典风格。

轻便服（Walking costume）深绿色或者深棕色开司米燕尾服上衣配纯白色的领带、缎纹鹿皮绒的长裤（类似于将灯笼裤变细的长裤）或者白色的紧身裤，与粗麻布（衬里）制的长筒皮靴（麻布以条纹为特征的长皮靴）组合，手持散步手杖（附图 3–16），这些组合方式说明这是一种休闲社交，这种休闲社交的古老规制影响深远，在今天运动西装（BLAZER）作为休闲西装的帝国，金属纽扣以及藏蓝、墨绿和酒红的标志色，仍然是它表达运动或休闲的传统元素。这就是今天社交礼仪等级的“无规则的规则”（NO DRESS 意为“休闲”的规则）。

皮特夏姆勋爵（Lord Petersham，1780–1851）

查尔斯 • 斯坦霍普（Charles Stanhope），即哈灵顿四世伯爵，出生于英国贵族家庭，同时也是位时尚人士。他是哈灵顿三世伯爵的长子，在 1829 年之前他一直被称为皮特夏姆勋爵，是一位摄政时期的纨绔子弟（附图 3–17）。

附图 3-17 查尔斯 • 斯坦霍普（Charles Stanhope）

1795 年皮特夏姆从伊顿公学毕业以后进入冷溪护卫队（Coldstream Guards）。1799 年他成为第十骑兵军队的队长，1803 年成为女王仪仗骑兵队的队长，1807 年成为第三西印度军团的副团长，并于 1814 年晋升为团长。此外，从 1812 到 1820 年间，他一直担任乔治三世国王的皇室侍臣，从 1820 到 1829 年间担任乔治四世国王的侍臣。

他是时尚潮流的引领者，他优雅的举止在当时成了高贵绅士的标志，甚至引起了摄政王的注意。后来摄政王不仅跟他成为朋友，而且还模仿他的穿着以及饮茶和吸鼻烟的嗜好。皮特夏姆勋爵的客厅内放有各种品类的茶叶和鼻烟，他一共有 365 个鼻烟盒，一年中的每一天他都会变换着使用这些不同的鼻烟盒。

皮特夏姆高大英俊，很像亨利四世，他本人也曾说过，相像的地方就在于他和亨利四世一样都留了一小撮胡子。

他的很多衣服都是自己亲自设计的，而且他所创造的风格会被迅速的模仿而成为时尚，并用他的名字命名了很多自己设计的服饰，如哈灵顿帽子、皮特夏姆外套等，摄政王当时就在他的官邸订做过很多件外套。他的马车、衣服还有侍从的制服都是棕色，这也是皮特夏姆被人们所熟知的特点之一。

附图 3-18 皮特夏姆外套

皮特夏姆直到 50 岁的时候才被斯坦霍普家族赋予头衔，和布鲁梅尔、亨利・麦尔德（Henry Mild）等被并称为“摄政时代的时尚绅士”。他所推崇的很有名的拉绒毛织物外套（Petersham Frock）（附图 3-18）和鼻烟的特殊混合物（Petersham Snuff Mixture）都流行于当时的时尚人士之间。拉绒毛织物这种华丽而高贵的面料，在今天的花式塔士多礼服中仍保持着这个传统。

乔治・戈登・拜伦（George Gordon Bylon，1788–1824）

他是 19 世纪英国著名的浪漫主义诗人。他也作为“布鲁梅尔主义”的热烈赞美者被世人所熟知（附图 3–19）。据说在他的备忘录中为表达对高贵绅士的崇敬写有“相比于成为拿破仑，更愿意成为布鲁梅尔”这个著名的赞颂之词。

附图 3-19 乔治・戈登・拜伦（George Gordon Bylon）

拜伦自己不仅是当时不可或缺的文人雅士，也是很少见的时尚人士。当时的法国流行着一种开放而简持的领带，可以说它是当时新贵装束一个重要标志。18 世纪的法国资产阶级革命宣告了宫廷贵族的终结，男士的装扮开始向着简约朴素转变，这时这种领带的存在成为标榜绅士的工具风靡当时的巴黎。拜伦在他的巅峰时期将它改造成了“拜伦结”这种独特的领带扎法，被誉为绅士浪漫主义诗人。

多尔西伯爵（Count Dorsey，1801–1852)

多尔西是伯爵名，他的全名为阿尔弗雷德•纪尧姆•加布里埃尔（Alfred Guillaume Gabriel）。他是第一代多尔西伯爵的第二个儿子，于1801年出生在巴黎（附图3–20）。他21岁之前在法国陆军服役，退役后在1822年遇到了在欧洲旅行的布莱辛顿（Blessington）公卿，并一起结伴旅行。1827年多尔西根据布莱辛顿公卿的遗嘱，和他前妻的女儿已经15岁的哈里特•加德纳（Harriet Gardner）结婚，但是在1829年公卿逝去之后，他和加德纳离婚，并与布莱辛顿夫人一起离开了巴黎移居到了伦敦。之后他们长期居住在位于伦敦肯辛顿的布莱辛顿夫人的豪宅中。以后多尔西就作为伦敦以及巴黎社交界之星闪耀出耀眼的光芒，并和同时代的年轻有名的花花公子迪斯雷利（Disraeli）、柴斯特菲尔德（Chesterfield）六世伯爵、布尔沃•利顿（Bulwer–Lytton）公卿等来竞争这个时代的时尚精英。他在伦敦社交界活跃了大约20年的时间，在1849年由于他无计划的铺张和无度的浪费而导致破产，并逃回了巴黎。在其最后的晚年，他担任了巴黎美术馆的馆长并死于1852年。

附图3-20 多尔西

附图3-21 多尔西伯爵式的燕尾服

多尔西伯爵给社交界带来的礼物有被称为浅口无带无扣皮鞋（Dorsey pumps）和珐琅舞蹈鞋，这被认为是现在歌舞剧鞋（Opera slippers）的原型。他的最大贡献是使得被称为多尔西帽檐（Dorsey roll）有着独特外形帽檐的丝质大礼帽、黑色领带、茶色燕尾服流行（附图3–21）。这一方面使那些可以被标榜的元素固定下来，如丝质大礼帽。另一方面多元和个性的社交历练，让有价值的东西隐藏下来待时机成熟，如黑色领带，无价值的东西便被淘汰，如茶色燕尾服。

多尔西伯爵作为画家也很有名，作品主要为肖像画和风俗画之类。他所流传下来的作品以1823年所画的《Byron的散步图》最为著名，此外还有卡莱尔（Carlisle）、狄更斯（Dickens）、迪斯雷利（Disraeli）等为数众多的肖像画。

爱德华·乔治·布尔沃·利顿（Bulwer-Lytton，1803–1873）

附图 3-22　布尔沃·立顿

布尔沃·利顿是英国的政治家、诗人、剧作家和小说家，他的小说十分畅销，其代表作有《佩勒姆》（Pelham 1828 年）、《庞贝古城的末日危机》（The Last days of Pompeii 1834 年）等，受到了广大读者的欢迎。他和奥赛（D'Orsay）、柴斯特菲尔德六世、狄斯雷利等同时代的时尚绅士交往甚深，可以说他们是维多利亚时代前英国绅士文化的实践者和先行者（附图 3–22）。

本杰明·狄斯雷利（Benjamin Disraeli，1804–1881）

附图 3-23　本杰明·狄斯雷利

狄斯雷利不仅是作为一个时尚绅士而被大家所熟知（附图 3–23），他是维多利亚女王陛下的首相和作家，并以《科宁斯比》（Coningsby）和《唐克雷德》（Tancred）的文学作品而闻名于世。身为文人政治家和时尚绅士的本杰明·狄斯雷利于 1804 年 12 月出生于伦敦贝德福德（Bedford）区的国王大道（Kingsroad）。他的父亲艾萨克·狄斯雷利（Isaac Disraeli）生下来就是个读书人，后来成为典型的文学青年，在当时有名的英国文学家都和他有过交往，其中包括沃尔特·斯科特（Walter Scott）、里查德·布林斯里·谢立丹（Richard Brinsley Sheridan）、拜伦（Byron）、谢利（Sherry）、利·航特（Leigh Hunt）等。由于受父亲的影响，狄斯雷利也志向成为文学家，却由此显现出他的政治才能被上流社会所关注。在他 21 岁的时候出版了处女作品《维维安·格雷》（Vivian Gray），获得了极大的好评，这件事让他一跃成为伦敦社交界的宠儿。

狄斯雷利初次出现在社交界时所穿的服装就非常奇异：黑色的丝绒外套配有金色侧章的紫色长裤、珊瑚红色的绢丝马甲，在袖口处显露出长长的拜伦式的蕾丝，纯白色的手套上带着炫耀着金光或钻石的戒指（Leon H Vincent）。而这种金光闪闪的奇异打扮，便成为纨绔们独特的兴趣和标志性风格流传了下来。我们从今天的花式塔士多礼服中还能捕捉到它的影子。

青年时期的狄斯雷利喜欢将黄绿色天鹅绒上衣和鲜黄色的丝质锦缎马甲、带有褶裥装饰的白色衬衫以及淡黄色的长裤组合在一起穿着出现在年轻人的辩论会上，甚至在议会首次演讲，这种颠覆性的绅士服也让议员们刮目相看（附图3–24）。但是晚年的他却沉浸于黑色朴素服装的风格之中（附图3–25），这或许就是他作为维多利亚女王陛下的英国首相活跃在政治舞台完全不同于纨绔江湖的打拼，而成为英国正统的爵位绅士，被女王授予了“比肯斯菲尔德（Beaconsfield）”伯爵的称号。

附图 3-24 青年时期的本杰明

附图 3-25 晚年着装朴素的本杰明

爱德华七世（Edward Ⅶ，1841–1910)

人们常说的“英国过去的好时光”应该是指在威尔士亲王（Prince of Wales）之后爱德华七世的青年时（附图3–26）。在西洋男装的历史中虽然有被称为爱德华七世风尚（Edwardian style）的说法，但是这些几乎都是他在继承王位之前也就是还身为皇太子时所创造出来的。这些经典因为他而被普及起来不胜枚举，且仍在今天的绅士中作为高贵、古典和正规血统而传承着。

附图 3-26 爱德华七世

董事套装（Director's Suit）在今天仍作为钦定的正式日间礼服。是指用黑色开司米羊绒制成的单排四粒扣上衣和晨礼服所搭配的条纹裤子组合而成，故也称为晨礼服的简装版，因为备受当时实业家（董事们）的钟爱而成为工商界绅士的标志。其实，现在晨礼服（Morning Coat）和条纹裤组合起来的这种穿法用在董事套装中，在学术界被认为就是从爱德华七世开始的社交习惯的（附图3–27）。

汉堡帽、小礼帽（Homburg Hat）并不是英国的传统，而因为他在英国的上流社会普及起来，后成为国际化的绅士符号。汉堡帽以边缘向上卷和中央凹陷为特征的软毛毡帽（Homburg），是他在德国的一个疗养地巴特霍姆堡（Bad Homburg）游玩的时候所发现的。这种装束在英国王子身上的出现，在王室看来就是叛逆，但也因此成就了一个绅士经典的符号。因此在 1890 年左右开始在更广泛的工商界绅士流行起来。

附图 3-27　爱德华七世是引领时尚绅士的君主

折边裤（Creased trousers）在 19 世纪中叶之前绅士的裤子上是没有折边的，因为在他们看来这是下等人行为的装束（像渔民下水前卷裤脚的行为）。可想而知 1886 年，当时的皇太子将裤子的折边整整齐齐地整理好并穿上的时候在上流社会会造成怎样的震动。而正是这种超级贵族的平民举动，让现在的折边裤从那时起一步步走到今天成为不列颠风格的西服套装（Suit），折边裤便成为社交“崇英”的暗示（附图 3–27）。

附图 3-28　穿着格伦花格呢套装的爱德华七世

格伦花格呢裤（Glen plaid trousers）是一种清晰的花格图案的格伦花呢的裤子，被称为“爱德华太子（Prince of Edward）”。它是因为英国皇太子爱德华七世喜欢穿它而成为地道的纨绔标志“爱德华七世套装”（附图 3–28）。之后又被温莎公爵爱德华八世继承下来，并将这种花纹进行改进之后得到的粗花呢（tweed）和法兰绒（flannel）运用到运动西装（BLAZER）的搭配上，创造了一种十足英国血统的“不列颠运动西装”。这种格伦花格又延伸到衬衫中，而成为绅士休闲社交的标示性符号（格衬衫与休闲西装、运动西装搭配被认为是优雅休闲的“黄金组合”）。总结起来，爱德华七世几乎可以认为是现代社交礼仪级别语言系统的缔造者和实践者（附图 3–29）。

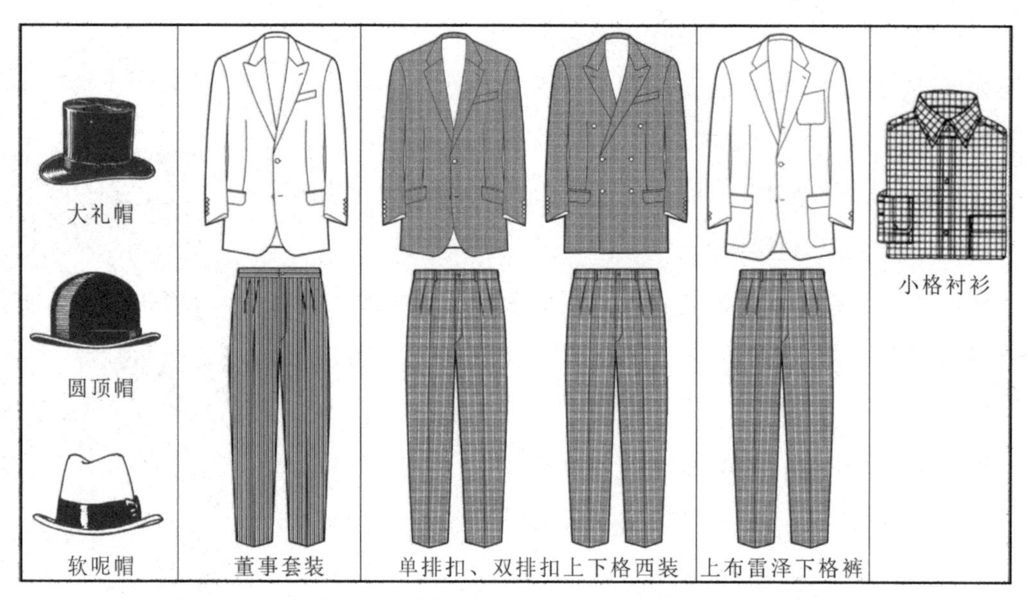

附图 3-29　现代社交标志性元素的建立多在爱德华七世时期形成

附图 3-30　马克思·比尔波姆

附图 3-31　比尔波姆的简约穿衣风格成为绅士的着装准则

马克思·比尔波姆（Max Beerbohm，1872–1956）

他是被学术界称为世界上最后时尚绅士的人，这可以理解为近代绅士与现代绅士承上启下的人物。比尔波姆于 1872 年作为朱利叶斯·勃·比尔波姆（Julius•B•Beerbohm）的最小的儿子出生于伦敦，就读于卡尔特修道院（Charterhouse）和牛津大学（Oxford）。他在年轻的时候，作为作家、专栏作家、剧作家以及漫画家而活跃在文学艺术界，并成为与奥斯卡·王尔德（Oscar Wilde）、萧伯纳（Bernard Shaw）、奥布里·文森特·比亚兹莱（Aubrey Vincent Beardsley）等并称为世纪末伦敦社交界的宠儿（附图 3–30）。

对于他绅士服装的社交理念用一句话总结的话，就是这个时代的爱德华风格（Edwardian），是因为继承了布鲁梅尔以来“简约之美（simplicity）”而高贵、优雅的思想（附图 3–31）。

查尔斯·斯宾塞·卓别林（Charles Spencer Chaplin，1889–1977）

附图 3-32 查尔斯·斯宾塞·卓别林

查尔斯·斯宾塞·卓别林，英国喜剧演员及反战人士，后来也成为一名非常出色的导演，尤其在好莱坞电影的早期和中期他非常成功和活跃（附图 3–32）。他奠定了现代喜剧电影的基础，与巴斯特·基顿、哈罗德·劳埃德并称为“世界三大喜剧演员”，卓别林戴着圆顶硬礼帽和穿礼服的模样几乎成了喜剧电影的重要代表，往后不少艺人都以他的方式表演。

卓别林最出色的角色是一个外貌流浪汉，内心则一幅绅士气度、穿着一件窄小的礼服、特大的裤子和鞋、戴着一顶圆顶硬礼帽、手持一根竹拐杖、留着一撇小胡子的形象（附图 3–33）。在无声电影时期卓别林是最有才能和影响最大的人物之一。他自己编写、导演、表演和发行他自己的电影。从在英国的大剧院作为孩童演员登台演出，到他 88 岁高龄逝世为止，他在娱乐业从事了 70 多年。从狄更斯式的伦敦童年一直达到了电影工业的世界顶端，卓别林已成为了一个绅士文化偶像。1975 年 3 月 9 日伊丽莎白二世女王授予卓别林不列颠帝国勋章，由此将他提升为爵士。

附图 3-33 卓别林在电影《摩登时代》的人物造型

阿道夫·门吉欧（Adolph Menjou， 1890–1963)

阿道夫·门吉欧将电影看成时尚的镜子，电影的生命力在于它必须成为时尚的范本。从无声时代（Silent）开始到 20 世纪 40 年代为止的 20 多年中，相比于演员，他作为一个穿着得体的绅士赢得了比电影更多的声誉（附图 3–34）。通过银幕和社交生活经常可以展露出他精彩的穿衣艺术。因此在 Adam、Dell Hell、Men 's wear 等欧美著名的男装杂志中成为常客。我们到现在也难以忘怀他在 Dell Hell 中的形象：盘腿坐在法式扶手椅（Armchair）上，穿着宽戗驳领双排扣开司米套装，将头发梳理得整整齐齐地睡觉，鞋子与衣服搭配的无可挑剔，袜子凸起的条形纹理，流露出一种轻盈和优雅。

附图 3-34 阿道夫·门吉欧（Adolph Menjou）

附图 3-35 门吉欧一生演绎优雅绅士的演员

阿道夫·门吉欧的时尚观点可以用一句话来概括：“它不只是服装”。从行为举止到说话谈吐这所有的一切都是优雅的，他是屈指可数的用一生来持续演绎优雅的“绅士演员”（附图 3-35）。

关于他服装的传奇也有很多被流传下来。比如，继承了连一副手套都要用三个手艺人来完成的那个绅士天才布鲁梅尔的衣钵，门吉欧做一套服装也要让三个裁缝店来分担，上衣、背心（Vest）、裤子分别交给各自一流的手艺人来完成。关于这些逸闻他自身既不肯定也不否定，演绎优雅的神话依然作为神话就这么永远的保持下去，这或许就是他的魅力所在。

附图 3-36 爱德华八世（Edward Ⅷ）

爱德华八世（Edward Ⅷ，1894–1972)

爱德华八世是乔治五世的长子，于 1894 年 6 月 23 日生于里奇蒙德（Richmond）公园的白色旅馆（White Lodge）中。在他 17 岁的时候作为威尔士王子（Price of Wales）成为王位继承人，并于 1936 年登上了英国国王的王位。但是因为和辛普森(Simpson)夫人的“世纪之恋”又放弃了王位，改名温莎公爵（Duke of Windsor，附图 3–36）。从威尔士王子时代开始到第二次世界大战为止的大约 20 年的时间中，他作为时尚先锋（Fashion leader)绅士和潮流的引导者(Trend setter)而名扬世界，并得到了盎格鲁 – 撒克逊人（Anglo–Saxon）和盎格鲁血统的美国显贵（Anglo–American）的绝对支持。

他给男士时尚界带来的影响力甚至超过了爱德华七世，由他倡导并流行起来的服装成了之后时尚界永久的话题，特别是绅士服的务实精神被主流社会誉为“新古典范本”。

蓝色麦尔登呢近卫军外套（Guardsman Coat）是指阿尔斯特大衣领（Ulster Collar）、背部带有箱式褶裥和腰带的双排扣长大衣，它是现代绅士出行外套的前身，如双排扣柴斯特外套、POLO 外套等（附图 3–37）。

格伦格子风格的衬衫和运动西装（Glen Plaid Shirt&Sports Jacket），是由爱德华七世格伦花格西装演变而来的两种样式，即双排六粒扣和单排三粒扣上下成套组合的格伦花格呢西装。

宽展领（Wide Spread Collar）和温莎结（Windsor Knot）。在开领较大的方领的礼服衬衫（Dress Shirt）上打上繁复而宽厚的温莎结，这是当时温莎公爵的标志，现在它成为崇尚高贵、正统、古典绅士风格的标签（附图 3–38）。

费尔岛式毛衣（Fair Isle Sweater）是指在横条纹上配几何彩色图案的毛衣，温莎公爵把这种具有北欧风格的毛衣打造成绅士休闲生活的标签，这几乎成为现代绅士休闲社交的密码（附图 3–39）。其中有 V 字型领、水手圆领（Crew neck）、高领（Turtle neck）等套头式的针织毛衫（Pullover Knit），当然也能看到开襟式羊毛衫（Cardigan）以及夹克式（Jacket）毛衫。但有一点是不变的，就是费尔岛的图案风格，并成为冬季品位休闲的符号。

附图 3-37 蓝色近卫军外套

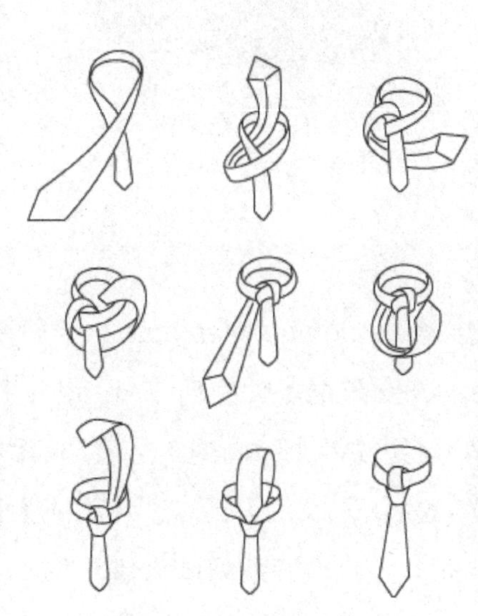

附图 3-38 温莎结的系法

附图 3-39 费尔岛式毛衣

侍从鞋（Gillie Shoes），一种在圆孔中穿鞋带来系扎的短靴，也由于它的繁琐而被淘汰（附图 3–40）。

棕色鹿皮鞋（Brown Bucks）将茶色的鹿皮皮鞋和藏蓝色法兰绒西装、格伦格子呢裤子组合起来穿着。这是今天地道“不列颠运动西装”（Blazer）的黄金组合，不过这种经典的定型是在 1930 年代经历了美国东部常青藤贵族的历练走到今天的（附图 3–41）。

白色马甲（White Vest）本来是和燕尾服成为标准的搭配，在深蓝色的晚礼服（Dinner

Suit 英式塔士多礼服）上配上纯白色的凹凸细纹布（Marcella 一种棱纹棉布）制的马甲，引人注目。这种穿着方式在 19 世纪 90 年代短时间流行了一段时间，在 20 世纪 20 年代又再次得到复兴，今天它与燕尾服搭配仍成为主流（附图 3–42）。

除了这些之外，温莎公爵使之流行的还有贝雷帽、粗革厚底皮鞋（Brogue Shoes）、直筒型灯笼裤（Straight Hanging knickers）、巴拿马帽、垂沿毡帽（Snap Brim Felt）等仍是准绅士的重要标志。

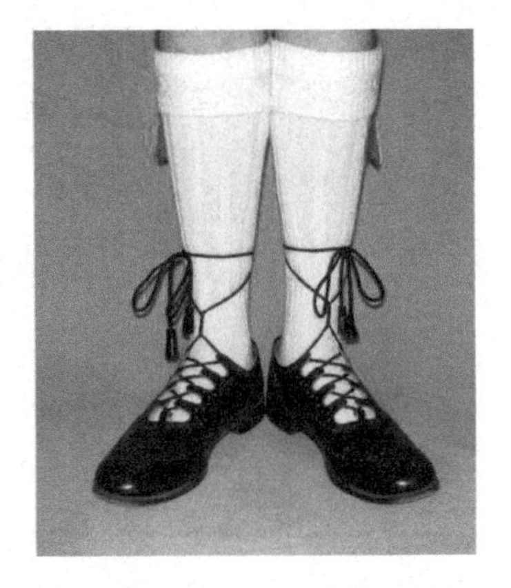

附图 3-40 侍从鞋

附图 3-41 鹿皮鞋

附图 3-42 穿着白色马甲燕尾服的爱德华八世

弗雷德·阿斯泰尔（Fred Astire，1900–1987）

阿斯泰尔和阿道夫·门吉欧（Adolphe Menjou）、卡里·格兰特（Cary Grant）、克拉尔·盖博（Clark Gable）、安东尼·帕金斯（Anthony Perkins）、乔治·汉密尔顿（George Hamilton）是 20 世纪初绅士时尚的缔造者和实践者。他们对“优雅时尚”的追求，造就了“绅士演员”这个群体。从此，这几乎成为影视界的潜规则，并成为评价优秀影视作品的重要指标。因此，好莱坞的大牌电影如果没有达到“绅士演员”标准的话是难以进入奥斯卡提名的，阿斯泰尔则是其中的标志性人物（附图 3–43）。

附图 3-43 弗雷德·阿斯泰尔

相对门吉欧的“优雅”，阿斯泰尔可称得上是“潇洒”，它和人们常说的时髦（Chic）的意思不同，强调传统和有品质的时尚，应该解释为精致（Sophisticated），而阿斯泰尔的表达方式，充满着相对于“静”而“动”的妙义。阿斯泰尔的精妙之处完全是通过动作来发挥出来的，像他那样干净利落的驾驭燕尾服的人屈指可数；搭配白色丝巾、腰上的卡玛绉丝带、胸花（Boutonniere）以及袜子等都是精选之物，加上浅口漆皮鞋（Pumps）与毛起皮革鞋罩（Suede）这种搭配风格的舞会鞋（Dance Shoes）等，这种标志性的塔士多礼服在绅士身上司空见惯，但到了阿斯泰尔身上便成为“潇洒与精致”的标志（附图 3-44）。

附图 3-44 穿着燕尾服的阿斯泰尔

在第二次世界大战前的影视界中喜欢扣纽扣的西装有崇尚工商界的务实精神，大概也是他最先倡导的。这些带有潇洒都市感觉的美国化绅士流派被随后坚持多年的弗兰克·辛纳特拉（Frank Sinatra）所继承了下去。辛纳特拉的时尚之师毫无疑问就是阿斯泰尔，只是从潇洒中回到了温文尔雅（Sophistication），而他们的共同之处就是都不能放弃优雅。阿斯泰尔是潇洒中带有一种优雅（Elegance），而辛纳特拉则是一种豪迈的优雅（Dashing）。用他以前的友人杰克·布坎南（Jack Buchanan 英国的时尚演员）的话说，“阿斯泰尔是经受过美国风格洗礼的最精彩的标致人物”。

卡里·格兰特（Cary Grant，1904–1986）

年轻时的拉夫·劳伦（Ralph Lauren，美国著名设计师）有两个仰慕的时尚大师，爱德华八世（后来的温莎公爵）和弗雷德·阿斯泰尔（Fred Astaire），而能够与这两位大师为伍并留名于近现代著名绅士名单中的就是卡里·格兰特（附图 3-45）。

相对于温莎公爵高贵的华丽和阿斯泰尔的潇洒的精致，格兰特这个时尚绅士用一个词概括就是“端庄”。在他长时间的电影生涯中，他标致的发型、英俊的面容，再加上他端正的身姿，恐怕就是为“绅士演员”而生。从 20 世纪 50 年代到 60 年代初这段时期中，Men's Wear、GQ 等男装权威杂志追捧他为“着装优雅绅士（Well Dressed）”的称号，并致力介绍其标志性的着装及其时尚哲学。

卡里·格兰特留下了很多的名言：“如果能够将燕尾服穿的无懈可击的话，那么，他就是一个成功人士”。这是他所说过的最为精粹并广而周知的时尚名言，且成为社交实践的试金石。将什么都不是的简单服装穿得精彩亮丽，这比穿着让魔鬼都吃惊的奇装异服更加困难。他的这种智慧判断，是因为这需要有相当的品格修养才能做得到。无论他穿着做工精良的深色西服套装，还是粗花呢的休闲西装以及针织衫的场合，都会为我们呈现一位无可挑剔的准绅士。

附图 3-45 卡里·格兰特

约翰·肯尼迪（John F. Kennedy，1917–1963）

肯尼迪是个有“个性”的人，说他是“20世纪美国最伟大有个性的总统”也不为过(附图3–46)。

附图3-46 约翰·肯尼迪

“个性”经常会和“气质”混为一谈，气质是与生俱来的，对于人来说它是偶然的遗传结果，也就是说在无法改变这个意义上，它几乎是属于命运的安排。而个性则不同，在个性中很明显的可以看到意志和知性的影响，意志和知性决定自己所选择的道路。约翰·肯尼迪就是这样一个有个性的人，他不走别人给他准备好的道路，他只走自己选择的道路。

年轻时候的肯尼迪希望能够成为一个优秀的军人，于是他通过自己的努力屡立战功。退役后他立志成为一个政治家，他是美国历史上最年轻的首位天主教（Katholiek）总统，可惜的是，三年后他在游说德克萨斯民众的时候在达拉斯被暗杀。

附图3-47 领尖扣领衬衫

肯尼迪所扛起的拓荒者精神（Frontier Spirit）的大旗不单单体现在政治上，在上流社会他是少见的不穿常青藤服装的常青藤绅士。众所周知，肯尼迪是哈佛大学毕业的。说到哈佛大学，就让人联想到常青藤联盟，常青藤联盟既是名校联盟也是“贵族联盟”，它的标志服装之一就是领尖扣衬衫（Button down shirt），它是从贵族马球衬衫借鉴而来成为校园衬衫的，因此它有运动、休闲的暗示，亦有新派绅士的象征（附图3–47）。但是这种领尖扣衬衫肯尼迪几乎没有穿过。这种常青藤风格，是美国古老的绅士品牌布鲁克斯兄弟打造的，甚至这种布鲁克斯兄弟正统的绅士品牌他也没有穿过。

领尖扣领衬衫和长裤（Slacks），也是美国新教上流社会（WASP）代表性的服装，“WASP”是旧美国的象征，将这种象征穿在身上就代表着属于守旧派。虽然身为精英（Elite），但是肯尼迪家族并不与这种正统的上流社会（WASP）为伍，以新美国为目标就成为他年轻时理想主义的追求，这使得肯尼迪下意识地远离WASP。

即使这样，他的服装从某种意义上也仍然还是属于常青藤风格（Ivy）。但是不是人们通常理解的“常青藤款式”的那种“常青藤服装”，而是不具有领尖扣领衬衫的“常青藤精神”。这所表现出来的，可以说是别人所无法表现的独特的“传统主义”（Traditionalist），是只专属于肯尼迪个人的“传统主义”。

雷克斯·哈里森（Rex Harrison，1908–1990)

哈里森 1908 年出生于英格兰西北部的兰开夏郡，原名叫雷金纳德·凯里·哈里森（Reginald Carey Harrison），后来当得知“Rex”在拉丁语中是国王之意时，便把自己的名字改为雷克斯·哈里森，可见他年轻的时候就对成为高贵的人雄心勃勃。

在英国，演员出身的时尚绅士有很多，像特雷佛·霍华德（Trevor Howard）、大卫·尼文（David Niven）和雷克斯·哈里森（Rex Harrison）等。与美国的“绅士演员”追求“奢华的优雅”不同，他们崇尚“朴素的优雅”。在他们看来朴素是成熟魅力绅士的体现，雷克斯·哈里森则是有着这种众多绅士演员中的典型（附图 3–48）。哈里森式的这种精华一定是在电影《窈窕淑女》（My Fair Lady）中被大家所熟悉的希金斯（Higgins）教授，他是一个注重古雅仪容的知性英国绅士，这个印象简直就是他生活中的肖像画（附图 33–49）。

附图 3-48 雷克斯·哈里森

附图 3-49 电影《窈窕淑女》中的希金斯教授

人们常说的（雷克斯·哈里森帽）[1]（Rex Harrison Hat）搭配粗花呢三件套运动西服（Sports Jacket）、雄鹿皮外耳式“布吕歇尔靴”（Blucher），还有驼毛大衣（Coat）、蒂罗尔帽（Tyrolean hat）和藤椅（Cane seat）等，这些田园乡绅的元素，既是希金斯教授所用的道具，又是哈里森的生活用品。总之田园绅士（Country gentlemen）是他在荧屏中给人留下的印象，这种印象在《黄色香车》（The Yellow Rolls–Royce）、《午夜蕾丝》（Midnight Lace）等电影中一直都没有改变，而造就了一个“花呢绅士”的完美形象。他告诉年轻的绅士们，奢华不是绅士文化本质的东西，以朴素穿出优雅这才是成熟绅士的魅力所在。

---

[1] 哈里森帽，又叫粗花呢轻便帽（Cosual hat），因为雷克斯·哈里森在电影《窈窕淑女》中以此作为朴素而优雅希金斯教授的性格道具，而又收获了“哈里森帽”这个名字。

安迪·沃霍尔（Andy Warhol，1928–1987）

安迪·沃霍尔被誉为创造20世纪艺术先锋的人物之一，是波普艺术的倡导者和实践者，也是对波普艺术影响最大的艺术家。他大胆尝试凸版印刷、橡皮或木料拓印、金箔技术、照片投影等各种复制技法，成为现代大众商业艺术的开拓者。沃霍尔除了是波普艺术的领袖人物，还是电影制片人、作家、摇滚乐作曲者、出版商，由此成为纽约社交界、艺术界大红大紫的明星式艺术家（附图3–50）。

附图3-50　安迪·沃霍尔

他的著名作品中，有一幅不断复制、家喻户晓的金宝汤图案，表现了资本主义生产方式的新阶段。他经常使用绢印版画技法来重现图象，他的作品中最常出现的是名人和人们熟悉的事物，比如玛丽莲·梦露（附图3–51）。重复是其作品的一大特色，而在大众时尚中迅速的传播，沃霍尔也在时尚界名声大噪。在20世纪70年代，沃霍尔在主流社交中成为炙手可热的人物。他的作品中也出现了总统人物，而得到政界的关注，包括肯尼迪和杜鲁门总统都曾经是他早期作品的重要主题。他开始接受成百份来自社会名流、音乐家、电影明星肖像绘制的订单。明星肖像成为他作品重要的部分，也是他收入的主要来源。他是纽约著名的迪厅54号工作室的社交常客，与时尚设计师霍斯顿、表演家莱莎明奈利和比安卡贾格尔等各路艺术家交往甚广。不少服装设计师、平面设计师都从沃霍尔所倡导的波普艺术中汲取能量，他们共同创造了以波普艺术为特征的现代商业社会的文化符号。然而拥有完全美国基因的安迪·沃霍尔却一直崇尚着英国文化，英国文化对他的创作和穿衣产生着深刻的影响，他的波普艺术其实就是英国工业革命的翻版。他大胆的穿着西装配牛仔裤，成为西装与牛仔裤结合的第一人，安迪·沃霍尔的风尚也像他的波普艺术一样，成为一种“新绅士”的时代标志，既有英国文化的固守又有美国文化的冒险精神，使得安迪·沃霍尔成为一位最具现代意义的绅士（附图3–52）。

附图3-51　“玛丽莲·梦露”是典型的波普作品

现代礼服的格局与绅士文化有着密切的关系，可以说，绅士是礼服全部信息的载体。整理这些对礼服的发展做出重大贡献有关绅士文化的文献，为礼服的历史流变系统知识、社交格局和发展趋势的判断是很有价值的补充。通过对绅士文献的粗略梳理，我们大体上得到这样一个基本判断：绅士文化来源于英国，繁荣于美国，系统于日本，这也就验证了国际着装规则（THE DRESS CODE）发源于英国，发迹于美国，理论化于日本的发展历程。

附图 3-52 安迪·沃霍尔着西装配牛仔裤

附录四　绅士礼服定制方案

礼服相对于其他服装种类而言，有着更传统和严谨的着装规则。从主服形制、配服配饰的搭配规范，到社交时间、地点、场合中的穿着规制都有更为严格的程式。因此，将着装惯例系统植入男装高级定制体系，特别在礼服的定制中显得尤为重要，并对西装定制有辐射作用。

男士礼服包含五种类型，按礼仪级别从高到低分别是，第一礼服的晨礼服和燕尾服，正式礼服的董事套装和塔士多以及准礼服的黑色套装。根据现代社交的现实，重点放在全天候礼服的黑色套装和现代晚间礼仪的主角塔士多礼服的定制上进行详述。根据礼服在时间、地点、场合上的礼仪专属性，将其着装定制方案划分为同西装一样的七个模块。

一、全天候标准礼服定制黑色套装

黑色套装更标准的称谓是Dark Suit，是深蓝色套装之意，所以它的标志色是“深蓝”，而且是双排扣戗驳领款式，Black Suit 是它的英国化叫法，款式为单排扣戗驳领与董事套装相同。因此，黑色套装实际上是涵盖很广的准礼服，是当今公务商务正式化场合适用最广泛的礼服，随着礼服逐渐简化的格局，黑色套装大有取代所有礼服的趋势。由于它在时间上没有严格的限制，对时尚元素有较高的包容度，因此，其搭配组合可根据个人爱好和时下流行进行设计，在礼服类别中深受当代经典社交的青睐。

黑色套装较正式礼服最显著的不同是时间上的中性特征，这个典型特质使得它可以分别与日间或夜间礼服元素搭配。例如，黑色套装的上衣搭配黑灰相间条纹裤子就升级为日间正式礼服；与单侧章裤或双侧章裤搭配便升级为夜间正式礼服。其中有一点需要明确的是，夜间元素和日间元素不可以在黑色套装中同时混用，时间强制性在礼服元素运用中有严格的规定。根据时间的可选择性将黑色套装固有的配服、配饰组合可视为全天候礼服；与日间元素搭配可视为日间礼服；与晚间元素搭配便成为晚礼服。

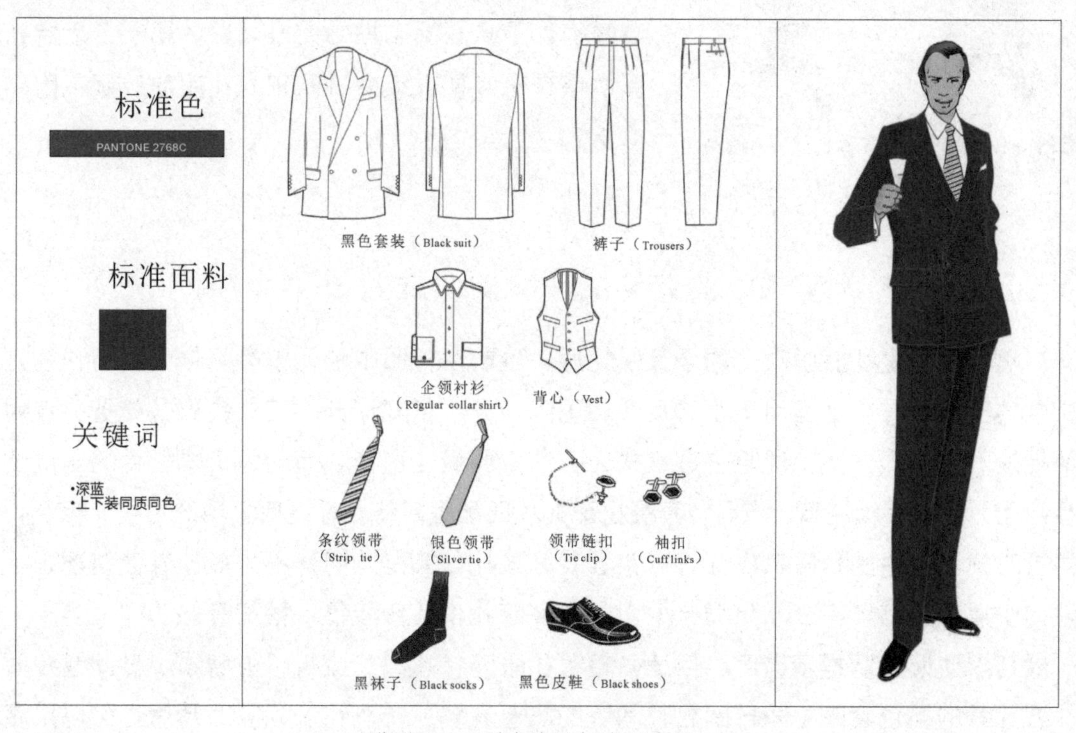

附图 4-1 黑色套装标准组合

（一）黑色套装定制中的黄金组合

黑色套装的黄金组合因其时间上的可塑性分为全天候标准版、晚间版和日间版。

首先是标准版，黑色套装作为无时间限制的全天候礼服的标准搭配，黑色套装的标准色并非黑色，而是深蓝色，上衣与裤子为同质同色，是西服套装相同的特性，显示着礼服趋于简洁化的趋势。款式上为双排六粒扣或四粒扣戗驳领，有袋盖双嵌线口袋上衣（black suit），搭配与上衣同质同料的非翻脚裤子（trousers）。配服和配饰的搭配为企领衬衫（regular collar shirt）、背心（vest）、条纹领带（strip tie）或银色领带（silver tie）、领带链扣（tie clip）、黑袜子（black socks）、黑色皮鞋（black suit）等（附图 4–1）。

附图 4-2 晚间版礼服和日间版礼服黑色套装

晚间版的黑色套装与全天候标准版的不同之处，在于领带换成了塔士多礼服的黑色领结，普通衬衫转变为了塔士多衬衫。增添了夜间礼服标志性元素之后，黑色套装就意味着升格成了可出席晚宴的正式晚间礼服，当然它不能取代作为正式晚礼服的塔士多，但可视为塔士多的简装版（图 14–2 左）。

黑色套装的日间版则是与日间礼服元素中最显著的黑灰条相间的裤子、银灰色领带和背心的搭配。当替换上了日间标志性的元素之后，属于全天候礼服的黑色套装便升级为日间正式礼服简装版（附图 4–2 右）。

（二）黑色套装定制中的着装成功案例和款式指导性方案

黑色套装是礼服中唯一的全天候礼服，虽然在礼服中的礼仪等级最低，但作为社交中的准礼服被广泛运用于正式场合。国际谈判、正式谈判、正式会议、商务会议中都标注五个填黑方格，说明它是正式公务商务的最佳选择。而同为正式场合的正式宴会则因为礼仪等级最高，与黑色套装搭配礼仪匹配度略低，标注四个填黑方格。相反，同属正式场合中的日常工作穿着黑色套装又显礼仪偏高，同样不为最佳着装搭配，标注四个填黑方格。在公示化场合中，黑色套装礼仪等级较低，搭配等级为“适当”，一般建议遵照请聘提示出席。但是，随着礼服简化趋势的流行，被增添了日间或夜间礼服元素的黑色套装（即日间或晚间版的黑色套装），在礼仪等级上升后也可以出席于公式化场合。例如，将黑色套装上衣中的戗驳领换成缎面即可作为正式场合穿用的塔士多礼服。同时由于黑色套装处于礼服和常服间的过渡，同常服中的礼服——西服套装的礼仪等级可视为相当，因此，西服套装可穿着出席的场合同样可穿着黑色套装。但有一点仍需要明确的是黑色套装虽为礼仪等级最低、最平民化的礼服，但是其仍属于礼服的范畴，在非正式场合和休闲场合里属于禁忌（附图 4–3）。

对于礼服定制中主服款式的变化而言，黑色套装可以说最为丰富多变，而这种丰富多变的基础则来源于它的两个经典款式，即传统版与现代版黑色套装。传统版的形制为戗驳领高驳点双排扣六粒扣门襟；现代版与传统版只是在门襟上有所区别，现代版的门襟为低驳点双排四粒扣门襟。黑色套装可以分别以这两种经典款式为基础进行变化，其双排扣戗驳领以及上下同质同色的要求为它的标志性特征，在变化中尽量予以保留。更多的变化则在于驳点的高低和口袋的变化上。根据对标准版本的遵循度将变化后的色调、面料和款式实例按照礼仪等级进行综合评价从高到低依次排列（附图 4–4）。

公式化场合	婚礼仪式	■■■□□
	告别仪式	■■■□□
	传统仪式	■■■□□
正式场合	正式宴会	■■■■□
	日常工作	■■■■□
	国际谈判	■■■■■
	正式谈判	■■■■■
	正式会议	■■■■■
	商务会议	■■■■■
非正式场合	工作拜访	□□□□□
	非正式拜访	□□□□□
	非正式会议	□□□□□
	商务聚会	□□□□□
	休闲星期五	□□□□□
休闲场合	私人拜访	□□□□□
	周末休闲度假	□□□□□

附图 4-3　黑色套装的适用场合

（三）黑色套装定制中的配服指导性方案

由于黑色套装在时间上没有限制，所以黑色套装几乎可以兼容所有礼服级别的配服、配饰，并按照全天候、日间、晚间三个时间标准来划分，形成三种标准搭配。

1. 全天候的搭配

属于全天候范畴的裤子有西裤、翻脚西裤、休闲裤。其中，西裤为黑色套装全天候的经典搭配，翻脚西裤偏休闲有不列颠风格的暗示，礼仪等级下降与黑色套装搭配属于可接受范畴。休闲裤属于非礼服范畴，和礼服搭配不合时宜，属于禁忌（附图 4–5）。全天候衬衫有普通衬衫和外穿衬衫，普通衬衫是黑色套装的黄金搭配，而外穿衬衫是用于单穿的休闲衬衫，不能与黑色套装搭配，属于禁忌（附图 4–6）。双排扣黑色套装通常不配背心，如果使用，用于西服套装的标准背心也可作为黑色套装全天候的标

附图 4-4 黑色套装款式指导性方案

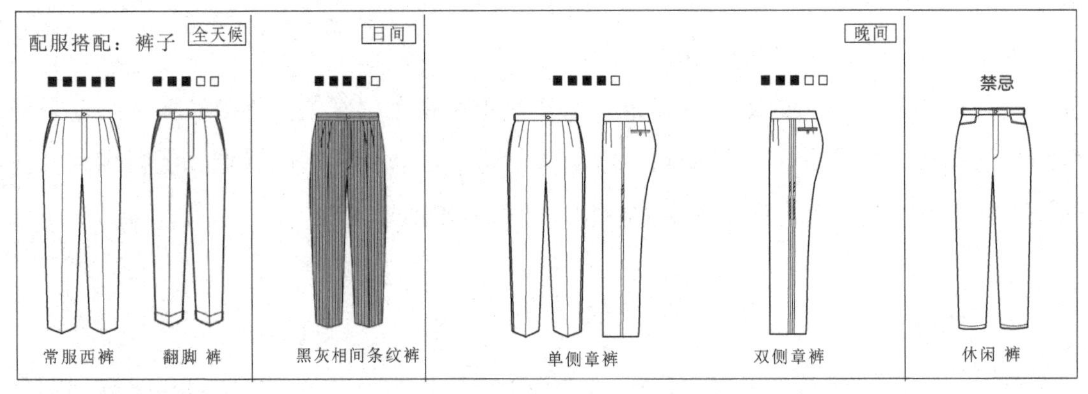

图 14-5 黑色套装裤子指导性方案

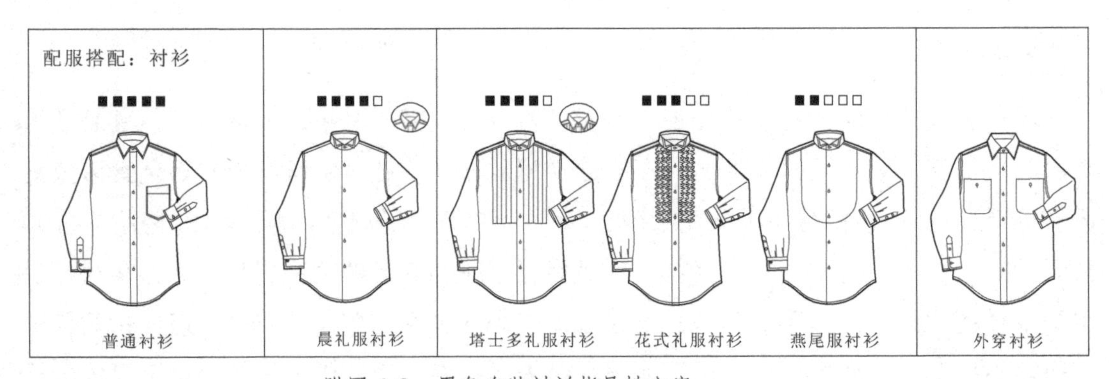

附图 4-6 黑色套装衬衫指导性方案

准搭配，调和背心虽同属于全天候背心，但风格休闲与黑色套装搭配不太适宜，不建议搭配，标注两个填黑方格。而晨礼服、燕尾服、塔士多礼服的专属背心礼仪等级偏高，与黑色套装搭配礼仪等级不匹配，为禁忌（附图 4-7）。

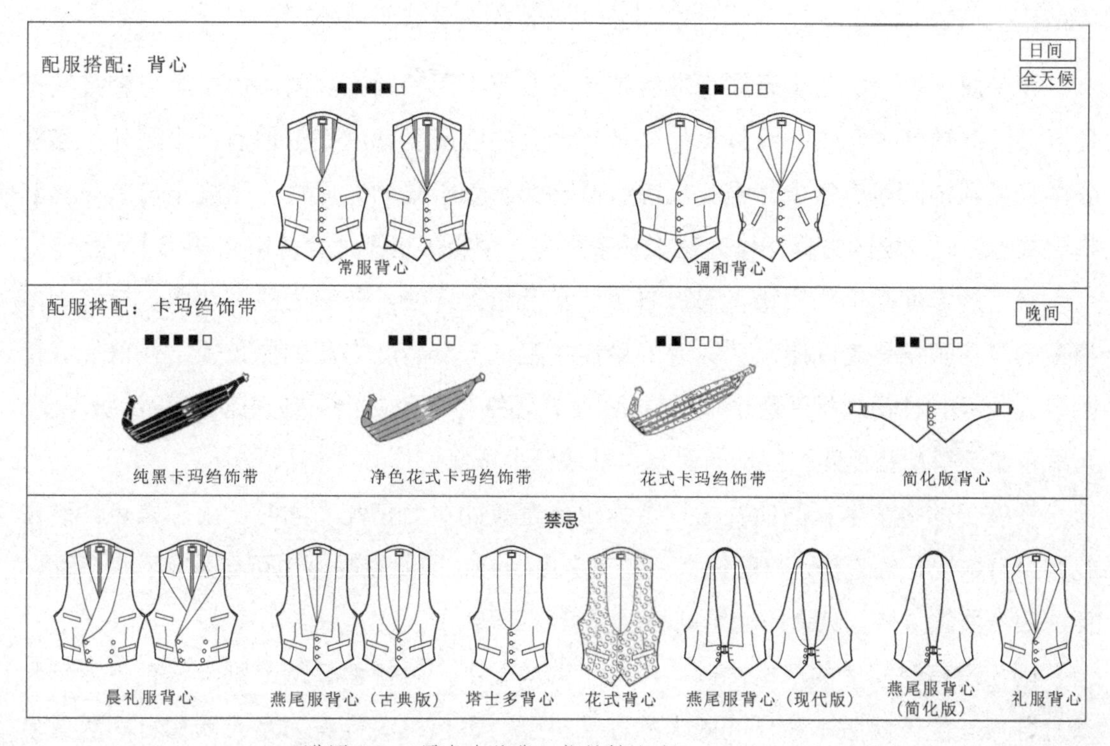

附图 4-7 黑色套装背心指导性方案

2. 日间版和晚间版的搭配

日间礼服中专属的黑灰相间条纹裤与黑色套装搭配使其上升为日间正式礼服。黑色套装虽可以与日间或晚间礼服的配服组合，并且使得重组的黑色套装在礼仪上有所升级，但终究不是黑色套装最传统和最经典的搭配，所以黑色套装的日间版或晚间版的配服、配饰只标注四个填黑方格。与晨礼服衬衫搭配不存在问题。晨礼服背心比黑色套装礼仪等级过高它们搭配属于禁忌，最佳搭配为西服套装背心。

在晚间版的黑色套装搭配中，塔士多的单侧章裤是黑色套装夜间版的最佳搭配，单侧章裤和双侧章裤虽同为夜间礼服裤子，但属于最高礼仪级别的燕尾服双侧章裤与黑色套装的礼仪等级差异较远，搭配时只标注三个填黑方格，可以接受但不建议采用，单侧章裤是合适的选择。塔士多衬衫为夜间版黑色套装的最佳搭配，用于装饰塔士多搭配的花式礼服衬衫礼仪气氛有娱乐性，匹配度为三个填黑方格，燕尾服衬衫的匹配度下降为两个填黑方格。在背心的搭配中，塔士多的黄金搭配卡玛绉饰带与黑色套装搭配标注四个填黑方格，根据卡玛绉饰带本身的礼仪等级高低排序，等级越高与黑色套装的晚间版就越匹配。

（四）黑色套装定制中的配饰指导性方案和面料参考

领带属于日间版与全天候标准版黑色套装都适用的领饰。同时由于黑色套装属于礼服，所以领带中礼仪等级越高的与黑色套装的匹配度就越高。但有一个例外，晨礼服的经典领饰阿斯克领巾，虽礼仪等级最高却有着极强的专属性，一般不与黑色套装搭配故标注两个填黑方格，作为花式领带为另一个极端也不适合（附图4–8）。

晚间的专属领饰为领结，可以与黑色套装搭配，使其升级为晚间礼服。与塔士多搭配的黑色领结是晚间版黑色套装的最佳搭配；与燕尾服搭配的白色领结礼仪等级相距较远，不建议搭配，标注两个填黑方格。花式领结与净色白色领结相比，礼仪等级下降，与黑色套装搭配礼仪匹配度反而上升，标注三个填黑方格。

在帽子的搭配中，圆顶礼帽规定为黑色套装的黄金搭配。同时，由于黑色套装在礼服中有平民化的趋势，与配饰搭配的兼容度增强，因此软呢帽也可与黑色套装搭配，标注四个填黑方格，其余的帽子则都属于禁忌范畴。

因为没有时间上的严格限制，在鞋子的搭配中，黑色套装能分别与黑色牛津鞋和漆皮鞋形成全天候版本和日间版本的标准搭配。黑色牛津鞋作为全天候和日间版黑色套装的标志性用鞋，标注为五个填黑方格的最佳搭配。晚间礼服与日间礼服相比，在着装上更为讲究，变通性上更谨慎，因此漆皮鞋与黑色套装搭配形成的晚间版匹配度有所下降，标注四个填黑方格。休闲类的鞋礼仪等级不够，属于禁忌。

在礼服类配饰中有一点值得注意，所有礼服（包括第一礼服和正式礼服）在装饰巾和袜子的礼仪匹配度上都是一样的，只是在装饰巾的选择中，随着礼服礼仪等级的趋同化和时尚个性化的宣扬，对花式元素的包容度越来越强，如颜色明艳的装饰巾点缀在经典社交中也时常出现在礼服的胸袋中。但袜子在礼服中的可变性则远不及装饰巾，因为它是礼服不可触及的“红线”，因此，从第一礼服到西服套装都固守着黑色袜子的黄金搭配（附图4–9）。

同时，由于黑色套装的礼仪等级为礼服中最低，其面料参考有更大的空间，分为经典版和休闲版两种。经典版中提供净色和带含蓄暗条纹的深色礼服面料（附图4–10），休闲版分为格子和浅色两种典型的休闲风格面料（附图4–11）。

作为准礼服，黑色套装为礼服的入门级着装，若是首次进行礼服定制，且对出席场合的时间无具体的限制，作为一种保险的考虑，在商务谈判、初次会面以及正式的

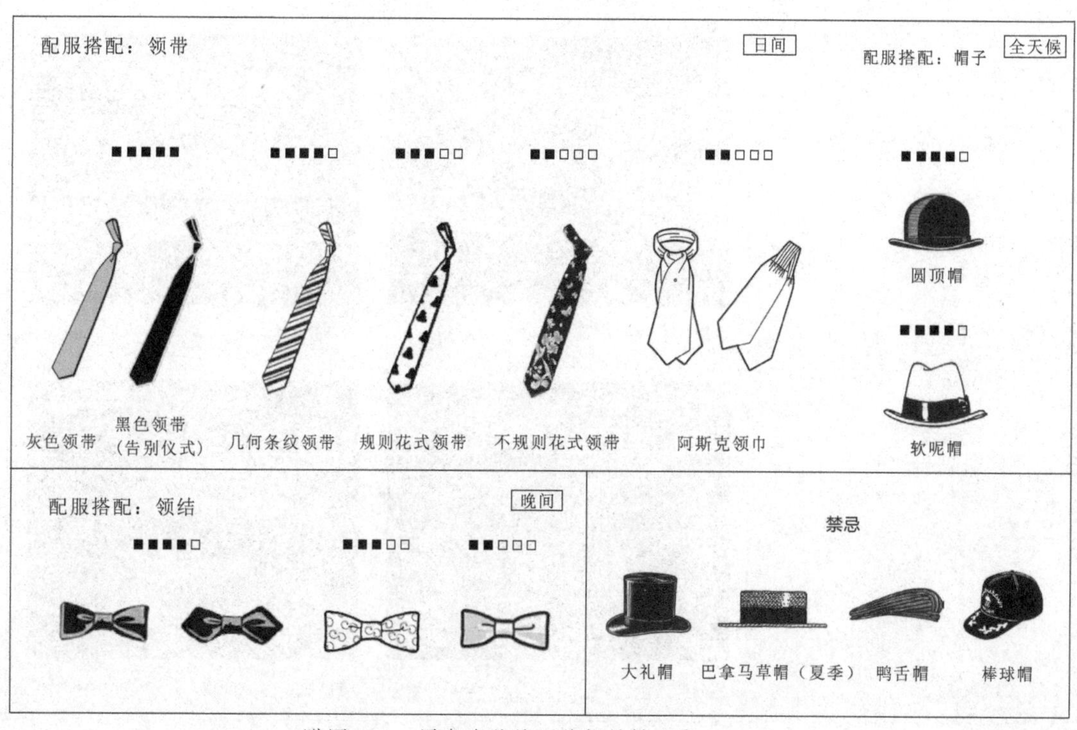

附图 4-8　黑色套装的配饰指导性方案 1

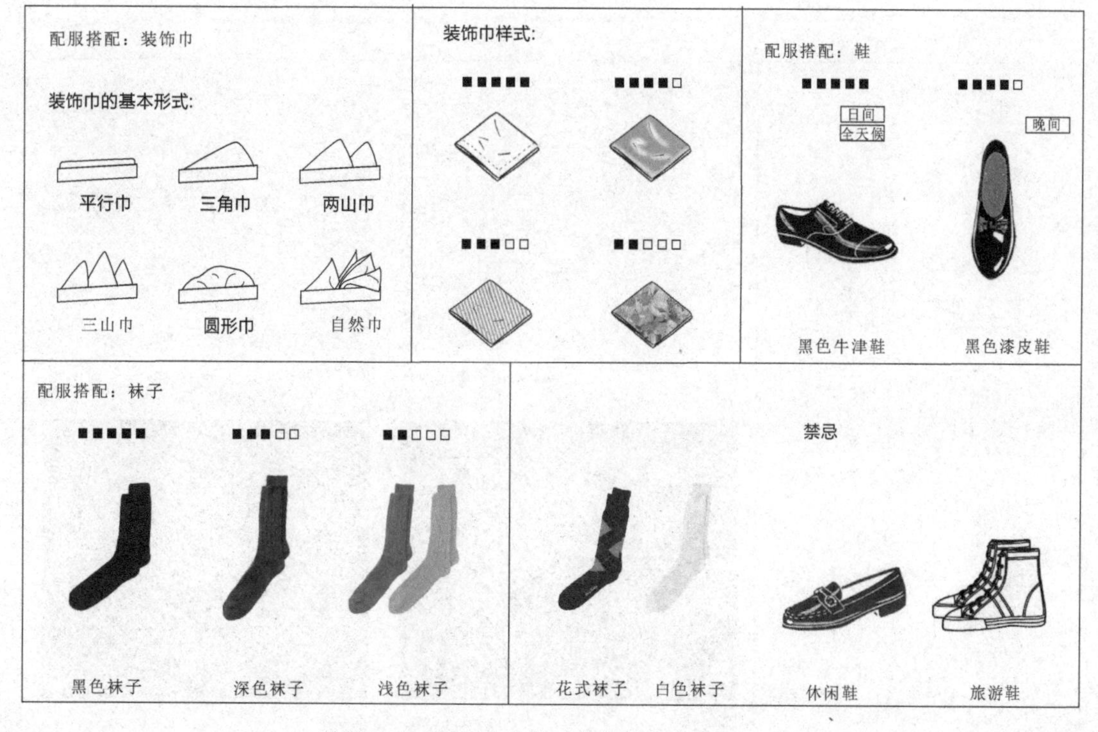

附图 4-9　黑色套装的配饰指导性方案 2

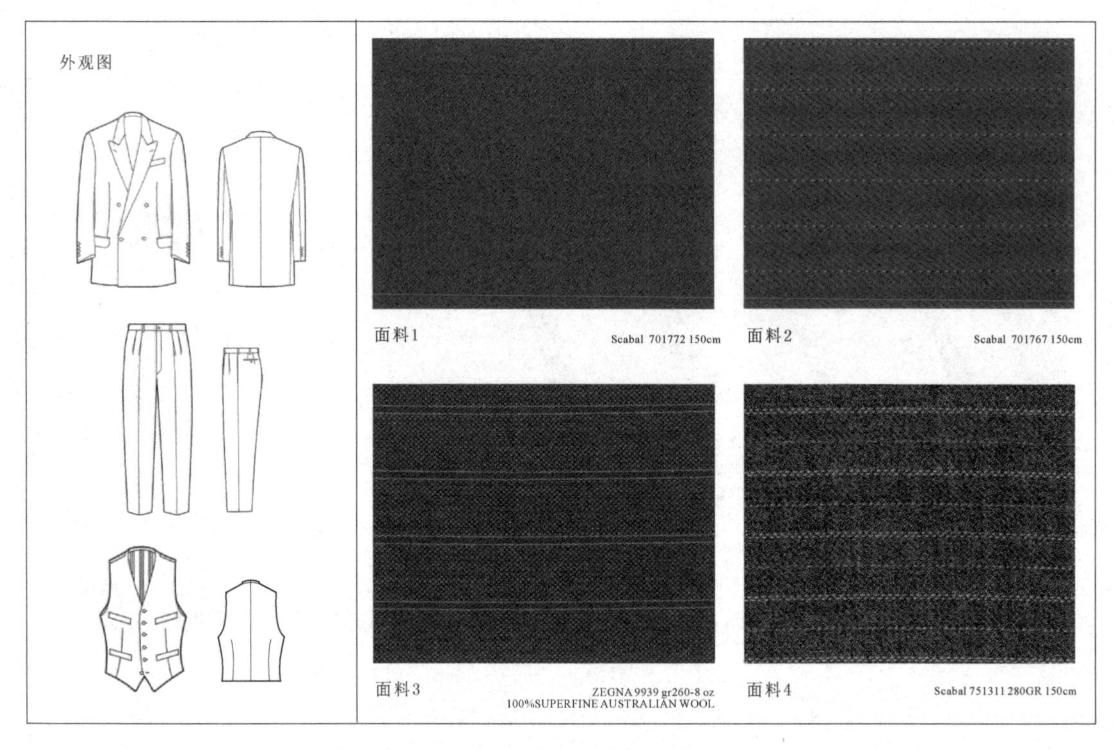

附图 4-10 黑色套装面料指导性方案 1

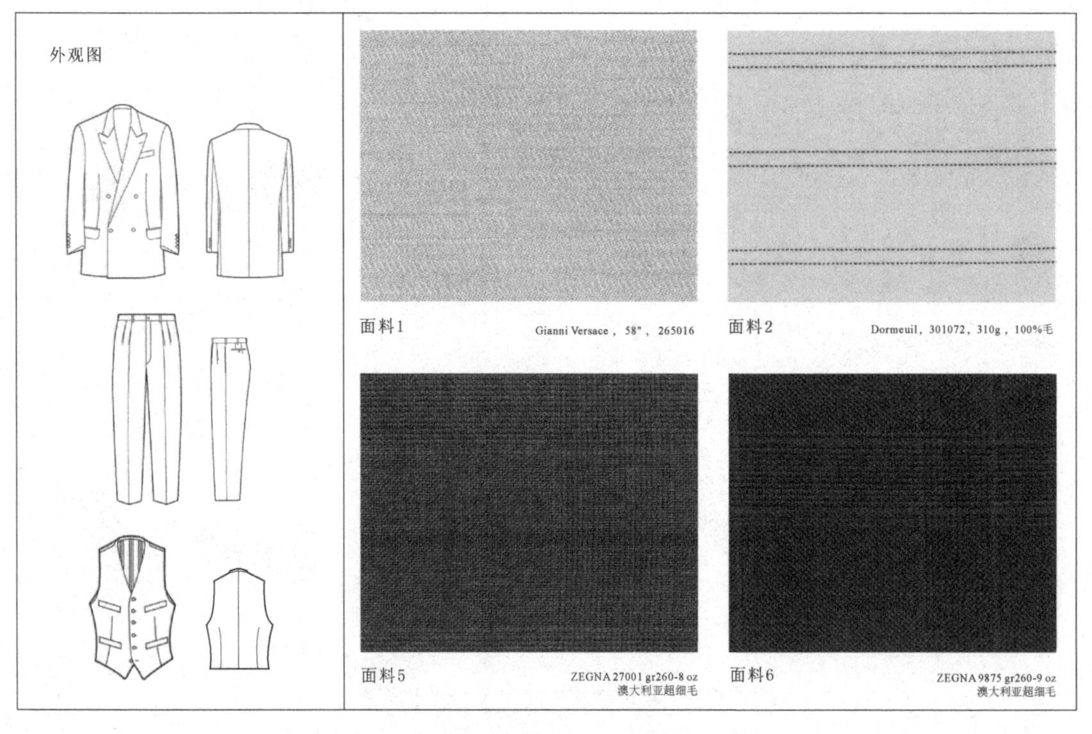

附图 4-11 黑色套装面料指导性方案 2

仪式化场面中穿黑色套装最为合适。而且在现代礼服简化和对功能性更加强调的大趋势下，也许礼服最终会发展为黑色套装一统天下的局面。因此，无论是作为现在用途还是长远投资，或者在不久的将来成为礼服定制的主导，黑色套装都是礼服定制中不可或缺的主要产品。

黑色套装除了适宜场合的宽泛，其自身的灵活多变也使得其受益人群十分广泛。其标准版本即可以分为传统版和现代版，这两个版本在形制上都显示着礼服的经典与考究，同时也可以根据顾客自己的性格偏好进行选择。在黑色套装定制的整体风格推荐上，若考虑顾客具有传统怀旧的情调则可以选择传统版，若强调年轻现代感建议定制遵从经典形制则可以选择现代版黑色套装或西服套装款式。此外，黑色套装通过各种日间、晚间礼服元素的升级搭配同样可以应对包括燕尾服、晨礼服、塔士多礼服这些用于经典社交的场合。

二、晚间正式礼服定制塔士多

参加晚间（18:00 以后）正式宴会、舞会、观剧、受奖仪式、鸡尾酒会等，标志性的礼服是塔士多（Tuxedo），它作为晚间第一礼服燕尾服的简装版，同样也有着自己的一套着装准则。从其诞生、演变到定型至今已经成为一个完整的晚礼服家族，包括英国版、美国版、法国版和夏季塔士多的梅斯礼服四个经典版本。因此不同于其他的礼服，塔士多有多种版本的黄金组合，也有不同社交取向和表现个性的巧妙组合方案。它与同属正式礼服的董事套装，虽在礼仪等级上相同，但时间上相反，因此其配服、配饰的搭配与董事套装在布局上成颠覆状态，这也是它们在表示时间的元素上不能混淆的原因。

塔士多的另一个特色使其成为当今时尚界的服装宠儿。它的丰富性比日间礼服总是更显奢华与时尚。而在这日益强调多元和追寻迷幻时尚的时代，塔士多礼服繁衍出了一种更具装饰性的姐妹礼服——装饰塔士多。将人们对时尚夜生活的狂热追寻演绎到了极致，使得塔士多成了现代夜间正式场合的主角，日益散发出时尚先锋的魅力。

（一）塔士多礼服定制中的四种黄金组合

塔士多礼服黄金组合有四个版本，分别是英国版、美国版、法国版和梅斯版（夏季风格塔士多），它们的各自元素混合搭配便派生出无尽的综合版（概念版），不过经典社交主流的晚礼服通常采用英国版和美国版结合的形式。

在综合版里，我们可以将塔士多各自版本的经典元素糅杂在一起，英国版、美国版和法国版中经典元素的通融性，使得塔士多的综合版没有一个固定的格式，这里展示的方案是最常见的英国元素和美国元素结合的综述版塔士多礼服。黄金搭配中可以选择英式、美式、法式和梅斯中任何一种版式，但一些代表晚礼服标志性的元素是不能改变的，如缎面驳头、侧章西裤等。此方案选择英国风格的综合版，即单排一粒扣缎面戗驳领款式的塔士多（tuxedo），搭配单侧章裤（side striped trousers）。配服和配饰的搭配为企领衬衫（regular collar shirt）或翼领衬衫（wing collar shirt）、U 型背心（vest）或卡玛绉饰带（cummerbund）、背带（suspender）、黑领结（black tie）、衬衫链扣（cuff links）、手帕（handkerchief）、黑袜子（black socks）和漆皮鞋（pampus）等（附图 4–12）。英国版区别于其他版本的突出特征为单排扣缎面戗驳领，配 U 型开领背心，具有英国遵从传统、追求精致考究的服饰风范。美国版的特点在于具有美国特色的缎面青果领型，它是从吸烟服演变而来的，并将英国的经典背心换成了轻便简化的腰间装饰卡玛绉饰带，充满着美国式简洁实用风范的同时，光泽感缎面材质的卡玛绉饰带表现出更加华丽的美国人气质。美国绅士对着装中不墨守成规的创新精神，使更多的功用性赋予了塔士多，并得以流行于全世界。而法国版最明显的特征是它的双排扣戗驳领，戗驳领虽为法国版的传统领型，但是塔士多互换不悖的元素混用使得青果领法国版塔士多也被视作经典款式之一。配服和配饰在搭配中，也可以在它们任何一种版本中自由穿行。

梅斯是夏季塔士多的一个特殊版本。其特点是白色短上衣，款式造型为去掉了燕尾的燕尾服，配服及配饰与塔士多的综合版互通不悖。而在配饰中特殊的一点是与巴拿马草帽的搭配，这是夏季塔士多的专属帽。然而，通常情况下梅斯更多的作为个性化晚礼服，因此，艺人、新郎等对它都情有独钟（附图 4–13）。

（二）塔士多礼服定制中的着装成功案例和款式指导性方案

塔士多礼服为现代晚间正式社交场合里如日中天的礼服，除了可以出席公式化场合以外，还可以出席于正式场合，是晚间正式宴会等晚间正式场合的盛装，通常请柬中有“系黑色领结”的提示标注五个填黑方格。塔士多在公示化场合里的婚礼中也标注为五个填黑方格为黄金组合，可以替代传统的燕尾服，作为婚礼晚宴最佳着装再一次证明了礼服的简化趋势。人们对燕尾服、晨礼服这样的传统盛装更多的是赋予其传统历史场合的专属性，所以传统仪式中，塔士多礼服等级略显不足。

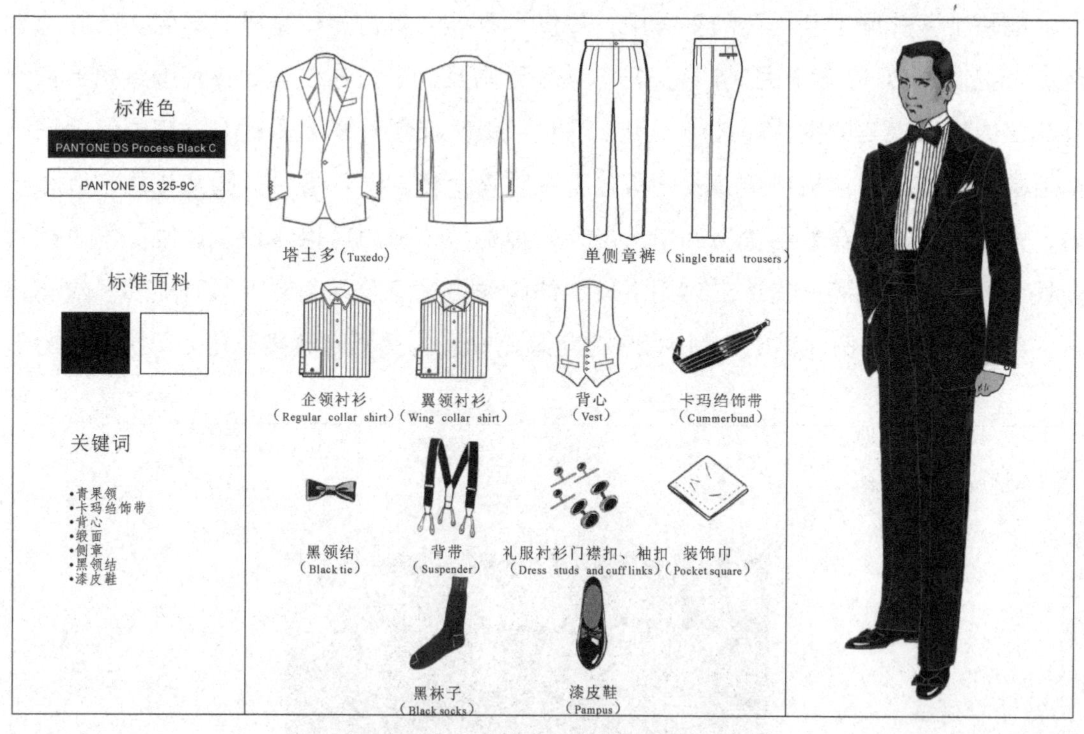

附图 4-12 塔士多的综合版黄金组合

附图 4-13 夏季塔士多梅斯的黄金组合

在塔士多礼服定制的案例参考中，提供了政界、演艺界和商界的案例。政界的案例参考提供了 2012 年 3 月 14 日美国总统奥巴马及其夫人在白宫宴请英国首相卡梅伦及其夫人出席晚宴的图片。其中，奥巴马和卡梅伦都穿着塔士多礼服，其中值得细细体会的是英国首相卡梅伦穿着美国版的青果领塔士多，暗示着对美国文化的亲近和示好，同时奥巴马则穿着平驳领的塔士多，一种更为休闲的风格体现了这位美国总统的亲民个性与美国服装一贯追求功用主义的休闲作风。演艺界案例中同时提供了欧洲和国内明星的两个案例，其中一例为 2012 年最新一届的奥斯卡颁奖典礼上，国际著名影

案例参考：

2012年3月14日，美国总统奥巴马及夫人在白宫设国宴招待英国首相卡梅伦及夫人。

美国著名影星皮特和朱丽叶夫妇参加2012奥斯卡颁奖典礼。

世界报业大亨默多克与妻子邓文迪

附图 4-14　塔士多的案例参考

星皮特穿着标准的英国版塔士多，与其相对应的是中国明星姜文穿着标准美国版塔士多出席晚宴的情景，体现了国内艺人不多见的国际化服装素养与着装品位。商界的报业大亨默多克携妻邓文迪出席晚宴时同样穿着准塔士多礼服。通过东西方各领域著名人士对塔士多在正式场合中的共同演绎，证明了无论你属于社会的任何领域和阶层，国际着装惯例始终是着装的必备指导和不能逾越的原则，同时也显示了塔士多在当今晚间礼服领域里的统治地位（附图 4-14）。

相对于燕尾服的严谨传统，塔士多的简洁方便，对个性化元素的兼容，特别是花式塔士多对个性时尚元素的包容，是塔士多能逐渐取代燕尾服的重要原因之一。由于塔士多的版本众多，通过各种版本中的元素在打散并自由重组之后，能够形成更为丰富的概念版塔士多，在礼服类别的款式上它的变通性最强，而且塔士多的变化不仅可以是主服款式的改变，还可以有更多配服上的搭配变化，例如美国版的塔士多搭配英式的背心，英国版塔士多搭配美式的卡玛绉饰带等（附图 4-15）。

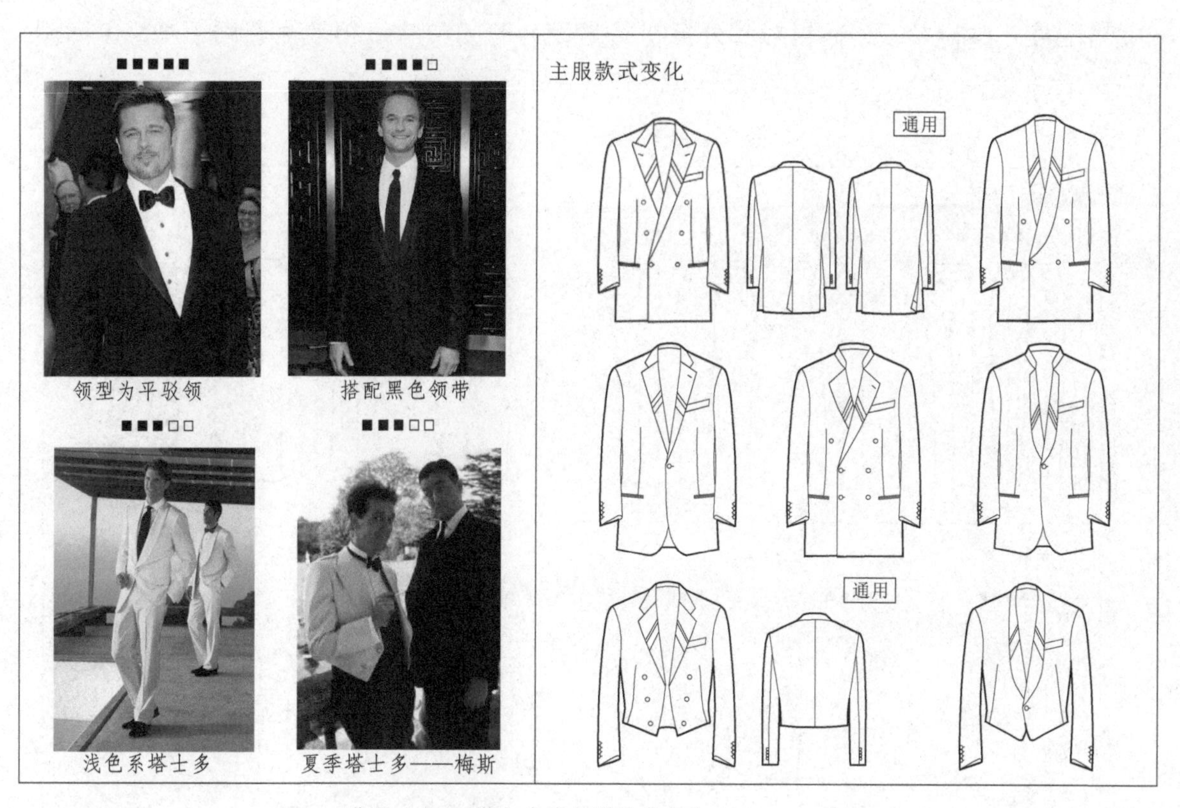

附图 4-15　塔士多的主服款式变化

（三）塔士多礼服定制中的配服、配饰指导性方案和面料参考

塔士多礼服相对它的第一晚礼服燕尾服而言，在搭配的变通性上更强，但是作为晚间正式礼服塔士多的配服、配饰搭配仍保持一定的专属性。例如裤子的搭配，单侧章为塔士多的专属搭配，而与燕尾服的双侧章裤搭配，致使匹配度反而有所下降。常服西裤礼仪等级不够，过于休闲虽不属于禁忌范畴但是不建议选用。另外需要明确的是礼仪级别越高，在时间上的限制性就越强，因此禁忌一栏的日间礼服的黑灰条相间裤以及礼仪等级过低的休闲裤、翻脚西裤要禁用。

塔士多衬衫为专属衬衫，与燕尾服衬衫相比明显的特征是胸前有精致细密的褶裥，突显其装饰性特征。同裤子一样，燕尾服衬衫虽可与塔士多搭配但是匹配度下降，标注四个填黑方格。值得一提的是，从塔士多衍生出的装饰塔士多，变化更加丰富，对人们增添时尚化印记的需求更具有包容性，但是花式礼服衬衫与正式塔士多搭配时匹配度下降，标注三个填黑方格，穿着塔士多出席正式晚宴时不建议搭配花式礼服衬衫。搭配晨礼服衬衫、普通衬衫和外穿衬衫是因为时间和等级相差很远属于禁忌（附图4-16）。

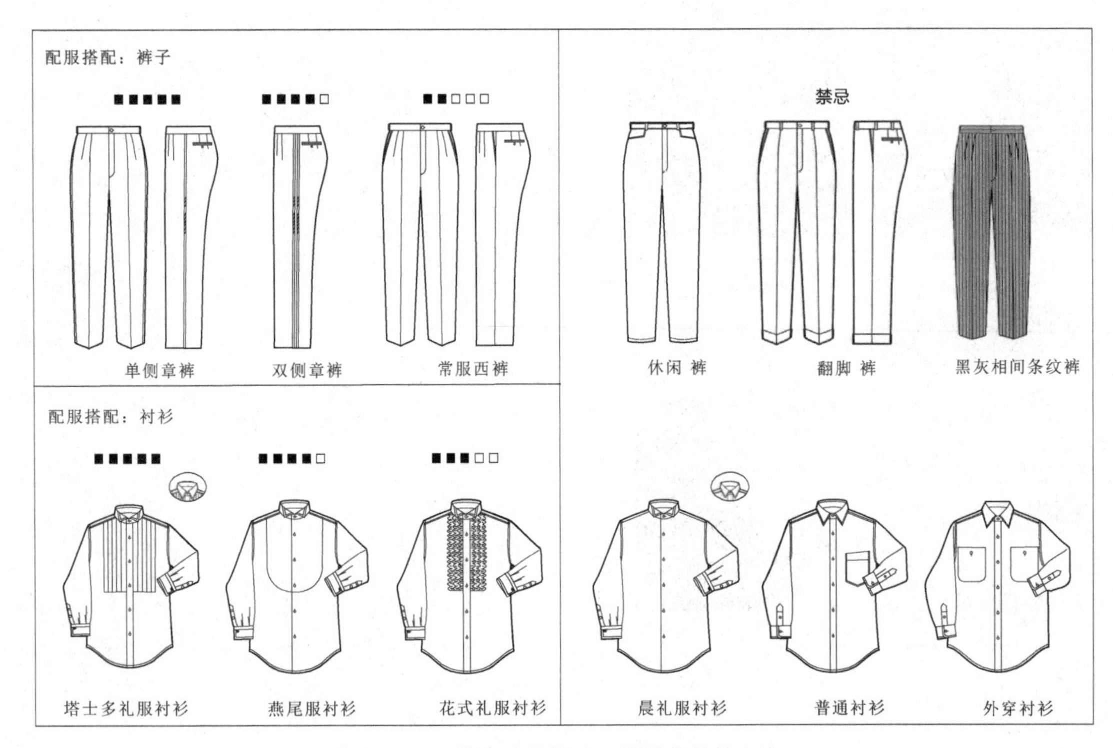

附图4-16 塔士多的裤子、衬衫指导性方案

塔士多背心同样为专属背心，花式背心为装饰塔士多的专属搭配，燕尾服背心虽仍可与塔士多搭配但是匹配度下降。塔士多美国版的特殊配服卡玛绉饰带，按其花色分为四类，黑色缎面卡玛绉饰带为标准搭配，其后为花式卡玛绉饰带和简化版背心。其中，装饰塔士多搭配花式卡玛绉饰带为标准搭配。塔士多搭配的禁忌为礼仪等级和时间属性上不适宜的常服背心、晨礼服背心、调和背心。

配饰与配服一样携带着强烈的塔士多专属性信息。在领结的搭配中，黑色的方头或菱形领结为塔士多的标准搭配。白色领结属于燕尾服的领饰。礼仪等级越高其配服配饰的专属性就越强，所以在搭配塔士多礼服时一般不建议选用白色领结，因为夜间礼服比日间礼服要求更严格、专属性更强。塔士多比第一礼服燕尾服礼仪等级低，配饰的兼容度有所提升，因此塔士多礼服能与白色缎面领带搭配，标注四个填黑方格，匹配度仅次于标准的黑色领结。非黑色的净色领带虽不属于禁忌，但不建议选用。花式领带因过于休闲和日间礼服的专属的阿斯科特领巾都属于禁忌范围。

在帽饰的搭配中，圆顶礼帽为黄金组合。夏季塔士多——梅斯搭配的巴拿马草帽也同属于塔士多的经典帽饰。除此之外，其他帽饰都属于禁忌。

漆皮鞋为夜间礼服的专属搭配，包括塔士多礼服和燕尾服。余下的三种鞋同属禁忌范畴（附图 4–17）。

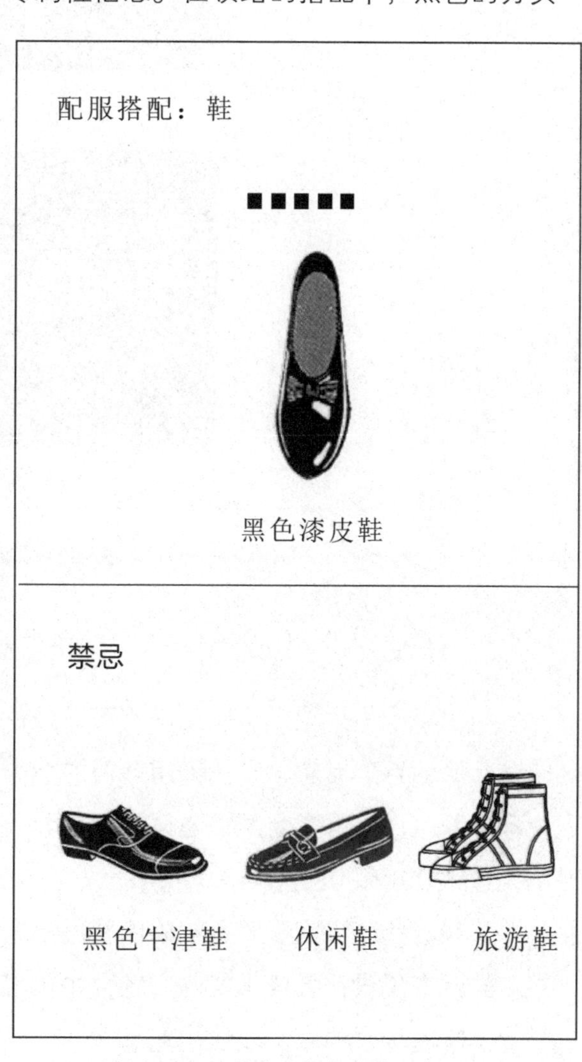

附图 4-17 塔士多鞋指导性方案

塔士多的上衣、裤子和背心都采用同种面料。以黑色系为主，在纹样的选择中通常会采用夹杂缎面质感的同色系条纹、小色点、细条纹等较内敛的暗纹，以满足于夜间礼服对优雅、华贵的氛围追求。装饰塔士多的面料则变得更为开放夸张、丰富多彩、个性化十足，华丽的缎面条纹、圆点和提花装饰，使得装饰塔士多能更好的迎合变幻莫测的派对社交（附图 4–18）。

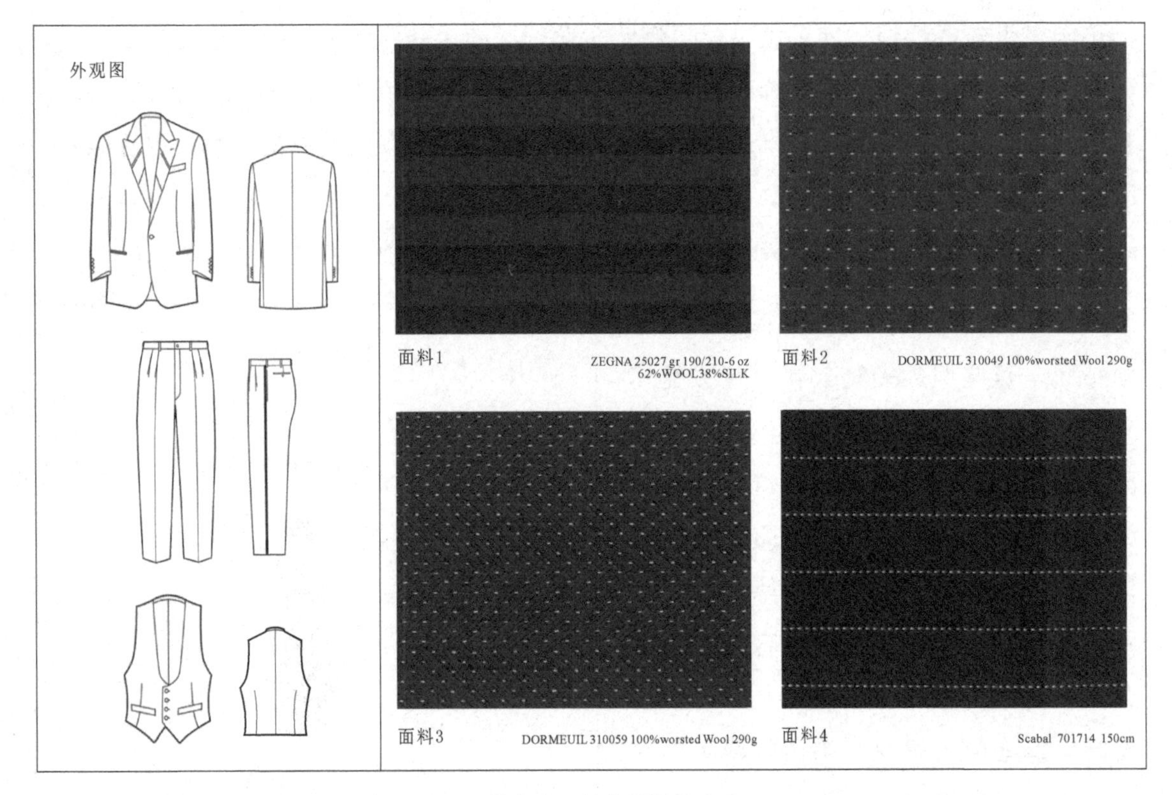

附图 4-18　塔士多面料指导性方案

（四）塔士多礼服定制中的产品实例

塔士多产品是国际定制品牌不可或缺的礼服产品，英国亨利·普尔是最善于打造绅士礼服的百年老店，它在御用师傅的指导下，制作出了英国版、美国版和法国版三个标准版本，这是完全严格遵循现代国际着装惯例的产品研发，也是国际化礼服定制的典范和风向标（附图 4-19）。

当顾客明确指定需要定制晚间礼服出席正式晚宴时，三个版本的塔士多是最佳选择。当然在现代社会的正式晚间场合中，黑色套装也可以作为标准着装穿着出席，但是其与晚间场合的匹配度低于塔士多，如果说没有明确穿着提示的礼仪场合，黑色套装是最为保险的着装，因为塔士多是一定在请柬中有所提示的装束。

在国内，塔士多针对的顾客定制群主要为演艺界、艺术家和时尚人士，对于更追求务实精神的商务界人士而言，除非在宴会请帖中特别指明，建议选择经典的塔士多礼服。在相对开放的艺术界，塔士多作为晚间礼服所强调的奢华与时尚，契合了时尚界对服饰奢华品质的追求，可以根据顾客本身性格特征选择面料纹样的内敛或张扬，同时，梅斯也是不错的选择。而由塔士多衍生的装饰塔士多，不再受限于深色系面料或纹样的含蓄，通过各种设计搭配诠释现代社会中人们对个性的强调和释放，在略微休闲的时尚晚会中深受时尚达人和年轻绅士的喜爱。但在这日益灵活多变的搭配中，塔士多作为夜间礼服的基本着装规则仍是需要明确和遵循的，且作为成功人士的基本准则。

在现代国际着装体系发达的国家，塔士多可以说是上层社会正式晚会的首选着装，因此当欧美人士定制晚礼服时，可直接选择塔士多礼服，即使强调风格的定向和个性的表现也不能越雷池一步。

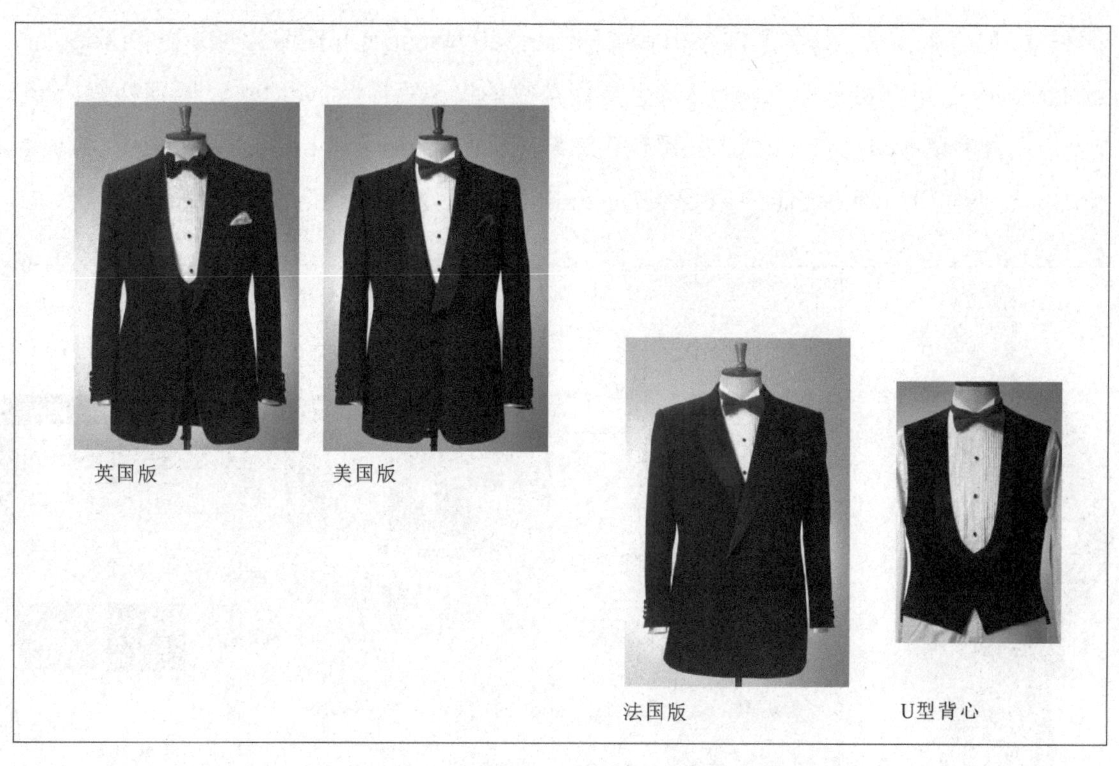

附图 4-19　塔士多品牌定制产品实例

三、日间正式礼服定制董事套装

董事套装为日间正式场合穿着的礼服，作为晨礼服的替代品和略装形式，是 19 世纪末 20 世纪初英国工业革命后工商业大发展而职业化的结果，因此，今天如果能够懂得它的一定是准绅士。在配饰上依然沿袭着严谨的礼服规制，但同时，它作为过渡性的礼服，没有晨礼服在公式化场合的象征意义，也没有黑色套装在功用上的全面，所以董事套装的实用范围有一定的局限性。在当今的社交场合中选择其出席的场合虽有限，但却仍然作为某些特定场合的专属性服装，例如每年一届的维也纳新年音乐会艺术家们、日间婚礼的宾客、大公司的CEO们等都不能无视它的存在。

（一）董事套装定制的指导性方案

董事套装作为晨礼服的简化版，其标准色及搭配方式与晨礼服相同，黑、灰、白是它的基本色调，标准面料为黑色礼服面料、黑灰条纹裤子面料和灰色背心面料。它的黄金搭配，董事套装（director’s suit）的主服款式类似晨礼服衣身变短的戗驳领西服样式，配与晨礼服一样的黑灰条相间裤子（striped trousers）。配服为企领衬衫（regular collar shirt）、单排扣背心（vest）、净色或隐条纹的银色领带（sliver tie）、圆顶礼帽（top hat）、白手套（white gloves）、黑色牛津鞋（black oxford shoe）、黑色袜子（black socks）、手帕（handkerchief）、衬衫链扣（cuff links）、领带夹（tie pin）等（附图4-20）。

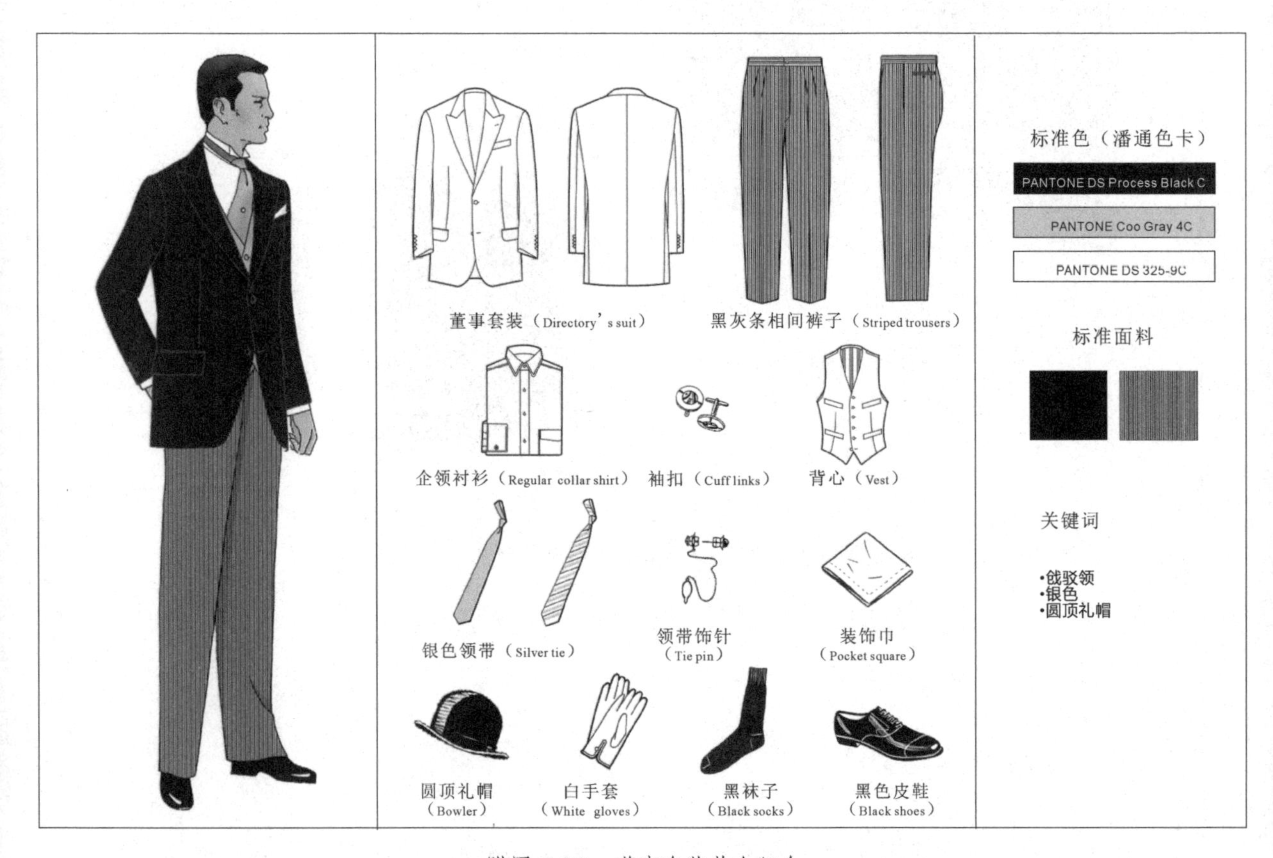

附图 4-20　董事套装黄金组合

在董事套装适宜的场合运用中，作为晨礼服的简化版，礼仪等级有所下降，所适宜的场合也不再局限于公式化，延伸到了正式场合。分别为日间的传统仪式和重大的公务、商务活动等。由于公式化场合中的日间婚礼仪式和告别仪式对礼仪等级要求最高，一般用晨礼服，但用董事套装也很得体，但通常采用与黑色套装杂糅的形式（附图 4–21）。案例参考中，提供了董事套装在传统仪式和日间正式公务商务中的运用。一年一度的维也纳新春音乐会始于一个半世纪以前，在当地时间每年 1 月 1 号的上午举行，交响乐团成员乐会上的一角，从细节上判断，他们穿的是董事套装。此外，还提供了欧洲绅士穿着董事套装与黑色套装杂糅的款式出席日间正式聚会或婚礼的案例参考。统一穿着标准的晨礼服出席，后来简化多用董事套装，案例为 2011 年维也纳新年音乐会作为晨礼服的简装形式，董事套装主服在款式上的变化更灵活多变，例如开襟的升降、纽扣数的增减、单排扣、双排扣以及领型和口袋的变化等。同时在礼仪等级上的兼容度提高，它和西服套装、黑色套装可以视为同一阵营的准礼服。

场合	活动	时间	等级
公式化场合	婚礼仪式	日间	■■■■□
	告别仪式	日间	■■■■□
	传统仪式	日间	■■■■■
正式场合	正式宴会	日间	■■■■■
	日常工作		□□□□□
	国际谈判		□□□□□
	正式谈判		□□□□□
	正式会议		□□□□□
	商务会议		□□□□□
非正式场合	工作拜访		□□□□□
	非正式拜访		□□□□□
	非正式会议		□□□□□
	商务聚会		□□□□□
	休闲星期五		□□□□□
休闲场合	私人拜访		□□□□□
	周末休闲度假		□□□□□

▲2011维也纳新年音乐会

▲绅士穿着董事套装在日间正式场合

▲威廉王子和哈利王子

附图 4-21 董事套装着装成功案例

（二）董事套装定制中的配服、配饰指导性方案和面料参考

在配服、配饰的搭配中，因董事套装和塔士多礼服同属于一个礼仪级别，但在时间上的对称性使得它们的配服和配饰在可搭配与禁忌范围中呈颠倒格局。其最佳的裤子搭配为日间礼服专属的黑灰条纹裤，没有时间约束性的全天候常服西裤也为较匹配

的搭配标注四个填黑方格，其他裤子为禁忌。与晨礼服的裤子搭配相比较，常服西裤与晨礼服搭配时标注三个填黑方格，当与董事套装搭配时礼仪级别提升，其原因是董事套装的礼仪级别下降更接近西服套装，搭配时不再强制公式化装束的严谨，能形成较契合的搭配。

晨礼服衬衫同为董事套装的最佳衬衫搭配，没有时间限制的普通衬衫虽然礼仪等级略低但是同样可以与董事套装搭配成为得体的选择。其他的衬衫种类都属于禁忌（附图 4–22）。

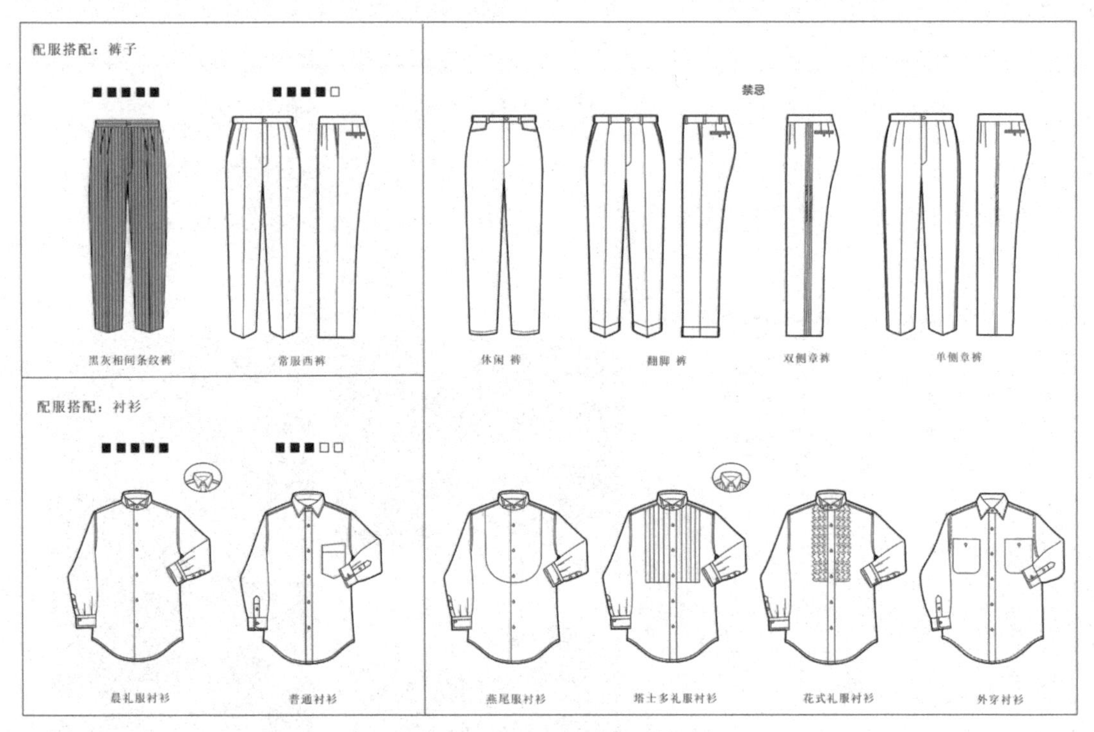

附图 4-22　董事套装裤子、衬衫指导性方案

背心与董事套装搭配的黄金组合为双排扣无领背心，同时由于董事套装礼仪等级下降与常服背心搭配同属于黄金组合，标注为五个填黑方格。由于晨礼服背心的礼仪暗示最高，与董事套装匹配度下降标注为四个填黑方格。调和背心过于休闲，与董事套装搭配属于及格，不建议选用。余下的晚礼服背心都属于禁忌范畴。

阿斯克领巾、灰色领带和日间告别仪式的黑色领带，同晨礼服一样为董事套装的经典领饰，而主要用于非正式或休闲场合的花式领带，建议慎选。

领结都属于夜间礼服的领饰不能与日间礼服搭配，董事套装属于禁忌。圆顶礼帽是董事套装的黄金组合，同塔士多礼服一致。其余帽饰属禁忌范畴。日间礼服专属的黑色牛津鞋为最佳鞋饰，余下的要慎用。

董事套装的面料参考与晨礼服一致，包括黑色礼服面料、黑色暗条纹礼服面料、机理明显的礼服面料和暗花纹面料；裤子为典型的黑灰相间条纹面料；背心面料与晨礼服面料一致为灰色背心专属面料。与晨礼服相比较，董事套装礼仪等级略有下降，在面料花色的兼容度上有所提高，所以在面料选择的时候可以适当参考一些隐形花纹，增添低调、内敛的个性化元素。

董事套装作为日间标准礼服，同时兼备了时间细分后礼服形制上的专属性和主服款式简化后穿着上的功能性，因此若明确定制日间礼服时可以首先推荐董事套装。虽然晨礼服礼仪等级最高，但在这个礼服简化的大趋势下，在一般的日间正式场合中会显得过于隆重，一般请柬中有明确提示时才使用（Morning Coat）。因此，董事套装在当今社交中可以说是日间礼仪最高规格的装束。

在国内日间礼仪场合中除非指定使用董事套装出席特定的公式化场合，一般推荐更为实用的全天候礼服黑色套装，因为其适宜范围更为广泛。但是在定制的过程中，仍需要了解礼仪级别更高的董事套装甚或是晨礼服，因为高级定制与高级成衣最大的区别即是强调服饰文化的输出、国际着装惯例知识的普及、高品质生活方式的传递，这也是希望成为绅士的必备功课。

四、公式化场合定制第一礼服（专属礼服）

第一礼服分为两种，日间的晨礼服（morning coat）和晚间的燕尾服（tail coat）。顾名思义，第一礼服为礼服类礼仪等级最高的装束，只能出席礼仪等级要求最高的公式化场合。对于它们而言，与其说是具有功能性的衣服，不如说是一种文化的体验，被刻意的保留于传统礼仪庆典或古老仪式中。第一礼服很少受流行趋势的影响，它的变化在其程式的范围内依赖于礼仪传统习惯的微妙处理，往往是以既定的社交约定，来决定第一礼服的风格和用途，这时的个性表现几乎为零。

（一）晨礼服和燕尾服定制中的黄金组合

第一日间礼服晨礼服的黄金组合，主服款式为经典的维多利亚六开身版型晨礼服（morning coat）配黑灰条相间裤子（striped trousers）。配服为翼领衬衫（wing collar shirt）或企领衬衫（regular collar shirt）、戗驳领或青果领双排扣背心（vest），配饰有阿斯克领巾（ascot tie）或净色或条纹的银色领带（sliver tie）、大礼帽（top hat）、白手套（white gloves）、黑色牛津鞋（black oxford shoe）、黑色袜子（black socks）、手帕（handkerchief）、衬衫链扣（cuff links）、饰针（tie pin）等（附图4-23）。

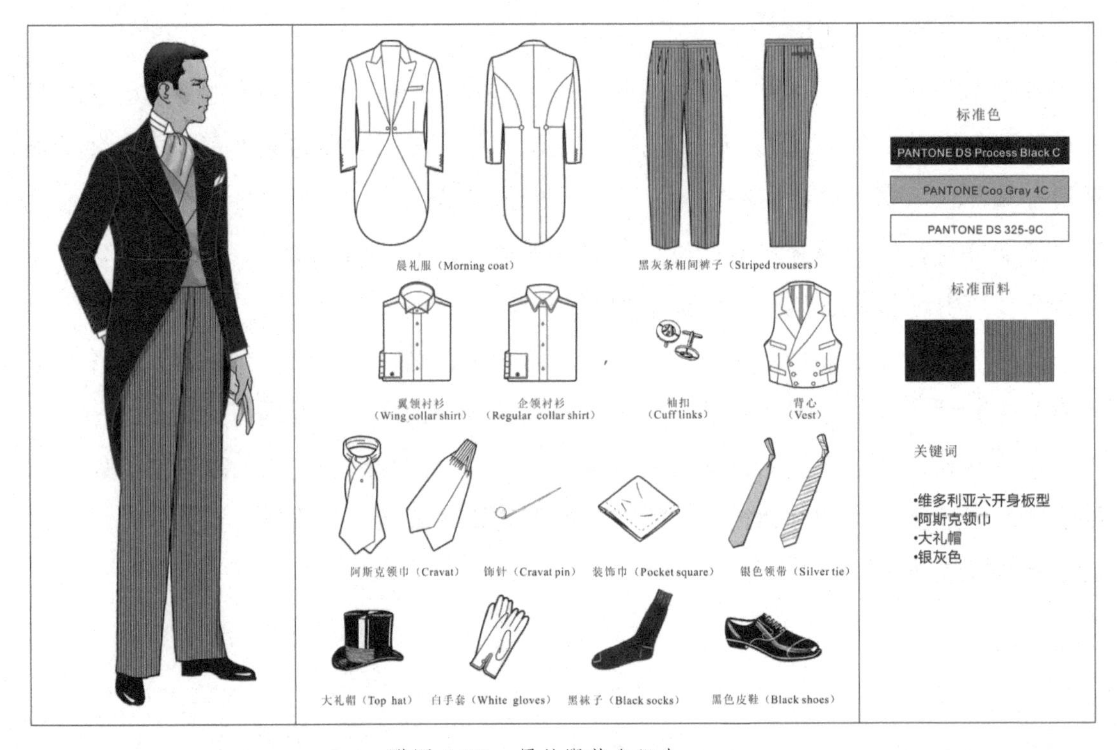

附图 4-23　晨礼服黄金组合

燕尾服，在时间上与晨礼服相对应为第一晚间礼服，礼仪等级相当，在时间上它们严格遵守日间与晚间的出席规则。燕尾服黄金组合的标准是，经典的维多利亚六开身版型燕尾服（tail coat）搭配双侧章裤（side striped trousers）。配服和配饰为专属衬衫（evening shirt）、衬衫链扣（cuff links）、白色低开襟方领或青果领背心（vest）、白领结（white tie）、白手帕（handkerchief）、白手套（white gloves）、大礼帽（top hat）、黑袜子（black socks）、漆皮鞋（pampus）等（附图4-24）。

（二）晨礼服和燕尾服定制中的着装成功案例和款式指导性方案

在各种公式化场合中，晨礼服经常出现在盛大的典礼、授勋仪式、皇室婚礼、古典音乐会演出等；燕尾服也不例外，包括古典交际舞，诺贝尔颁奖典礼这样的古老仪式上，只是时间有严格的界定。而这些也仅仅保留在那些像英国、北欧、日本等君主制的国家里，第一礼服运用于公式化场合成为惯例，由于这些发达国家绅士文化的国际影响力很大而向国际主流社交广泛传播。

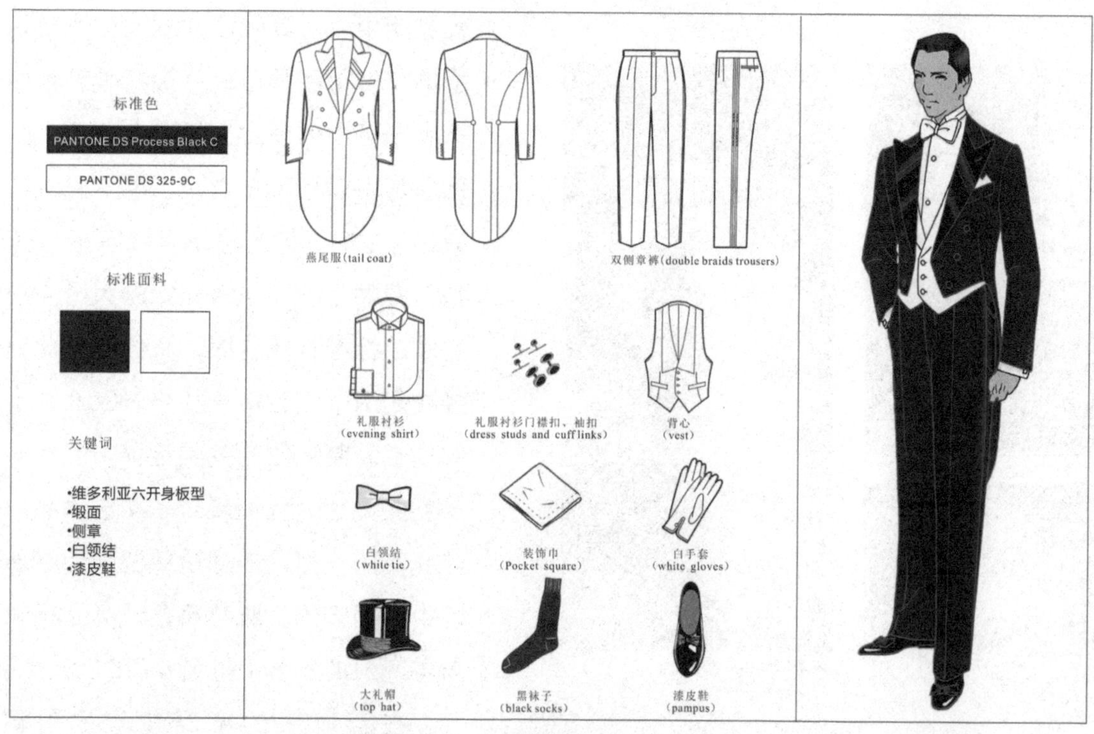

附图 4-24 燕尾服黄金组合

日本每一届新首相上任，都会与新内阁成员照全家福，这成了日本首相就职仪式中不可或缺的一个环节。我们可以从这个案例中了解到日本虽然属于东方的文化背景，但是经过明治维新对欧洲文明的大量引进形成了本土化的主流服饰规制。在服装领域中，日本不仅用晨礼服做为国家政治领域中行使最高仪式的象征，同时也将这纯正的西式着装文化本土化，最明显的一点即是将晨礼服背心经典的灰色变为更符合日本民族秉性的黑色，与晨礼服黑色上衣形成颜色上的统一，较欧洲传统的晨礼服更显低调、谦卑和内敛。这是东方在引进西方现

附图 4-25 晨礼服案例参考

代文明中，对其吸收并本土化的成功案例，值得我国旧秩序被打破新秩序又尚未建立的现实去思考。此外，案例参考中国际著名影星“憨豆先生”在出席 2011 年英国举世瞩目的皇室婚礼威廉王子和凯特王妃的大婚中所穿着的标准款晨礼服，我们能从此类经典案例中体会第一礼服对欧洲绅士们精致着装品位的完美诠释。晨礼服使憨豆先生为我们展示了文艺作品以外真实的一面，但却是每位绅士在着装中所固守的优雅与严肃风度、精致与考究的试金石（附图 4–25）。

在燕尾服的案例参考如附图 4–26 所示。

案例参考：

▲2011美国总统奥巴马访英

▲2011年诺贝尔颁奖典礼一角

▲2009年诺贝尔典礼上的华裔科学家高锟与穿旗袍的夫人

▲瑞典公主大婚

附图 4-26 燕尾服案例参考

在主服款式的变化上，虽然作为第一礼服受着严格的约束，但是随着时尚界对包容性的日益增强，为迎合现代绅士个性需求在某些细节或部位上可进行适当的改变。因此，可以根据身份背景和出席场合的需要进行变通。以领子为例，较年轻的绅士可以在青果领、平驳领或半戗驳领这些与黄金组合比较稍有变化，但仍为可选用范畴内的领型则不失为有所概念化的选择，在整体造型中不仅不会觉得有失传统和优雅，反而会增添年轻人性格里应有的轻松、活力和朝气。相反，若是一个性格传统的老者，倘若不是出席一个最高礼仪级别的公式化场合，但是因为其年纪、性格和尊贵的身份，在礼仪级别稍微下降的场合里仍然可以推荐传统版戗驳领晨礼服。在门襟的变化中形制也相对固定，通常情况下变化不大。所以对第一礼服我们可以做这样的基本判断：变化的形制与传统形制相差的越大，其礼仪级别下降的层级就越多，风险就越大。除了显而易见的部位外，细节的改变要充分考查相关的历史信息和传承情况，如袖扣的数量、衣袋形制、局部异质面料的装饰风格等。需要注意的是这些细微的改变不等于服装的随性多变。例如，在晨礼服的主服款式变化中，借鉴了礼服外套柴斯特外套阿尔勃特风格的领型特点，领子的上半部分采用较整体更深一些的天鹅绒面料，使得这件晨礼服更具贵族气质且仍然不失其作为第一礼服所具备的考究和高贵的血统（附图 4–27）。

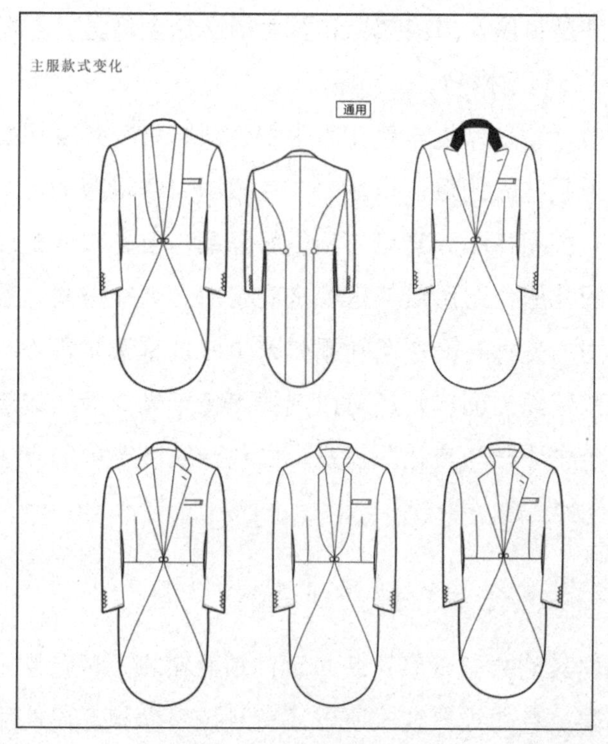

附图 4-27　晨礼服款式变化

（三）晨礼服和燕尾礼服定制中的配服及配饰指导性方案

同正式礼服的塔士多与董事套装类似，燕尾服与晨礼服在礼仪上的对等性和时间上的对称性，使得它们除了主服细节和元素有各自的专属特性外，在配服、配饰的可搭配范围和禁忌组合中，基本上为颠覆的对等局面。

在裤子的搭配中，休闲裤和翻脚西裤礼仪等级过低，在第一礼服里同属于禁忌。全天候无时间限制的常服西裤分别与两种第一礼服搭配，与晨礼服搭配可以接受但不推荐。晚间礼服比日间礼服在搭配上的要求更严格，形制上的改变更苛刻，因此与燕尾服搭配基本属于禁忌。在第一礼服的配服、配饰搭配上，应更加注意对黄金组合的遵循。黑灰相间条纹裤搭配晨礼服，双侧章搭配燕尾服为黄金组合，单侧章裤为塔士多的最佳搭配，虽可以与燕尾服搭配但礼仪匹配度下降。

在衬衫的搭配中外穿衬衫因礼仪等级过低，对第一礼服而言属于禁忌。如前所述，夜间礼服的搭配更加考究，所以普通衬衫能与晨礼服搭配，却不能与燕尾服搭配。黄金组合是晨礼服衬衫配晨礼服；燕尾服衬衫配燕尾服。塔士多衬衫、花式塔士多衬衫与燕尾服搭配可以接受，但不推荐。

背心的搭配，晨礼服背心与晨礼服搭配为黄金组合。董事套装背心、常服背心都可以与晨礼服搭配，并按照礼仪的级别从高到低排列。晚间礼服背心是晨礼服所禁忌的。

燕尾服的背心搭配则是将晨礼服的禁忌和黄金组合完全颠覆，并同样在适宜搭配的背心中按照礼仪等级从高到低排列。

在配饰的选择中，领带只能与晨礼服搭配，领结只能和燕尾服搭配。其中，阿斯克领巾和灰色领带为晨礼服的最佳搭配，白色领结为燕尾服的最佳搭配。与塔士多搭配的黑色领结，含有夜间礼服元素可与燕尾服搭配，但礼仪匹配度下降。对于配饰专属性极强的最高等级礼服，选用最佳搭配是明智的。大礼帽同为晨礼服和燕尾服的最佳配饰，但其中不同的是大礼帽在晨礼服较燕尾服的搭配中，面料变化上更为丰富，除了共同的黑色天鹅绒丝光面料，还可以选择黑色无光泽面料或者灰色面料。漆皮鞋同燕尾服搭配，黑色牛津鞋与晨礼服搭配，白色麻质装饰巾的点缀和黑色袜子的内敛风格是礼服配饰不变的法则。

（四）晨礼服和燕尾礼服定制中的面料参考

晨礼服的面料同其略礼服董事套装一致，其面料除了深色系礼服面料外，因为晨礼服有上下采用相同灰色的经典款式所以还有灰色系面料。晨礼服面料和燕尾服面料相比较，显得朴素和低调，燕尾服等晚礼服面料因有缎面的装饰则更显华丽，充满夜间富贵的时尚气息（附图 4-28、附图 4-29）。

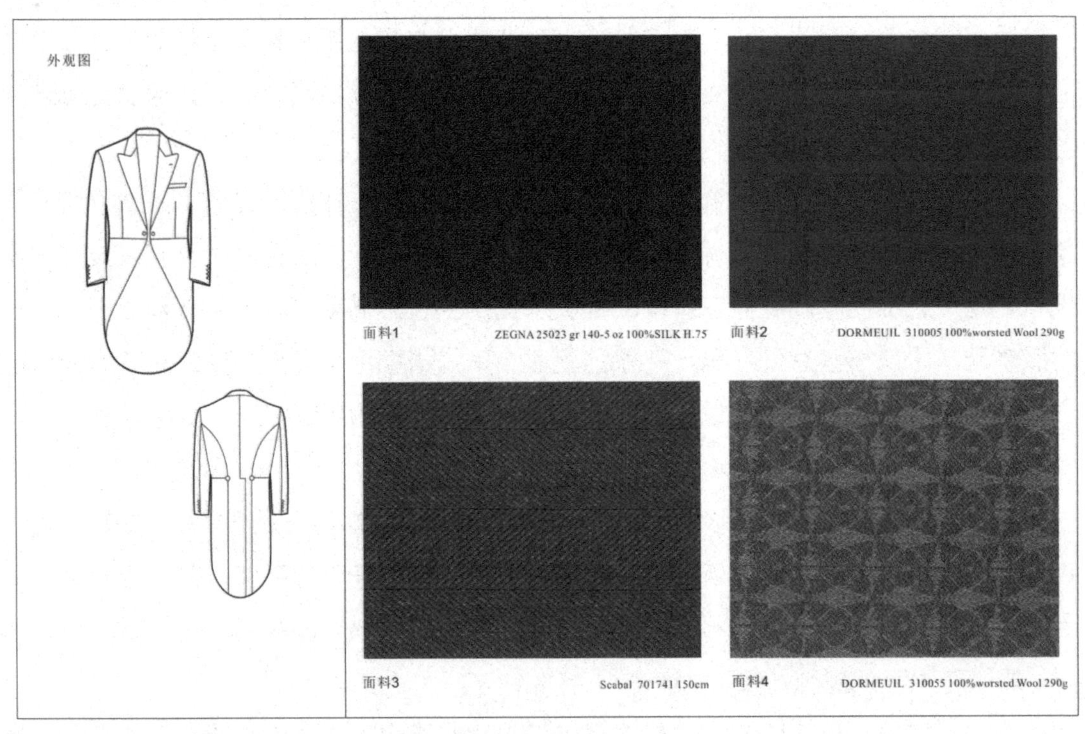

附图 4-28 晨礼服面料参考

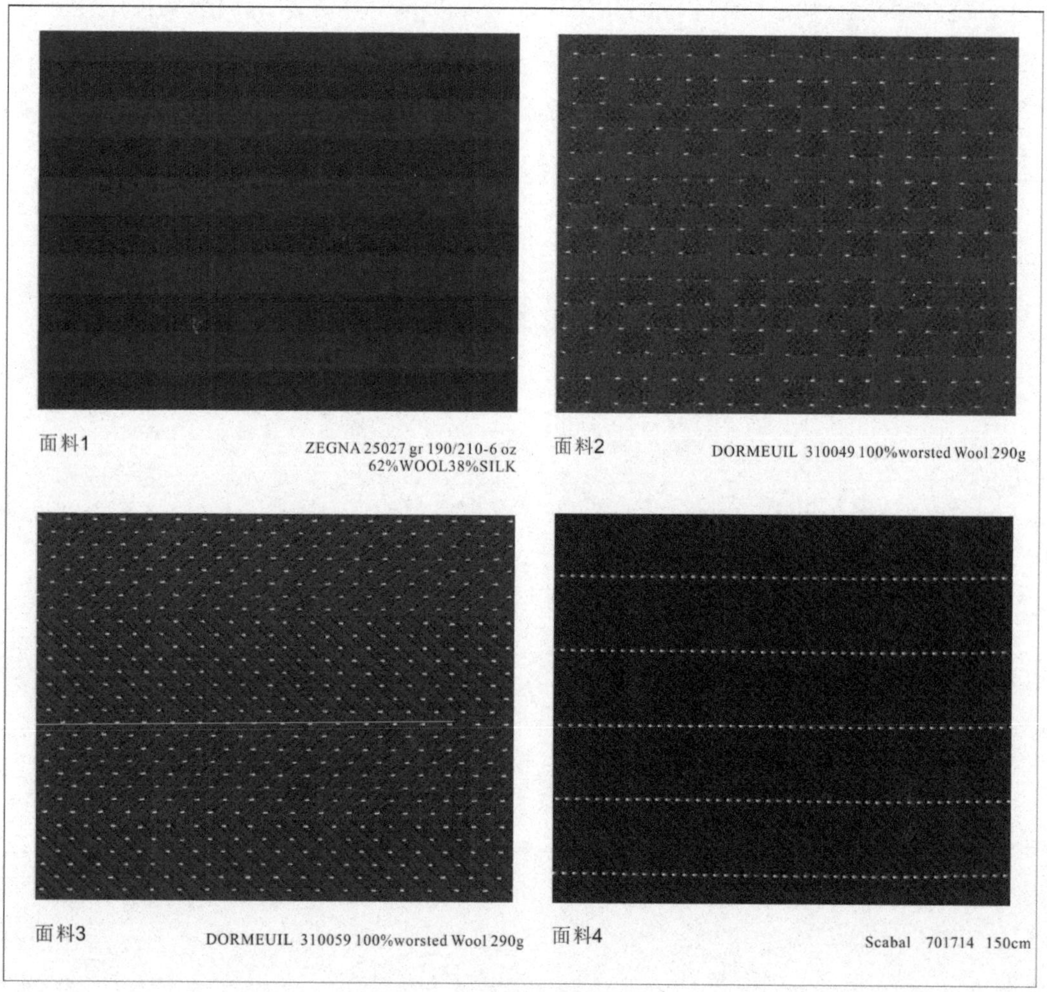

面料1 ZEGNA 25027 gr 190/210-6 oz 62%WOOL38%SILK

面料2 DORMEUIL 310049 100%worsted Wool 290g

面料3 DORMEUIL 310059 100%worsted Wool 290g

面料4 Scabal 701714 150cm

附图 4-29 燕尾服面料参考

在燕尾服面料中，上衣和裤子采用同种面料，标准色同晨礼服一致都为黑色，但是细节上会有所不同，夹杂缎纹质感的同色系条纹、小色点、细条纹等比较内敛的纹样元素，满足于夜间礼服更加优雅、华贵的氛围（附图 4–29）。燕尾服背心的标准色为白色，同样白色的面料也添加含蓄的纹样变化，例如，属同色系但颜色略有不同的白色条纹，或者只有一根经纱细度的撞色细条纹显得精致耐看（附图 4–30）。

在国际礼服简化的大趋势下，特定公式化场合里礼仪等级最高的第一礼服，更多的是一种经典社交品质的象征和传统仪式的延续。在日常的礼仪场合逐渐被功能性更好的黑色套装、塔士多礼服甚至西服套装所取代。

在社交生活中，第一礼服虽逐渐退出历史舞台，但却并不意味着它们没有价值或者被彻底遗忘，作为服饰发展历程中礼仪等级最高的装束，虽不再被高频率地使用，但却是必须知道的高品位的生活知识。在上流社会的衣橱里，绅士们虽不经常使用，但总会精心储藏着一至两套顶级的礼服，以备一年或几年 1 次的顶级宴会中尽显与尊贵身份匹配的考究装束。对于国内而言，第一礼服可出席的场合和受众人群则更加有限。可见第一礼服虽不为适用频率较高的着装，但需要在定制它们中慢慢养成社会精英的修养，其受众人群在我国虽极为有限，但却是品位生活的着装必修课。

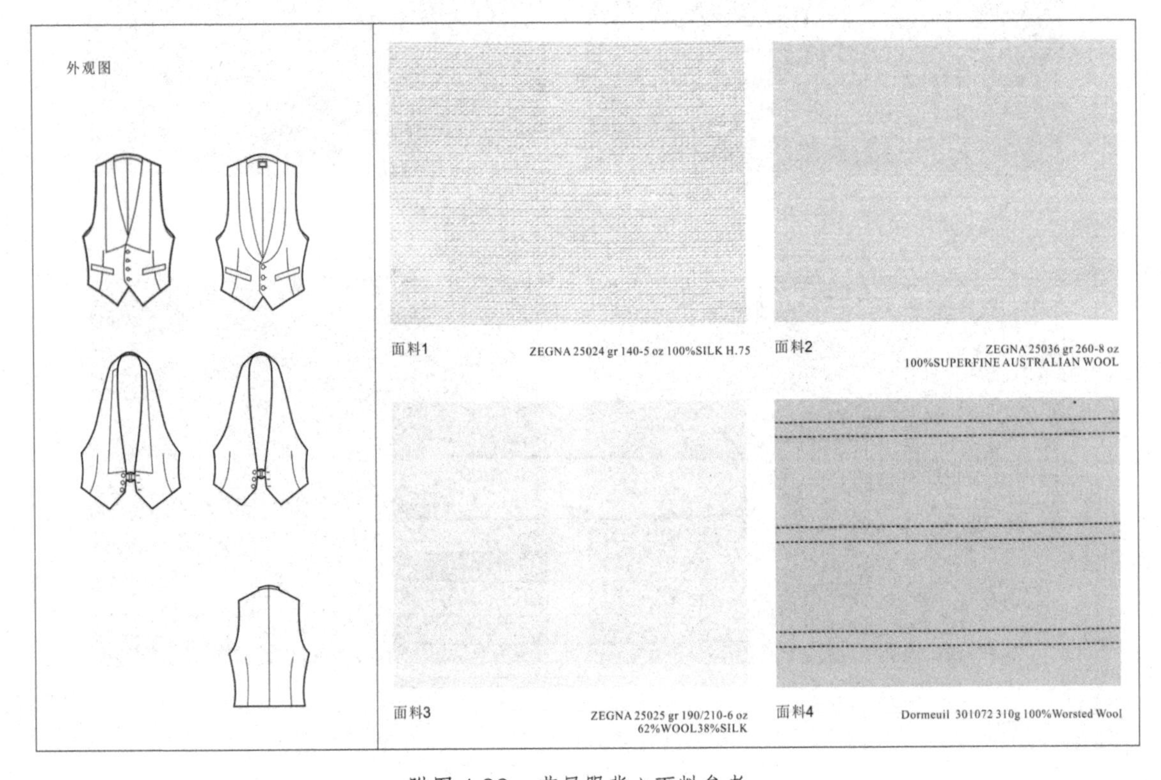

附图 4-30 燕尾服背心面料参考

附录五　礼服定制方案与流程

1. 定制品的黄金组合
2. 着装成功案例
3. 定制品款式指导性方案
4. 定制品配服指导性方案
5. 定制品配饰指导性方案
6. 定制品面料参考
7. 定制品牌产品

标准礼服定制方案与流程

日间礼服定制方案与流程

黑色套装 blacksuit

标准礼服

董事套装 director’s suit

晨礼服 morning coat

日间礼服

塔士多 tuxedo

梅斯 mess

燕尾服 tailed coat

晚间礼服

一、标准礼服黑色套装的定制方案与流程

（一）黑色套装（Black Suit）标准组合方案

（二）黑色套装白天组合方案

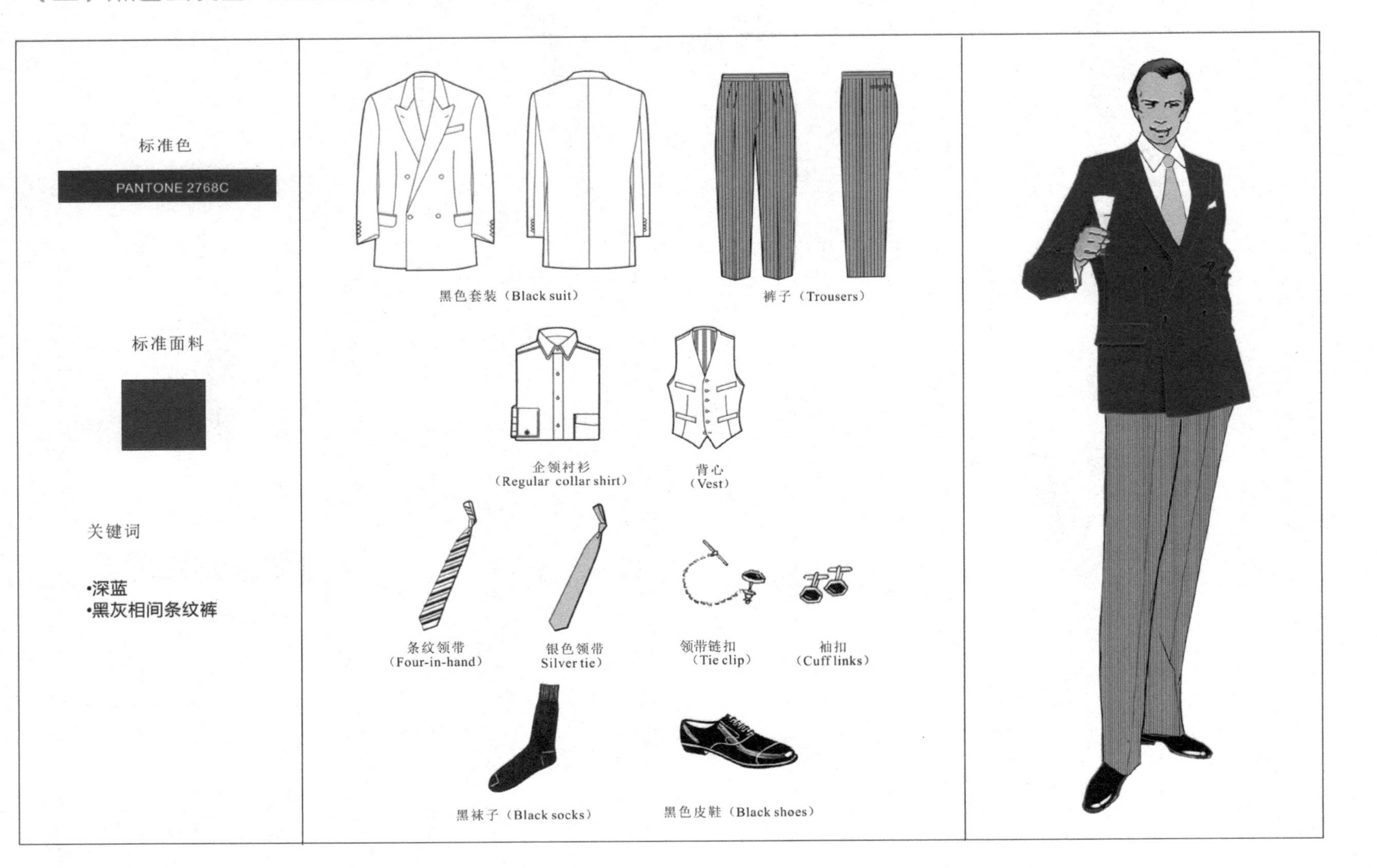

（三）黑色套装款式指导性方案

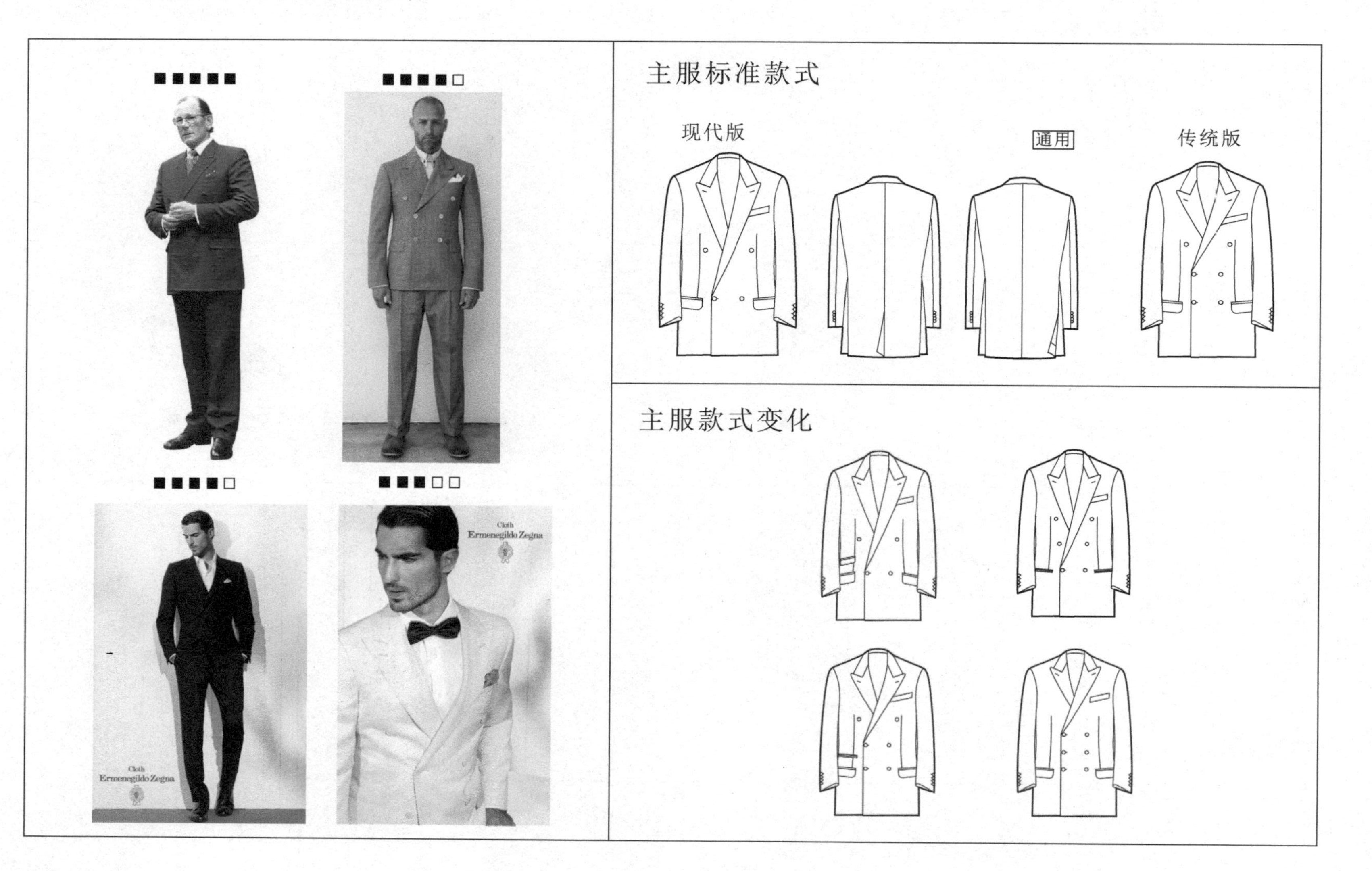

（四）黑色套装背心指导性方案

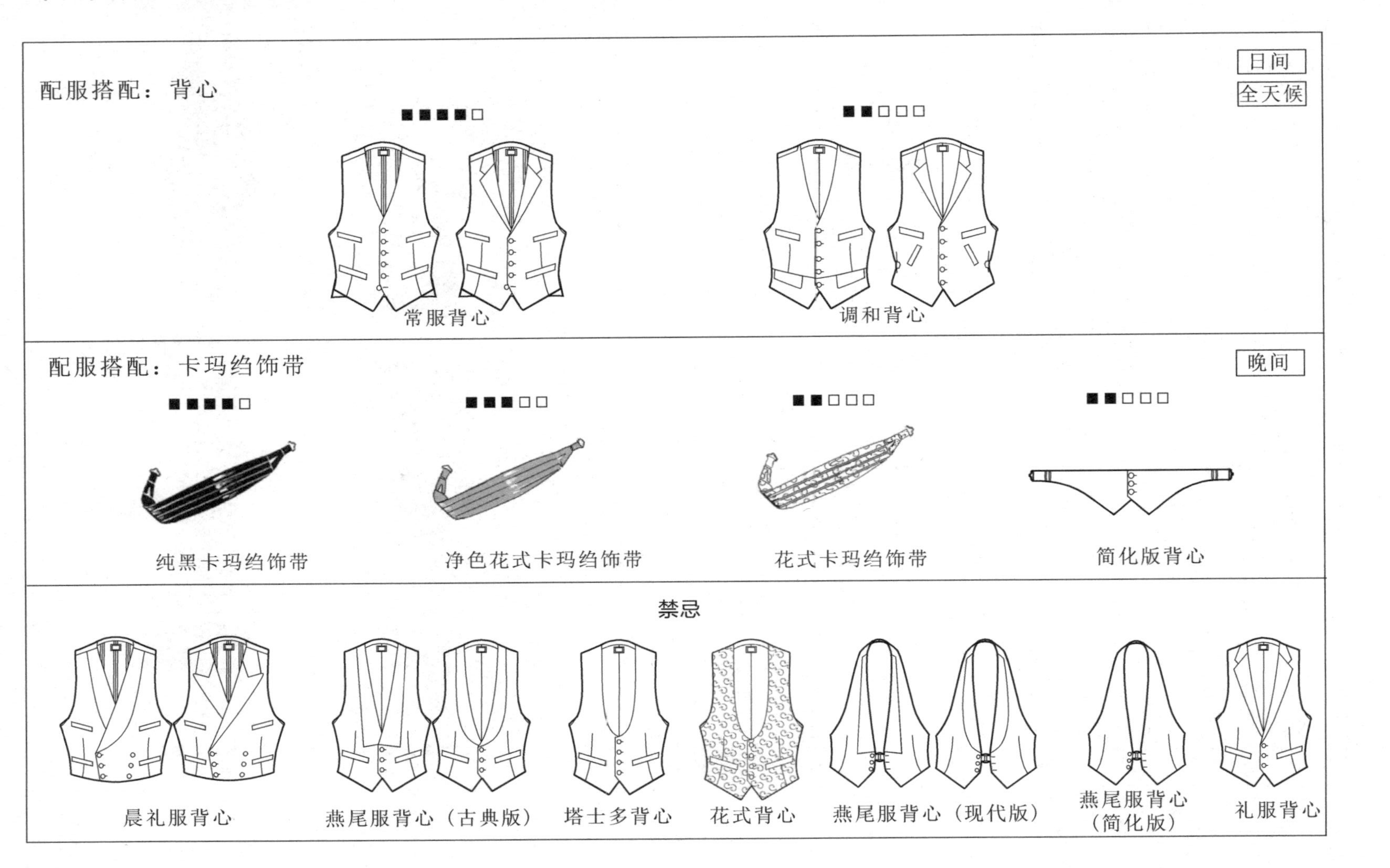

（五）黑色套装配饰指导性方案

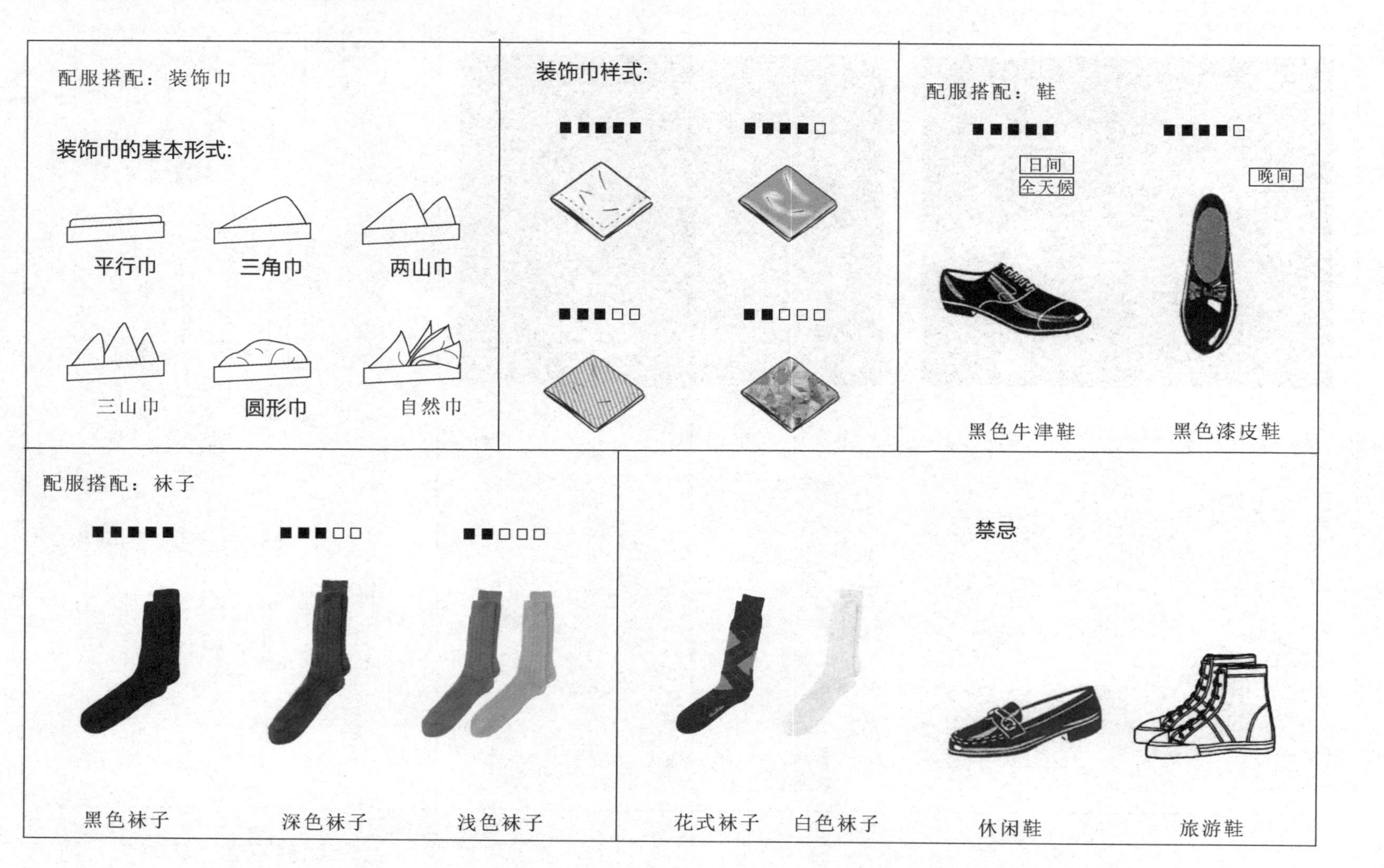

（六）黑色套装面料参考

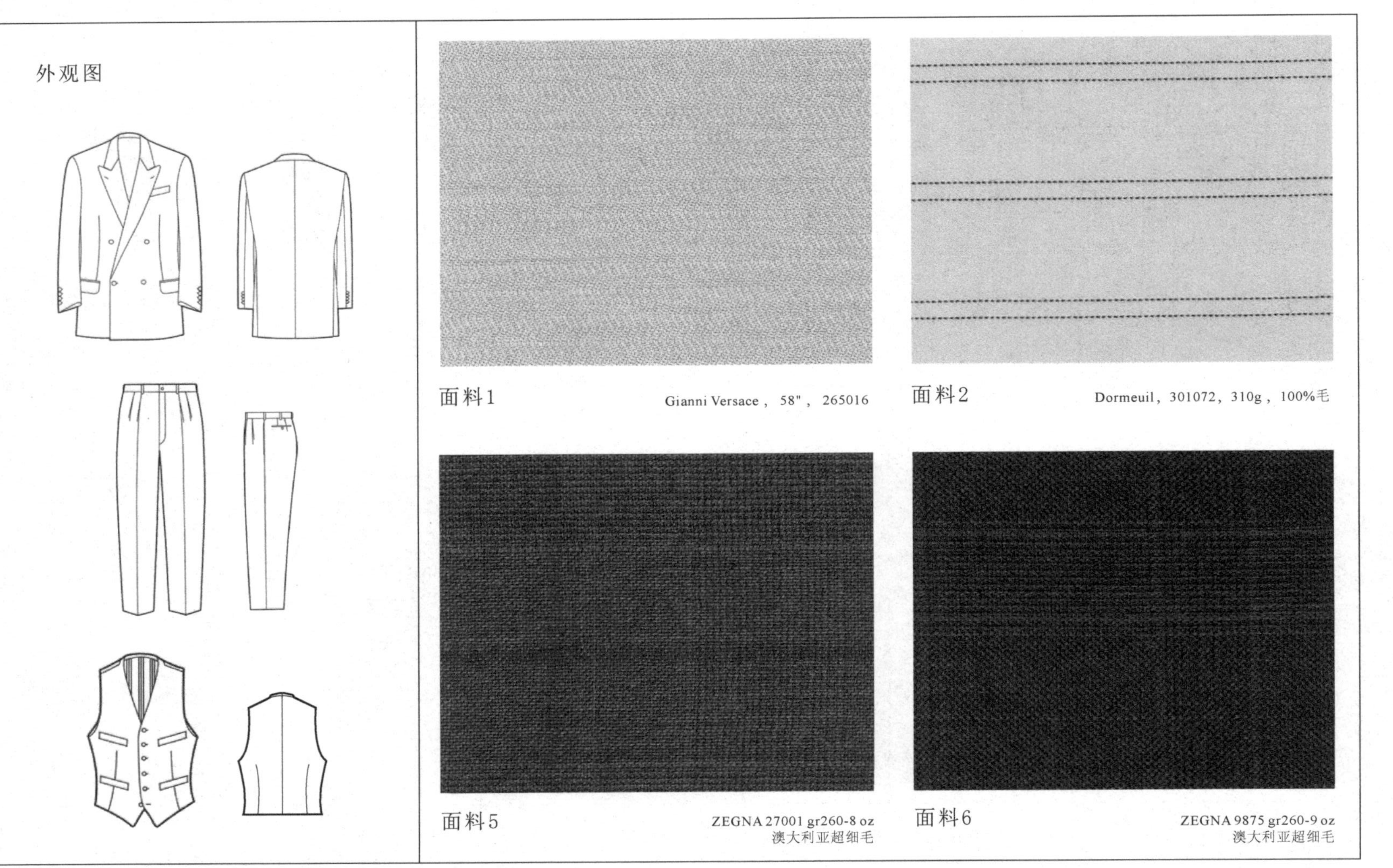
外观图
面料1
Gianni Versace， 58"， 265016
面料2
Dormeuil，301072，310g，100%毛
面料5
ZEGNA 27001 gr260-8 oz
澳大利亚超细毛
面料6
ZEGNA 9875 gr260-9 oz
澳大利亚超细毛

（七）黑色套装定制品牌产品

定制品牌黑色套装产品

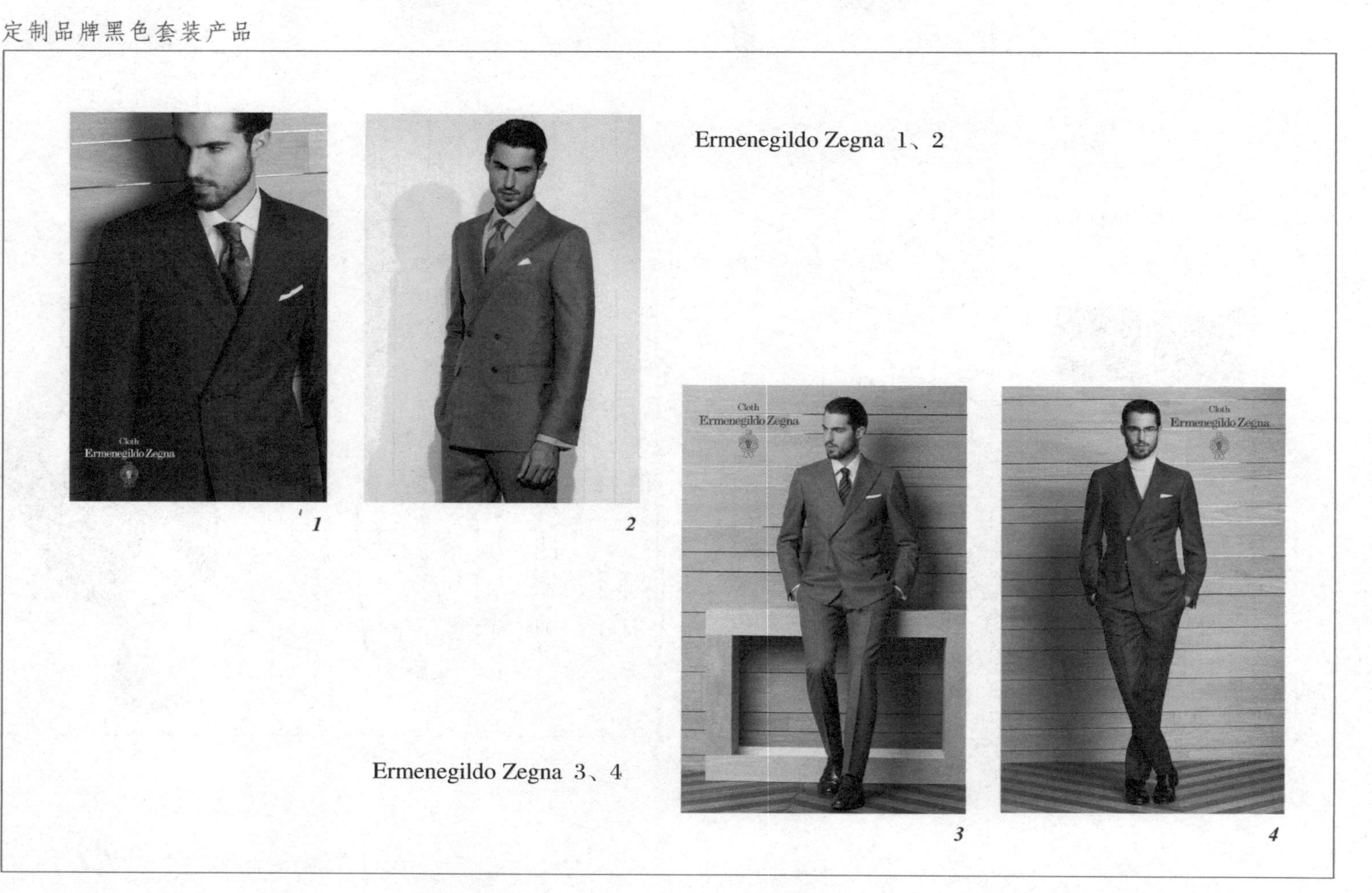

Ermenegildo Zegna 1、2

Ermenegildo Zegna 3、4

二、董事套装定制方案与流程

（一）董事套装（Directory's suit）黄金组合

（二）董事套装款式指导性方案

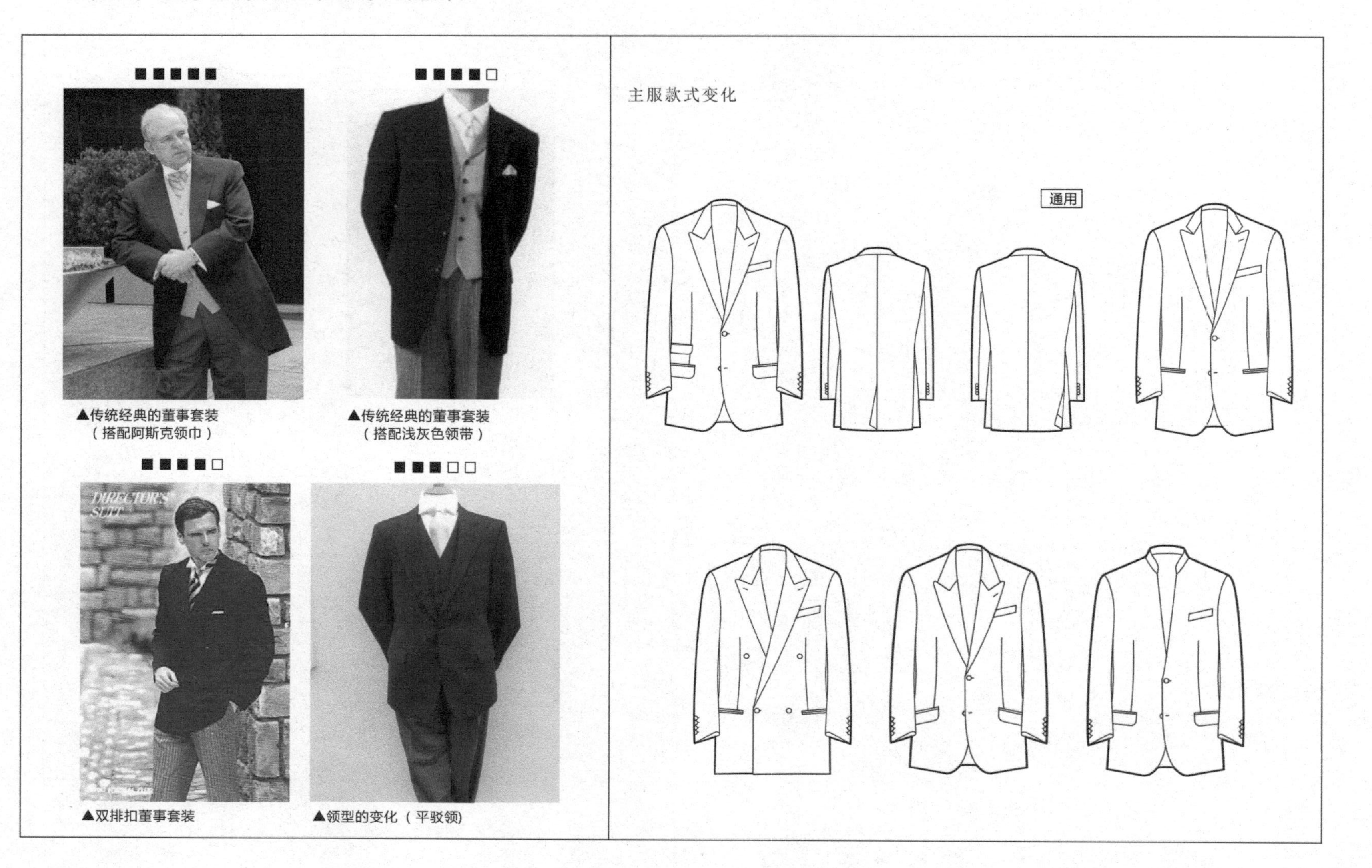

▲传统经典的董事套装（搭配阿斯克领巾）

▲传统经典的董事套装（搭配浅灰色领带）

▲双排扣董事套装

▲领型的变化（平驳领）

（三）董事套装背心指导性方案

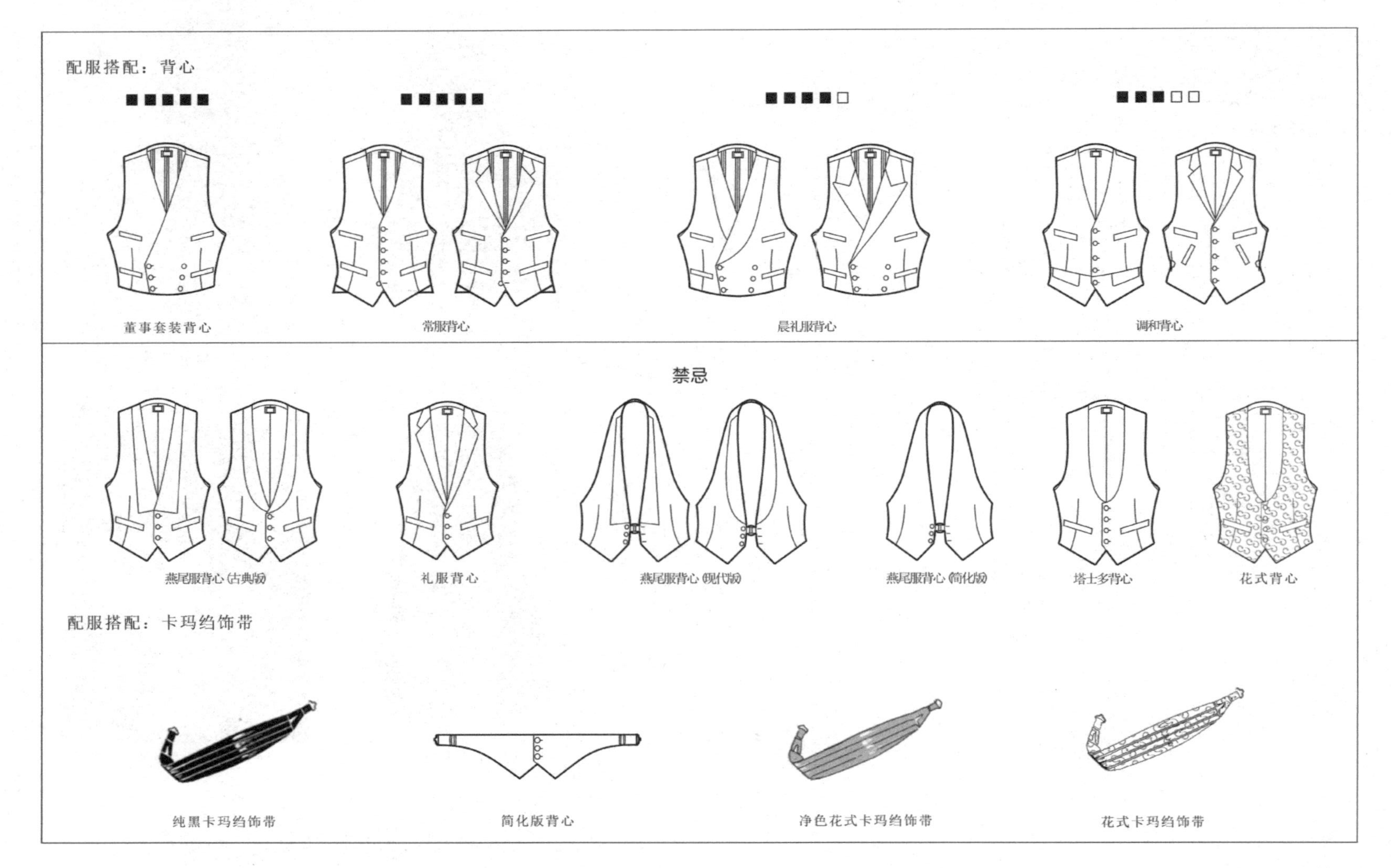

（四）董事套装配饰指导性方案

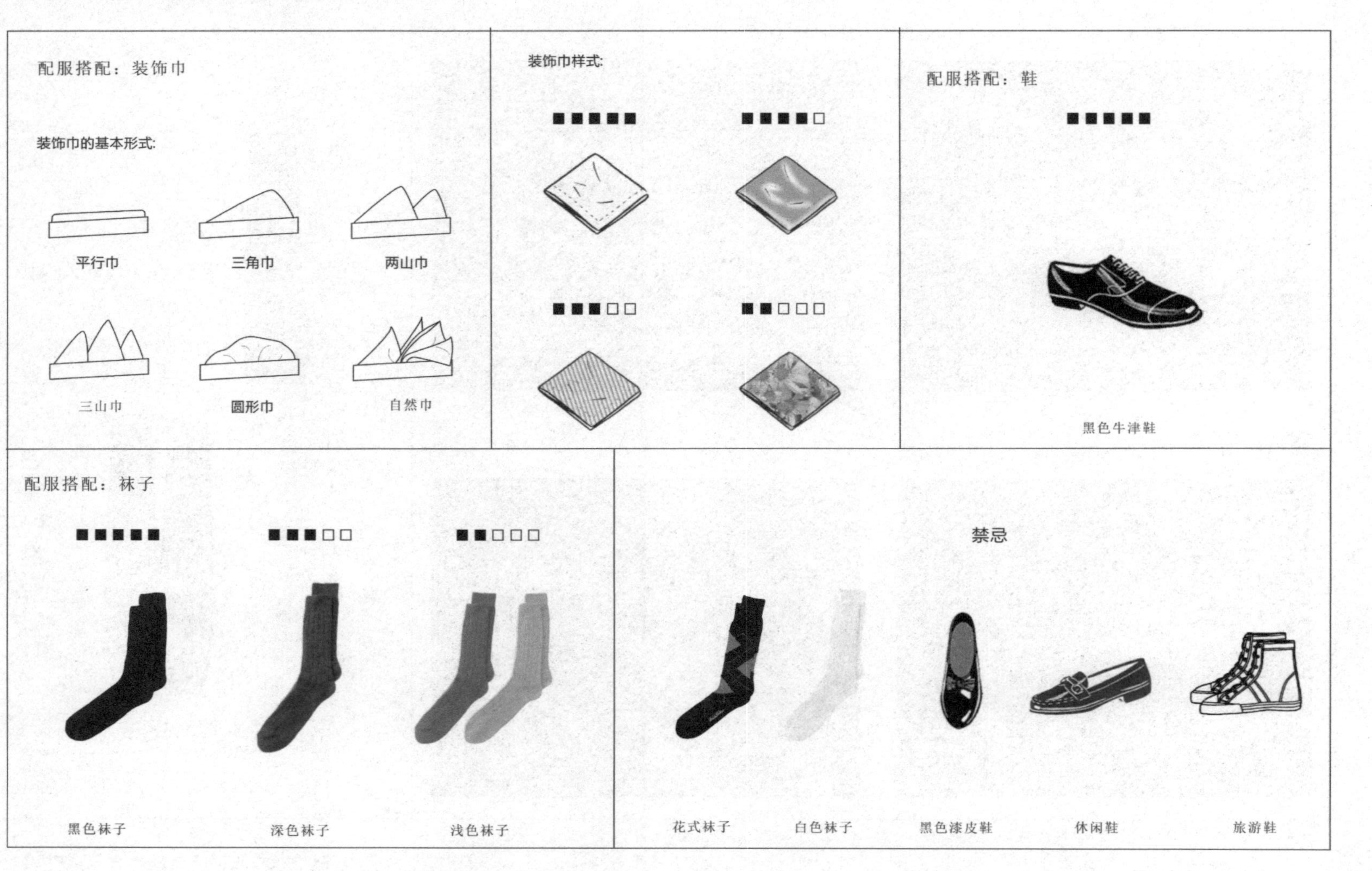

（五）董事套装裤子面料参考

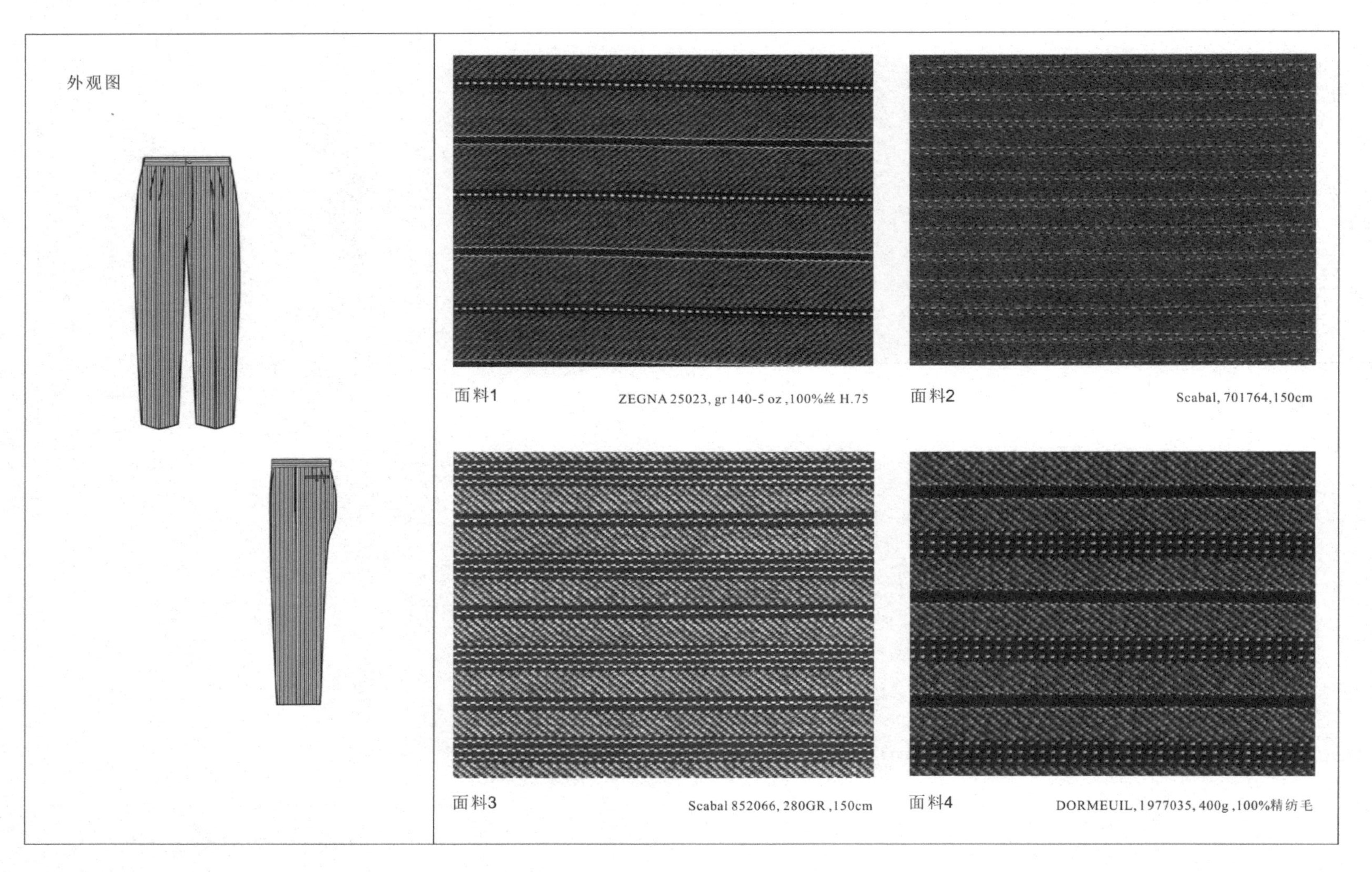

（六）董事套装定制品牌产品

三、晨礼服定制方案与流程

（一）晨礼服（Morning coat）黄金组合

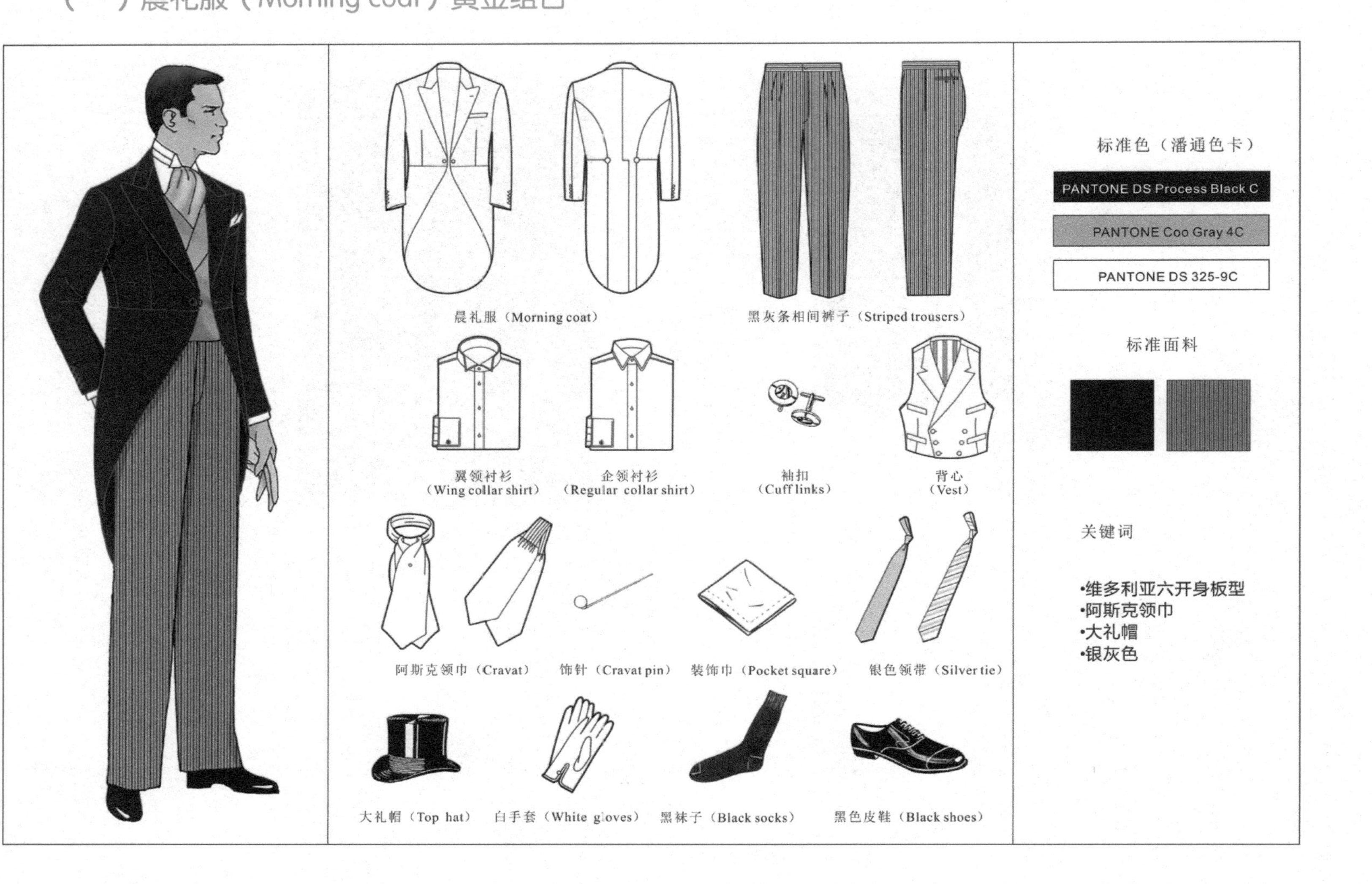

（二）晨礼服款式指导性方案

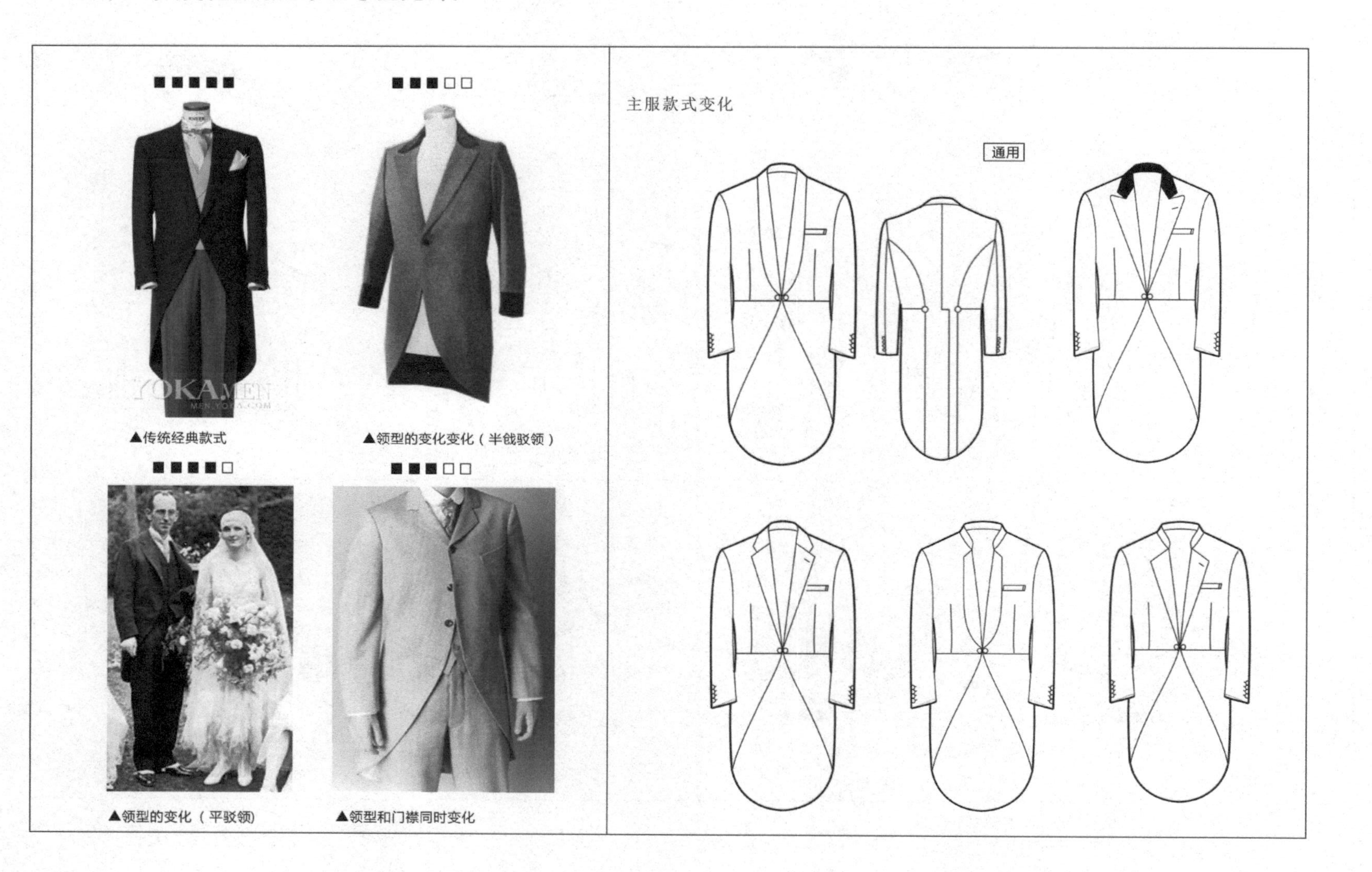

（三）晨礼服背心指导性方案

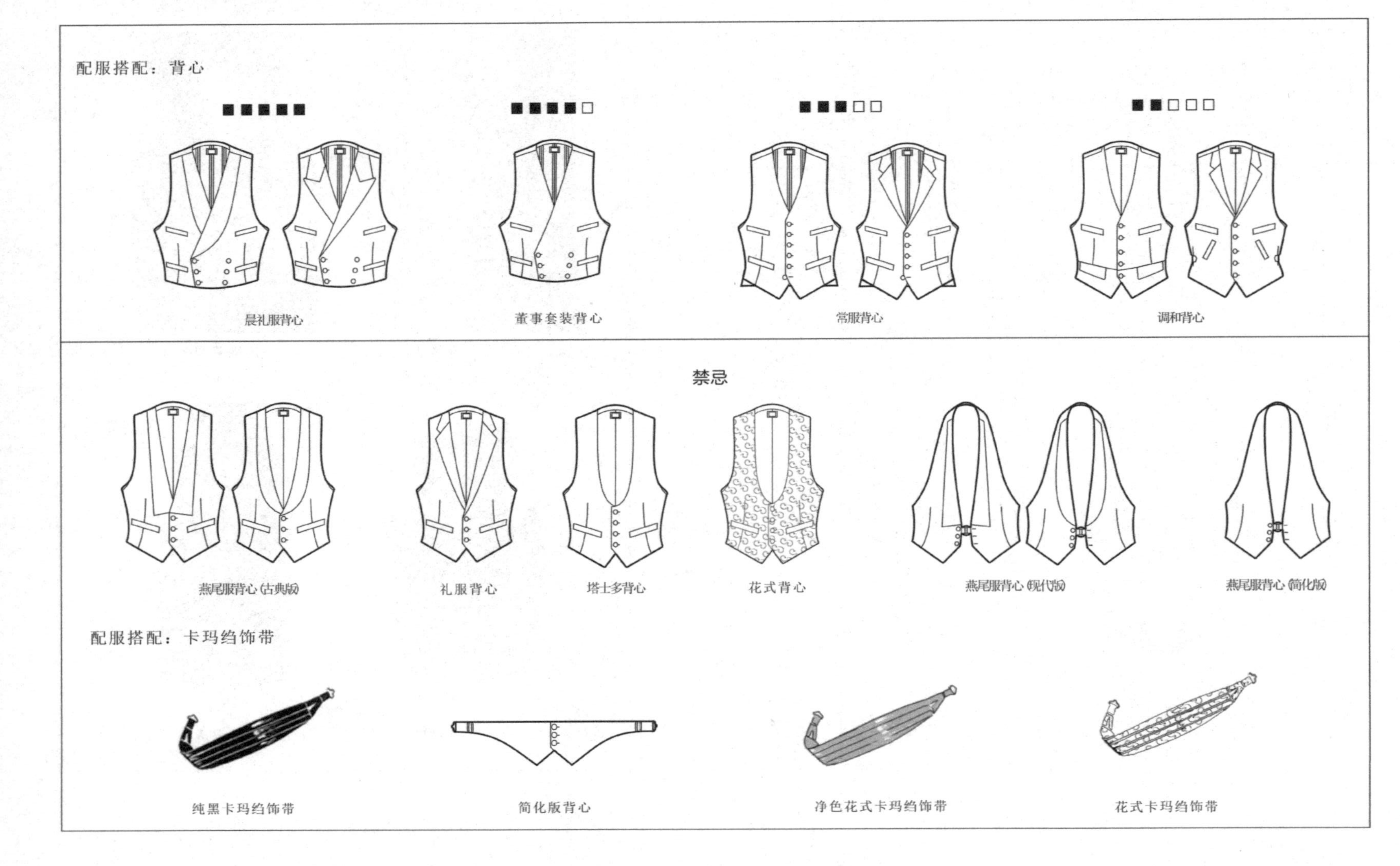

（四）晨礼服配饰指导性方案

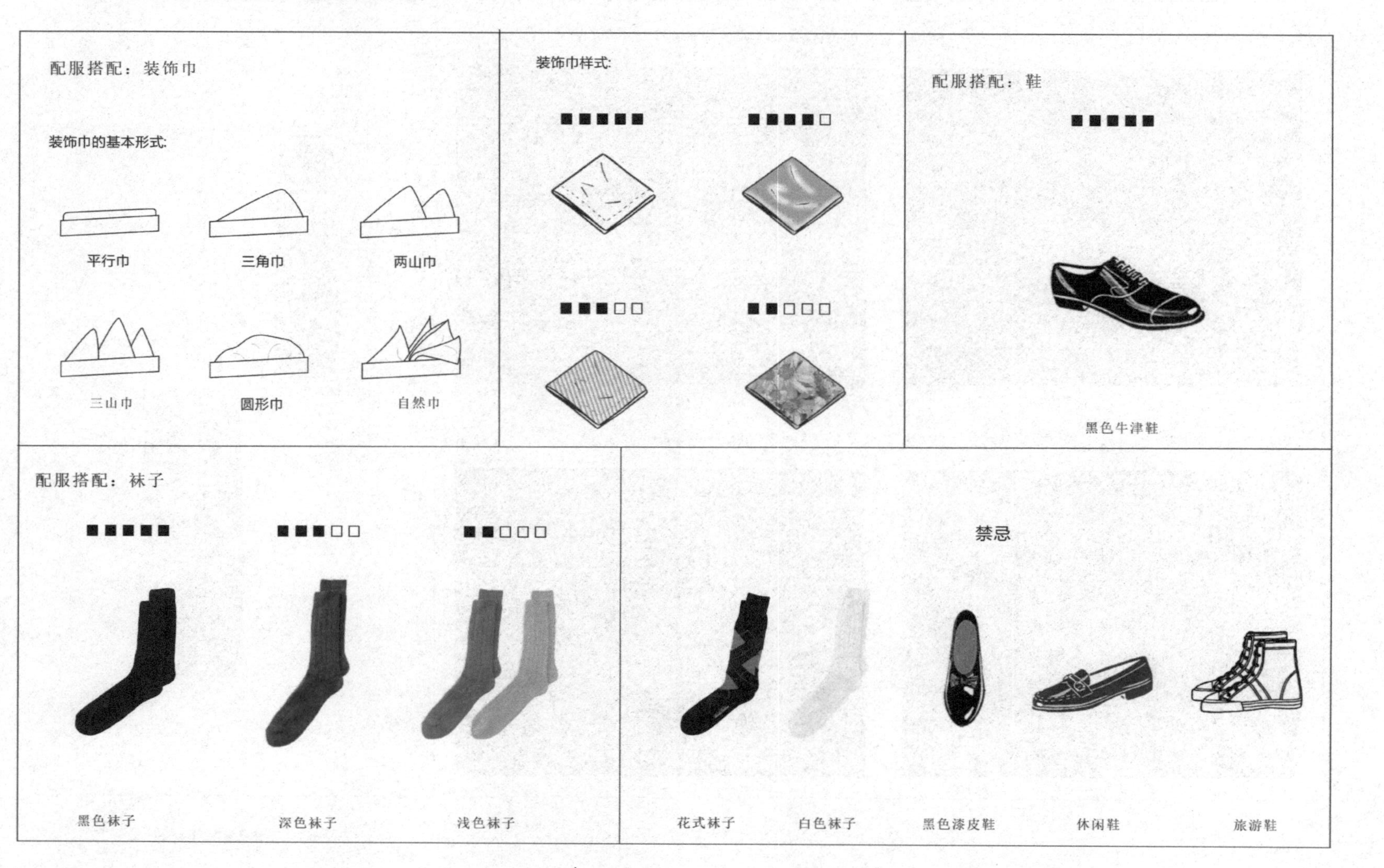

（五）晨礼服裤子面料参考

外观图

面料1 ZEGNA 25023, gr 140-5 oz, 100%丝 H.75

面料2 Scabal ,701764, 150cm

面料3 Scabal, 852066, 280GR ,150cm

面料4 DORMEUIL, 1977035, 400g ,100%精纺毛

(六)晨礼服定制品牌产品

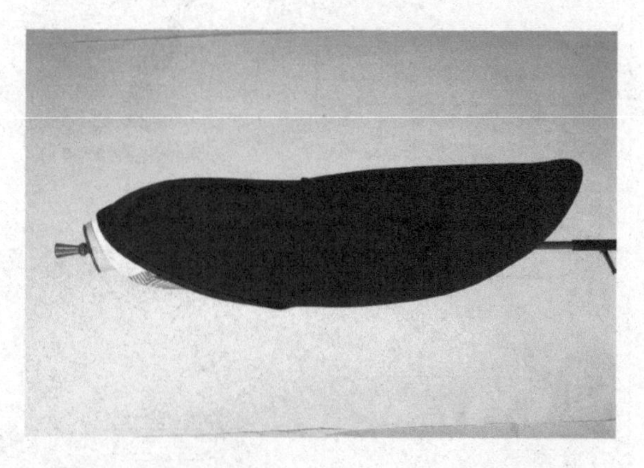

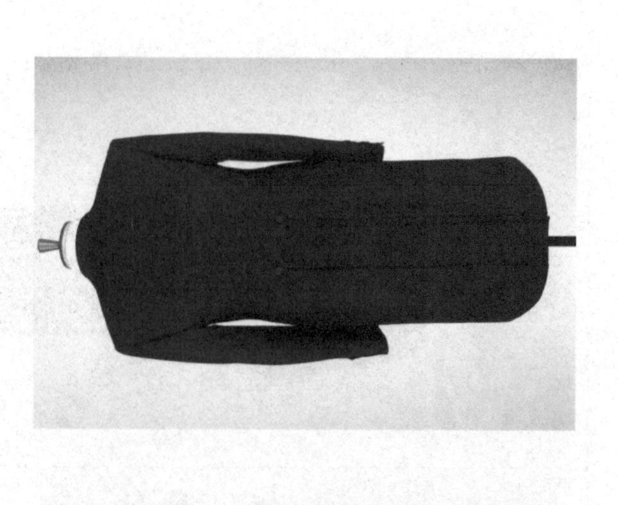

四、塔士多定制方案与流程

（一）塔士多黄金组合1

(二)塔士多黄金组合2

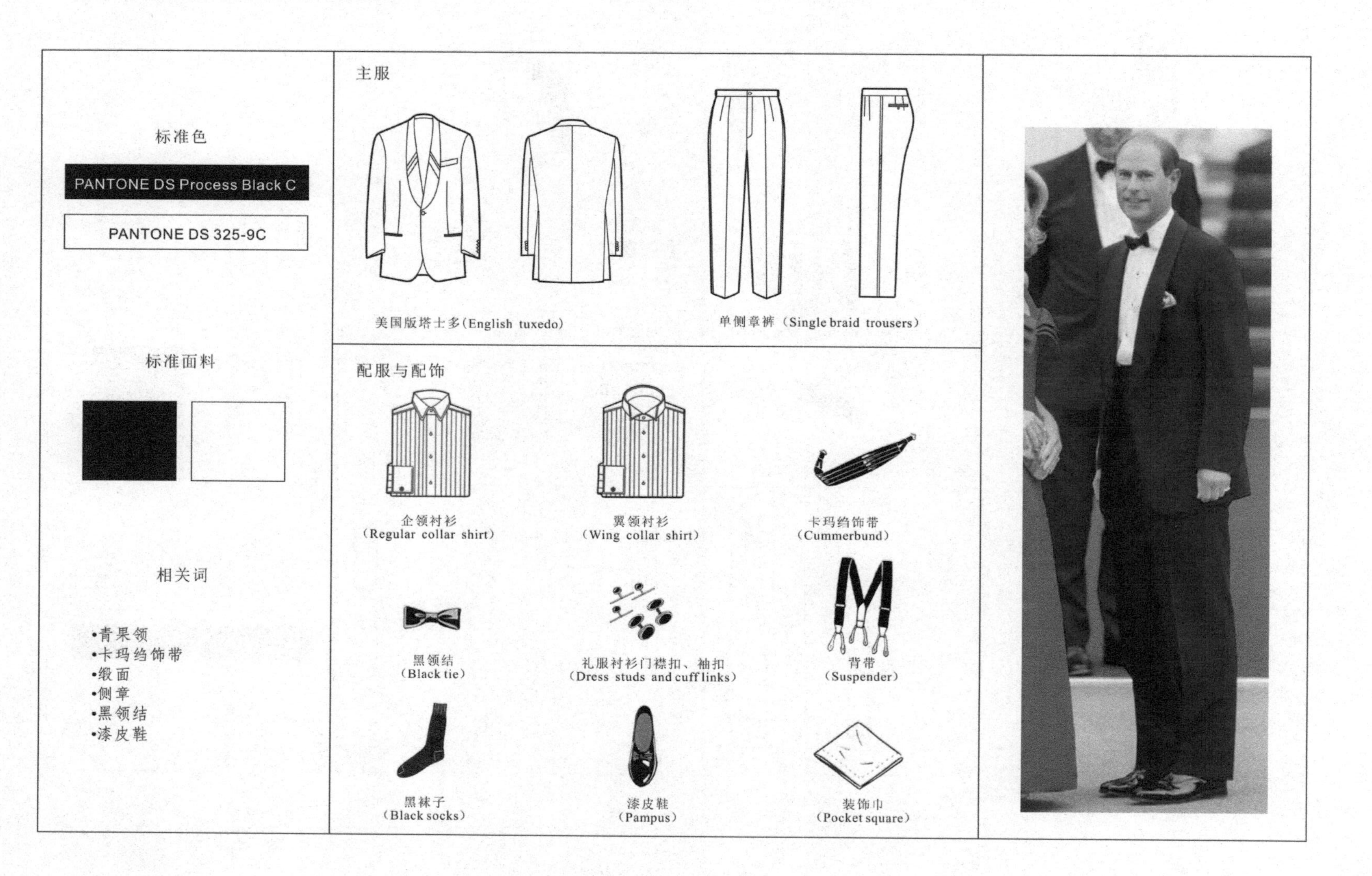
标准色
PANTONE DS Process Black C
PANTONE DS 325-9C
标准面料
相关词
•青果领
•卡玛绉饰带
•缎面
•侧章
•黑领结
•漆皮鞋
主服
美国版塔士多(English tuxedo)
单侧章裤 (Single braid trousers)
配服与配饰
企领衬衫 (Regular collar shirt)
翼领衬衫 (Wing collar shirt)
卡玛绉饰带 (Cummerbund)
黑领结 (Black tie)
礼服衬衫门襟扣、袖扣 (Dress studs and cuff links)
背带 (Suspender)
黑袜子 (Black socks)
漆皮鞋 (Pampus)
装饰巾 (Pocket square)

（三）梅斯礼服黄金组合

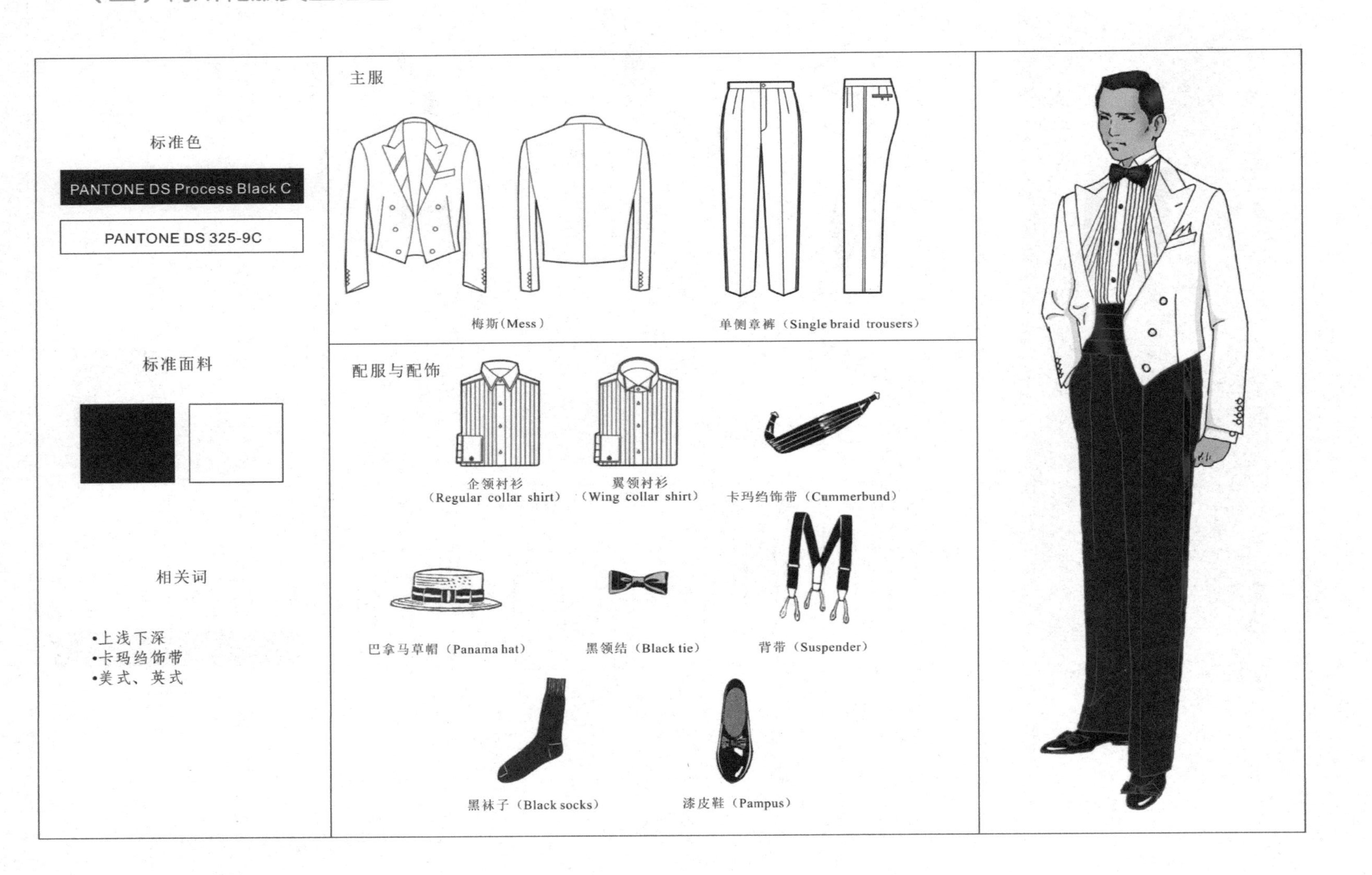
标准色
PANTONE DS Process Black C
PANTONE DS 325-9C
标准面料
相关词
•上浅下深
•卡玛绉饰带
•美式、英式
主服
梅斯（Mess）
单侧章裤（Single braid trousers）
配服与配饰
企领衬衫（Regular collar shirt）
翼领衬衫（Wing collar shirt）
卡玛绉饰带（Cummerbund）
巴拿马草帽（Panama hat）
黑领结（Black tie）
背带（Suspender）
黑袜子（Black socks）
漆皮鞋（Pampus）

（四）塔士多款式指导性方案

（五）塔士多背心指导性方案

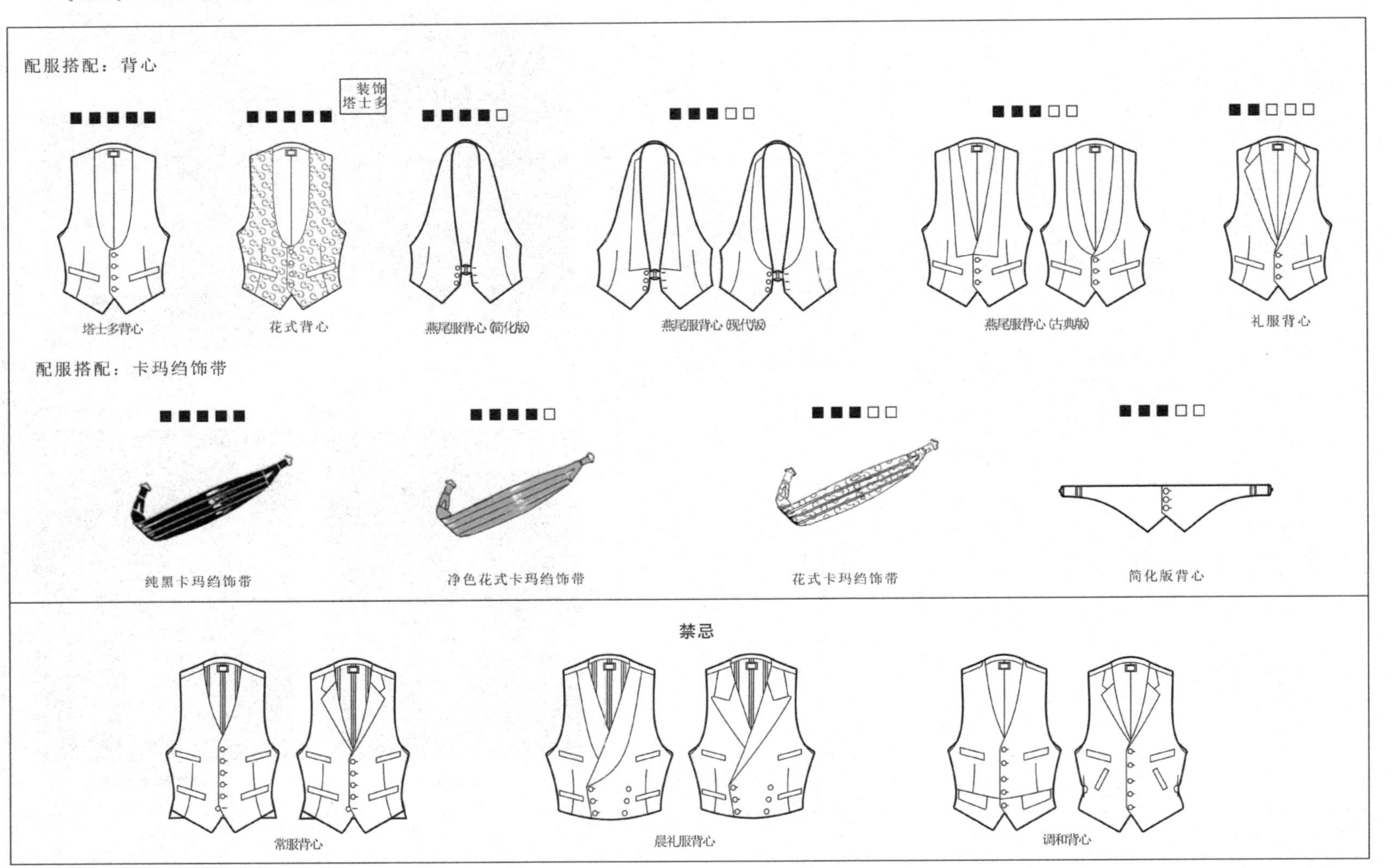

（六）塔士多配饰指导性方案

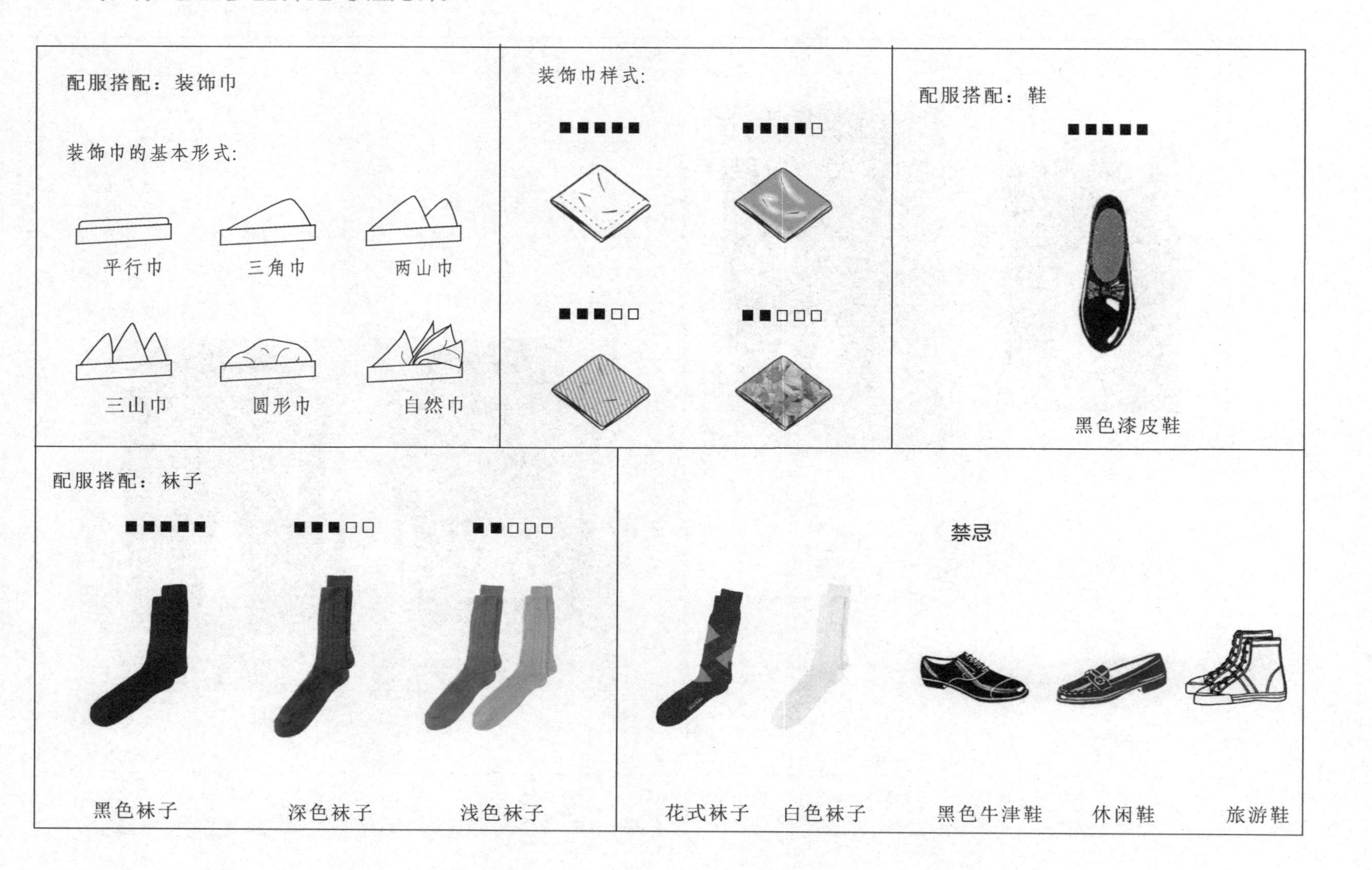

（七）塔士多礼服定制品牌产品

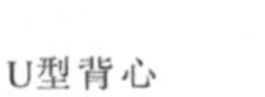

英国版

美国版

法国版

U型背心

（八）塔士多礼服定制品牌产品

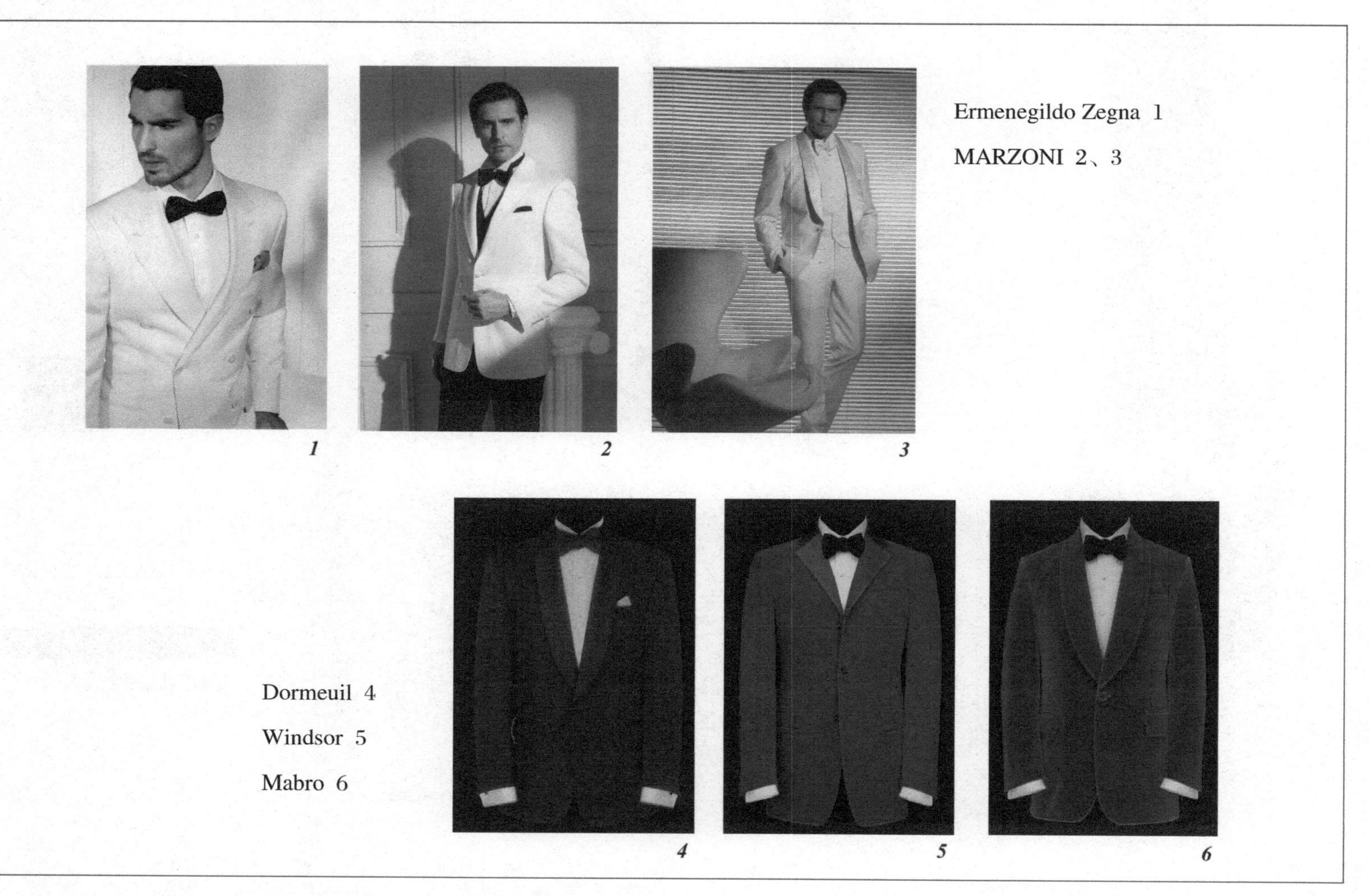
1
2
3
Ermenegildo Zegna 1
MARZONI 2、3
Dormeuil 4
Windsor 5
Mabro 6
4
5
6

五、燕尾服定制方案与流程

（一）燕尾服（Tail coat）黄金组合

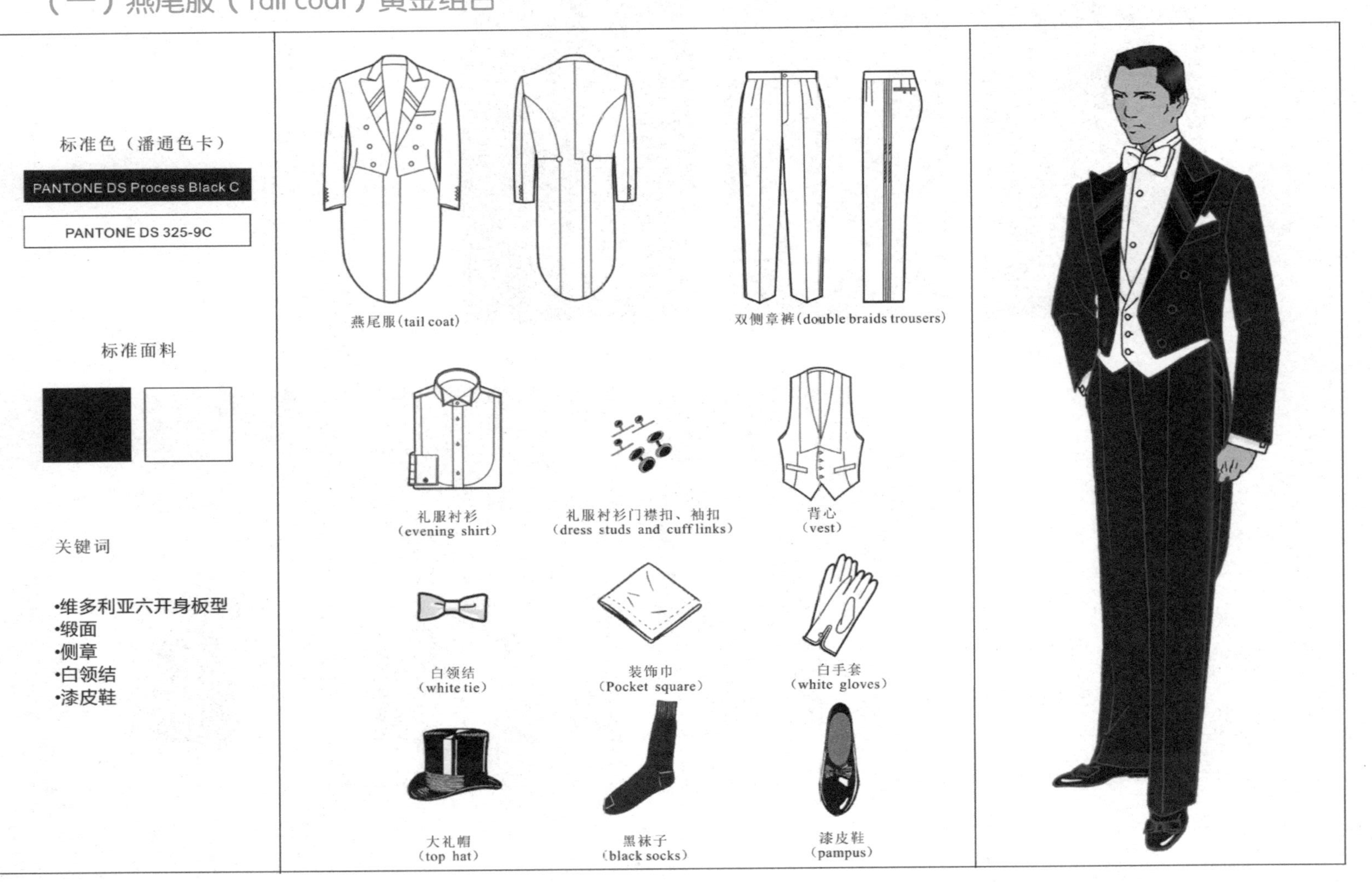

（二）燕尾服款式指导性方案

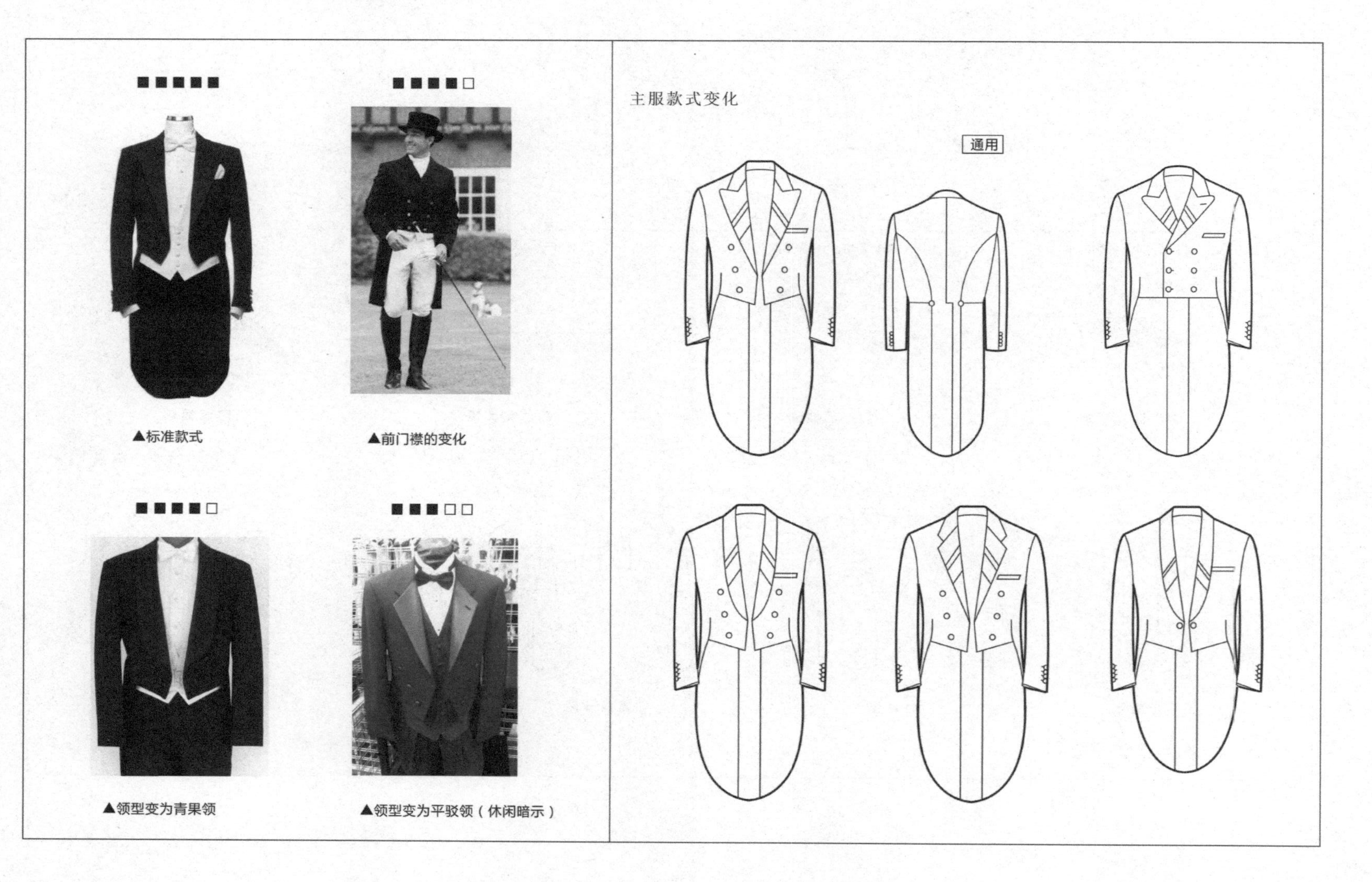

（三）燕尾服背心指导性方案

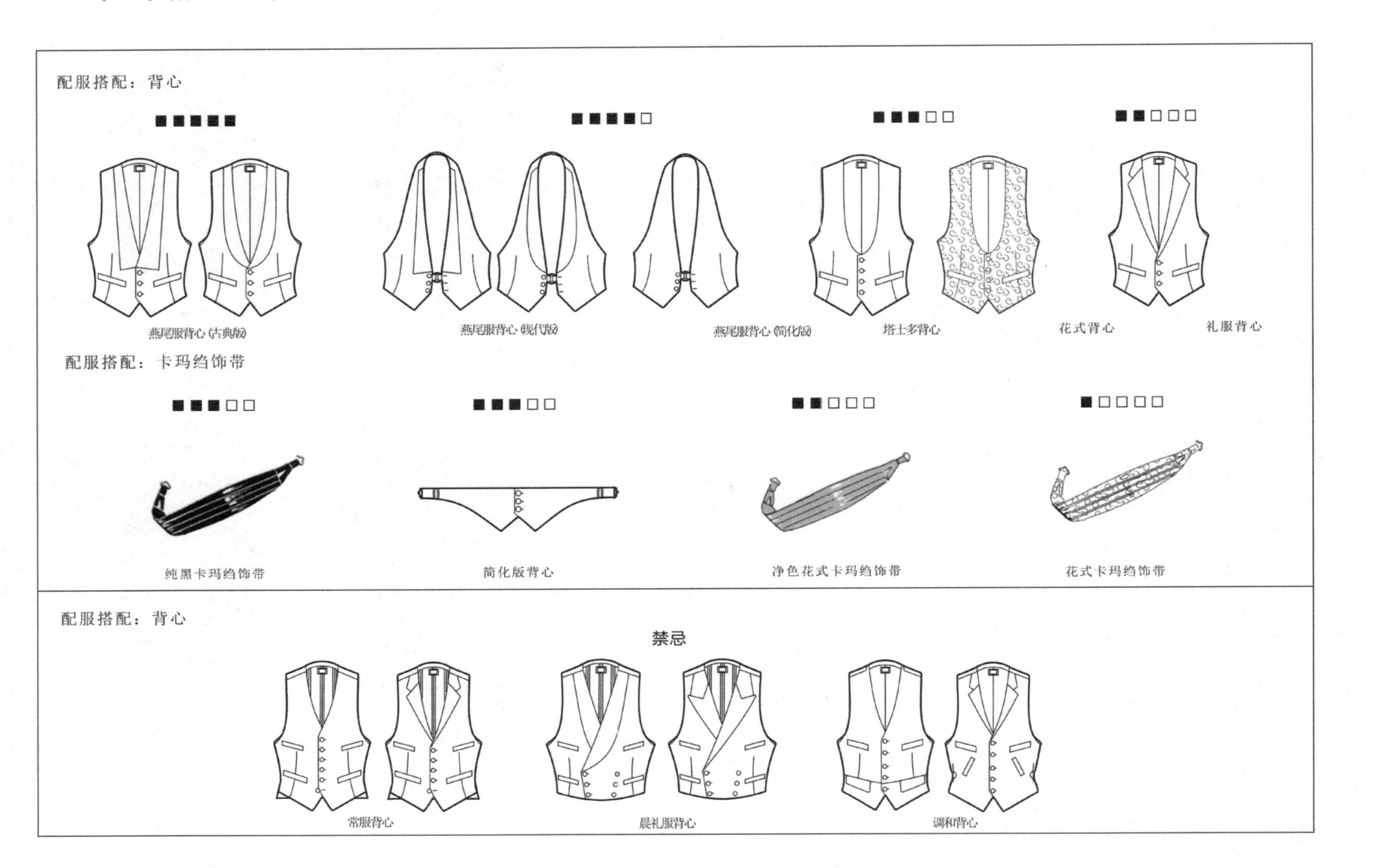

（四）燕尾服配饰指导性方案

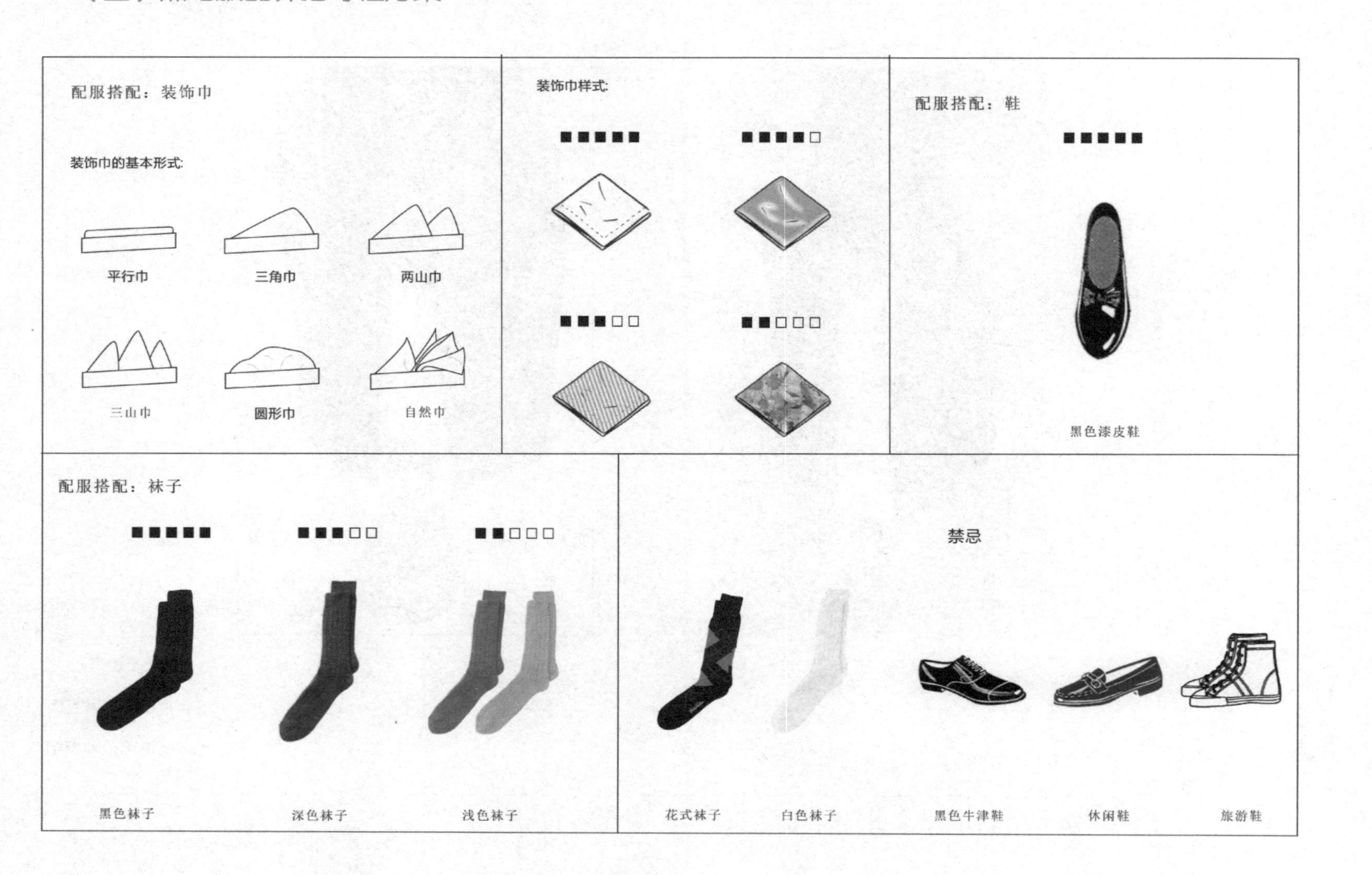

（五）燕尾服定制品牌产品

Brooks Brothers 1

Ailsinn 2

1

2

后记

读完本书，相信大部分人会认为这样的礼服规制在中国不会实施，可能还举出很多理由，诸如我们还很穷，整体国民素质还不高，我们没有绅士文化的传统等，恐怕最具杀手锏式的理由，就是民族文化难以认同，理由似乎也很充分，“越是民族的就越是国际的”，于是还会把视线落在中山装上，打造国服的运动便从“改良中山装”的序幕开始了。

“我们没有类似西方的绅士文化传统”等这些不能成为理由，难道我们曾经是“文明古国礼仪之邦”？孔子感叹“礼崩乐坏”的时代是战国，他主张“克己复礼”是复兴周礼，因此至少在周朝就有过一次礼健乐盛的辉煌时代，更不用说后来的儒汉、盛唐、雅宗、开明和大清了。问题是在旧的秩序被打破，新秩序又未建起来的十字路口，我们不可能选择回到旧秩序，因此“构建一个新的现代化的礼制社会”。第一，必须要接受和适应国际规则；第二要顺应时代的发展趋势与时俱进；第三，国际惯例和民族习惯不要对立起来，要和平共处。这或许才真正诠释了“越是民族的就越是国际的”的真谛。

换句话说，构建一个新的现代化礼制社会，走国际化道路别无选择，“莫言事件”着实为我们上了一课。在他启程前一个多月里，莫言穿什么去领奖便成了全民议题，人民网所做的网上调查，选择汉服的占 62.6%，其次是中山装占 21.3%，第三位是唐装占 6%，第四位是西装占 5%，最后一位是燕尾服占 4%。这意味着 ,90% 的人选择了民族服装，不到 10% 的人选择了国际服，其中，燕尾服选择的人最少，而最正确的答案且唯一的选择就是燕尾服。这时莫言在选择服装问题上能不能表达自我意识，或为他所属的国家表达民族意志，这绝对需要智慧。与此同时我也发了一篇题为“莫言穿什么去领诺奖是个考验”的千字微博：“……莫言穿什么去领奖只有两个选择，一是穿燕尾服，二是放弃。”国际政治生态，经济组织何尝不是？加入 WTO 要么遵守规则，要么放弃，还有第三种选择？关键是要在遵守规则前提下，最大可能保护自己的利益。此时，莫言事件是个集体意识到 The Dress Code（国际着装规则）的一个绝好的时间节点。这最需要理智。从这个意义上讲，构建中国礼服的秩序，走国际惯例之路既是时代的选择，又是国民集体意志的期许。然而这不意味民族化可以抛弃，这就是为什么我们要完整地引进“礼服的国际规则与知识系统”，在这个体制下的诺贝尔奖章程规定“着燕尾服或传统民族礼服”，这也是国际惯例一贯秉承的“尊重和平等”精神，敬畏传统是它的最高境界。它为什么得到国际社会的普遍接受，就是它顺应了人类的普世价值。因此中山装、旗袍还称得上民族服装的国服，无论到什么时候都可以与国际惯例钦定的燕尾服、晨礼服、塔士多礼服平起平坐。这仅仅是第一步，相信在不远的将来我们的精英人士也穿上塔士多礼服在国际舞台上进行平等的对话，但并不因此我们丧失了民族尊严。如果从这本书中收获了至少这点心得，也称得上是这本书出版的巨大成功。

刘瑞璞
2015年12月
于北京服装学院